装饰装修工程施工

主　　编　阳小群　童腊云　曾梦炜

副主编　李清奇　张小军　陈　翔　彭仁娥

参　　编　舒　莉　廖秀华　汤敏捷　张　可

　　　　　谢　旦　刘　方　严朝成　胡细华

　　　　　王　华

主　　审　颜彩飞　贺子龙

北京理工大学出版社
BEIJING INSTITUTE OF TECHNOLOGY PRESS

内容提要

本书共分八个学习情境，内容包括装饰装修工程的基本知识和常用施工机具，墙面装饰工程施工，轻质隔墙工程施工，吊顶工程施工，楼地面装饰工程施工，门窗工程施工，细部工程施工，涂饰、裱糊与软包工程施工等。本书阐述了装饰装修工程施工的基本知识，装饰装修各项工程施工的操作方法及质量验收标准，以能力培养为主线，注重理论知识与实践能力的融合，便于读者学习。

本书可作为高等院校土建类专业的教学用书，也可作为岗位培训教材或土建工程技术人员的学习参考用书。

版权专有　侵权必究

图书在版编目(CIP)数据

装饰装修工程施工／阳小群，童腊云，曾梦炜主编.—北京：北京理工大学出版社，2016.1

ISBN 978-7-5682-1094-2

Ⅰ.①装…　Ⅱ.①阳…　②童…　③曾…　Ⅲ.①建筑装饰-工程施工　Ⅳ.①TU767

中国版本图书馆CIP数据核字(2015)第195281号

出版发行 / 北京理工大学出版社有限责任公司

社　　　址 / 北京市海淀区中关村南大街5号

邮　　　编 / 100081

电　　　话 / (010)68914775(总编室)

　　　　　　82562903(教材售后服务热线)

　　　　　　68948351(其他图书服务热线）

网　　　址 / http://www.bitpress.com.cn

经　　　销 / 全国各地新华书店

印　　　刷 / 北京紫瑞利印刷有限公司

开　　　本 / 787毫米×1092毫米　1/16

印　　　张 / 17　　　　　　　　　　　　　　　　责任编辑 / 钟　博

字　　　数 / 455千字　　　　　　　　　　　　　　文案编辑 / 钟　博

版　　　次 / 2016年1月第1版　2016年1月第1次印刷　　责任校对 / 周瑞红

定　　　价 / 55.00元　　　　　　　　　　　　　　责任印制 / 边心超

图书出现印装质量问题，请拨打售后服务热线，本社负责调换

丛书编审委员会

顾　问　李文莲

主　任　雷立成

副主任　龙　伟　郭广军

委　员

游新娥　刘跃华　陈育新　胡治民　刘梅秋

夏高彦　刘罗仁　贺子龙　谭康银　熊权湘

李宇才　刘　媛　罗正斌　王税睿　谢完成

李清奇　禹华芳　刘小明

特邀委员

王细文　姚鸿飞　彭英林　张玉希　石远松

总序言

2012年12月，我们启动了建筑工程等专业（群）项目规划教材开发建设。为了把这批教材打造成精品，我们于2013年通过立项论证方式，明确了教材三级目录、建设内容、建设进度，通过每个季度进行的过程检查和严格的"三审"制度，确保教材建设的质量；各精品教材负责人依托合作企业，在充分调研的基础上，遵循项目载体、任务驱动的原则，于2014年完成初稿的撰写，并先后经过5轮修改，于2015年通过项目规划教材编审委员会审核，完成教材开发出版等建设任务。

此次公开出版的精品教材秉承"以学习者为中心"和"行动导向"的理念，对接地方产业岗位要求，结合专业实际和课程改革成果，开发了以学习情境、项目为主体的工学结合教材，在内容选取、结构安排、实施设计、资源建设等方面形成了自己的特色。

1. 教材内容的选取突显了实用性和前沿性。根据社会就业岗位对人才的要求与学生认知规律，遴选和组织教材内容，保证理论知识够用，能力培养适应岗位要求和个人发展要求；同时融入了行业前沿最新知识和技术，适时反映了专业领域的新变化和新特点。

2. 教材结构安排突显了情境性和项目化。教材体例结构打破传统的学科体系，以工作任务为线索进行项目化改造，各个学习情境分为若干个学习单元，充分体现以项目为载体、以任务为驱动的特征。

3. 教材实施的设计突显了实践性和过程性。教材实施建议充分体现了理论融于实践，动脑融于动手，做人融于做事的宗旨；教学方法融"教、学、做"于一体，以真实工作任务或企业产品为载体，真正突出了以学生自主学习为中心、以问题为导向的理念；考核评价着重放在考核学生的能力与素质上，同时关注学生自主学习、参与性学习和实践学习的状况。

4. 教材资源的建设突显了完备性和交互性。在教材开发的同时，各门课程建成了涵盖课程标准、教学项目、电子教案、教学课件、图片库、案例库、动画库、课题库、教学视频等在内的丰富完备的数字化教学资源，并全部上传至网络，从而将教材内容和教学资源有机整合，大大丰富了教材的内涵；学习者可通过课堂学习与网上交互式学习相结合，达到事半功倍的效果。

丛书编审委员会

Foreword

前　言

　　本书根据装饰装修工程施工课程标准和建筑类施工管理人员从业资格要求编写而成，适合高等院校土木工程专业及相关专业学生使用，也可作为一线施工人员继续教育培训用书。

　　本书以现阶段高等教育课程特征、高等教育课程结构性改革为出发点，以工作过程为导向，本着结构立意要新、内容重技能应用、理论以够用为度的原则，根据装饰装修工程施工的现状，对课程内容进行编写。

　　本书在分析施工人员岗位职业能力的基础上，彻底改变以"知识"为基础设计课程的传统模式，按照职业能力的形成组织课程内容，按照工作过程设计学习课程，以典型任务为载体来设计学习情境、组织教学，以提出"任务"、分析"任务"、完成"任务"为主线进行学习单元的安排。全书内容全面、具体，便于学生在学习和应用时加以参考。

　　本书由阳小群、童腊云、曾梦炜担任主编，李清奇、张小军、陈翔、彭仁娥担任副主编，舒莉、廖秀华、汤敏捷、张可、谢旦、刘方、严朝成、胡细华及王华参与了本书部分章节的编写。全书由颜彩飞、贺子龙担任主审。

　　本书编写过程中参考了书后所附参考文献的部分资料，在此向所有参考文献的作者表示衷心的感谢。

　　由于编者水平有限，书中难免存在不足，恳请广大专家读者批评指正。

编　者

Contents

目 录

学习情境 1
装饰装修工程的基本知识和常用施工机具

任务目标

1. 掌握装饰装修工程的基本概念。
2. 熟悉住宅装饰装修工程的一般规定。
3. 掌握装饰装修工程施工常用机具的性能和使用。

学习单元 1.1　装饰装修工程的基本知识

1.1.1　装饰装修工程的定义

装饰装修工程是现代建筑工程的有机组成部分，是现代建筑工程的延伸、深化和完善。其定义为："为保护建筑物的主体结构、完善建筑物的使用功能和美化建筑物，采用装饰装修材料或饰物，对建筑物的内外表面及空间进行的各种处理过程。"

1.1.2　装饰装修工程的特点

(1)装饰装修是一门边缘性学科。装饰装修不仅涉及人文、地理、环境艺术和建筑知识，而且还与装饰材料及其他各行各业有着密切的联系。

(2)装饰装修是技术与艺术的综合体。装饰是指为满足人们的视觉要求，建筑师们遵循美学和实用的原则，创造出优美的空间环境；装修则是指在建筑物的主体结构完成之后，为满足其使用功能的要求而对建筑物进行的装设与修饰。所以，装饰装修既不属纯技术，也不属纯艺术，而是技术与艺术的综合体。

(3)装饰装修工程具有较强的周期性。建筑工程是百年大计，而装饰装修却随着时代的变化具有时尚性，其使用年限远远小于建筑结构，具有较强的周期性。

(4)装饰装修工程造价差别大。装饰装修工程的造价空间非常大，从普通装饰到超豪华装饰，由于采用的材料档次不同，其造价相差甚远，所以装饰的级别受造价的控制。

1.1.3　装饰装修工程在建筑工程中的重要性

《建筑工程施工质量验收统一标准》(GB 50300—2013)将建筑工程分为地基与基础、主体结构、建筑装饰装修、屋面、建筑给水排水及供暖、建筑电气、智能建筑、通风与空调智能建筑、建筑节能、电梯等分部工程。

由此可见，装饰装修工程属于建筑工程，是建筑工程中一个非常重要的分部工程。

1.1.4 装饰装修工程的内容

1. 按装饰装修施工的项目划分

《建筑装饰装修工程质量验收规范》（GB 50210—2001）将装饰装修工程大致分成建筑地面工程、抹灰工程、外墙防水工程、门窗工程、吊顶工程、轻质隔墙工程、饰面板工程、饰面砖工程、幕墙工程、涂饰工程、裱糊与软包工程、细部工程等。

2. 按装饰装修施工的部位划分

对室外而言，如外墙面、台阶、入口、门窗、屋顶、檐口、雨篷、建筑小品等都须进行装饰；就室内而言，内墙面、吊顶、楼地面、隔断墙、楼梯以及与这些部位有关的灯具、家具陈设等也都在装饰施工的范围之内。

1.1.5 装饰装修工程的目的和任务

装饰装修工程是以装饰装修设计为依据，以装饰装修材料为基础，以施工技术为手段来实现建筑物具有功能性、舒适性、艺术性统一的整体效果。其包括室外装饰装修和室内装饰装修。

室外装饰装修的目的和任务：综合应用现代科学技术手段和艺术手段，充分考虑自然环境的影响，创造出符合人们生理要求和心理要求的室外环境，使得室外环境舒适化、科学化和艺术化。室外装饰装修不仅限于建筑外立面的装饰装修，还包括街景、园林庭院、山水景观以及雕塑、壁画等，以及周边环境和相邻建筑物的协调。

室内装饰装修的目的和任务：从建筑物内部把握空间自然条件，并根据空间的使用性质和所处环境，运用物质、技术和艺术手段，创造出功能合理，舒适美观，符合人的生理和心理要求，便于学习、工作、生活的理想场所和空间环境。这种环境分为自然环境和人工环境。

自然环境包括阳光、空气、地形、山水、花草树木等。

人工环境包括内部空间的大小、形状、灯光、设备、家具以及人工小气候等。因此受不同国家、不同时代、不同区域特殊条件的影响。

近年来，人们对建筑环境和建筑功能的要求不断提高，诸如地方特色、民族传统、乡土气息等审美要求逐步成为人们向往的目标，使室内装饰装修呈现出更加多姿多彩的趋势。

1.1.6 装饰装修工程的作用

1. 对建筑主体结构起到保护作用

装饰装修工程通过采取相应的装修材料和施工工艺，对建筑主体结构进行有效的保护，防止主体结构直接经受自然条件作用（如碳化、氧化等）和人为的影响（如碰撞、磨损、化学腐蚀等）的损坏，从而保证建筑主体结构的完好和安全，达到延长建筑物使用寿命的目的。

2. 能够美化建筑空间，增强建筑艺术效果

装饰装修工程是艺术和技术的结晶，并具有较强的时代感。它通过对建筑物的内外空间及环境的艺术处理，正确运用体型、比例、色彩、线条、花饰、雕塑等，可以创造出优美、和谐、舒适的空间环境。

3. 确保建筑物具有一定的使用功能

装饰装修工程不仅能够优化人类生活的物质环境，还可以改善室内外的空间环境。如改善清洁卫生和采光通风条件，装点绿化环境，以及对防火、抗震、防火、隔热等功能的提高，均为人类的生活、学习、工作创造了完备的优越条件。

1.1.7 装饰装修工程的等级

综合考虑建筑物的类型、性质、使用功能和耐久性等因素，确定建筑物的装饰标准，装饰装修工程可以相应定出装饰等级。结合国情，我国装饰装修工程可以划分出四个等级（表1-1），据此限定各等级所使用的装饰材料和装饰标准。

表1-1　装饰装修工程等级及相应主要建筑物

特级建筑装饰装修	国家级纪念性建筑、大会堂、国宾馆、博物馆、美术馆、图书馆、剧院、国际会议中心、贸易中心、体育中心；国际大型港口、国际大型俱乐部
高级建筑装饰装修	省级博物馆、图书馆、档案馆、展览馆；高级教学楼、科学研究实验楼、高级俱乐部、大型疗养医院、医院门诊楼；电影院、邮电局、三星级以上宾馆；大型体育馆、室内溜冰馆、游泳馆、火车站、候机楼、省部机关办公楼；综合商业大楼、高级餐厅、地市级图书馆等
中级建筑装饰装修	旅馆、招待所、邮电所、托儿所、综合服务楼、商场、小型车站、重点中学、中等职业学校的教学楼、实验楼、电教楼等
初级建筑装饰装修	一般办公楼、中小学教学楼、阅览室、蔬菜门市部、杂货店、粮站、公共厕所、汽车库、消防车库、消防站、一般住宅等

装饰装修工程的等级标准是一个综合性的指标，不同类型的建筑物，等级划分的指标内容不尽相同。一般情况下，装饰装修工程的等级标准指标主要由装饰材料来决定，这是因为装饰材料的档次通常决定了装饰工程的造价。对有特殊用途的建筑物，其装饰工程等级标准指标还包括更为复杂的内容，比较典型的是旅游涉外饭店，它的星级标准是根据饭店的建筑、装潢、设备、设施条件和维修保养状况、内部管理水平和服务质量的高低以及服务项目的多寡等进行全面考察、综合平衡而确定的。

1.1.8 装饰装修工程施工的基本规定

1. 一般规定

（1）施工单位应具有相应的资质，建立质量管理体系。施工单位应编制施工组织设计并应经过审查批准，应按有关的施工工艺标准或经审定的施工技术方案施工，并对全过程进行质量控制。

（2）施工人员应具有相应岗位的资格证书。

（3）装饰装修工程的施工质量，应符合设计要求和规范规定。

（4）施工过程中，严禁违反设计文件擅自改动建筑主体、承重结构或主要使用功能；严禁未经设计确认和有关部门批准擅自拆改水、暖、电、燃气、通信等配套设施。

（5）施工单位应遵守有关环境保护的法律法规。

（6）施工单位应遵守有关施工安全、劳动保护、防火和防毒的法律法规。

（7）装饰施工应在基体或基层的质量验收合格后施工。

(8)装饰施工前，应有主要材料的样板或做样板间，并应经有关各方确认。

(9)墙面采用保温材料的装饰装修工程，所用保温材料的类型、品种、规格及施工工艺应符合设计要求。

(10)管道、设备等的安装及调试，应在装饰装修工程施工前完成，当必须同步进行时，应在饰面层施工前完成。装饰装修工程不得影响管道、设备等的使用和维修。涉及燃气管道的装饰装修工程必须符合有关安全管理的规定。

(11)装饰装修工程的电气安装，应符合设计要求和国家现行标准的规定。严禁不经穿管直接埋设电线。

(12)室内外装饰装修工程施工的环境条件应满足施工工艺的要求。施工环境温度应大于或等于5 ℃。当必须在小于5 ℃气温下施工时，应采取保证工程质量的有效措施。

(13)施工现场用电应符合以下规定：

1)施工现场用电应从户表以后设立临时施工用电系统。

2)安装、维修或拆除临时施工用电系统，应由电工完成。

3)临时施工供电开关箱中应当装设漏电保护器。进入开关箱的电源线，不得使用插销连接。

4)临时用电线路应避开易燃、易爆物品堆放地。

5)暂停施工时应切断电源。

(14)施工现场用水应符合下列规定：

1)不得在未做防水的地面蓄水。

2)临时用水管不得有破损、滴漏。

3)暂停施工时应切断水源。

(15)文明施工和现场环境应符合下列要求：

1)施工人员应衣着整齐。

2)施工人员应服从物业管理或治安保卫人员的监管。

3)应控制粉尘、污染物、噪声、振动对相邻居民、居民区和城市环境的污染及危害。

4)施工堆料不得占用楼道内的公共空间，不得封堵紧急出口。

5)室外的堆料应当遵守物业管理的规定，避开公共通道、绿化地等市政公用设施。

6)不得堵塞、破坏上下水管道、垃圾道等公共设施，不得损坏楼内各种公共标识。

7)工程垃圾宜密封包装，并堆放在指定的垃圾堆放地。

8)工程验收前应将施工现场清理干净。

2. 装饰装修工程施工材料运输和成品保护

施工现场应建立成品保护责任制，明确在未验收前谁施工谁负责成品保护，总包负责协调。

(1)施工过程中材料运输应符合以下规定：

1)材料运输使用电梯时，应对电梯采取保护措施。

2)材料搬运时要避免损坏楼梯内顶、墙、地面、扶手、楼道窗户及楼道门。

(2)施工过程中采取以下成品保护措施：

1)各工种在施工中不得污染、损坏其他工种的半成品、成品。

2)材料表面保护膜应在竣工时撤除。

3)对邮箱、消防、供电、电视、报警、网络等公共设施应采取保护措施。

3. 装饰装修工程质量评定

装饰装修分部、分项工程质量评定按先评定分项工程质量，在其基础上采用统计方法评定分部工程质量。分部、分项的质量等级均为"合格"和"优良"两级。分项工程按照检验的要求和方法不同，检验项目可分为保证项目、基本项目和允许偏差项目。

保证项目是必须达到的要求，是保证工程安全或使用功能的重要项目，在验收规范和标准中一般用"必须"和"严禁"表述；

基本项目是保证工程安全或使用性能的基本要求，在验收规范和标准中一般用"应"或"不应"表述；

允许偏差项目是检查项目允许偏差范围的项目，在验收规范和标准中一般会给出允许偏差值和检查方法。

质量评定的步骤是：确定分部项目名称→保证项目检查→基本项目检查→允许偏差项目检查→填写分项工程质量评定表→统计分项评定表→填写分部工程质量评定表。

4. 室内环境污染控制

(1)《住宅装饰装修工程施工规范》(GB 50327—2001)规定控制的室内环境污染物为：氡(^{222}Rn)、甲醛、氨、苯和总挥发性有机物(TVOC)。

(2)住宅装饰装修室内环境污染控制除应符合上述要求外，尚应符合《民用建筑工程室内环境污染控制规范》(GB 50325—2010)(2013年版)等国家现行标准的规定。设计、施工应选用低毒性、低污染的装饰装修材料。

(3)对室内环境污染控制有要求的，可按有关规定对(1)的内容全部或部分进行检测，其污染物浓度限值应符合表1-2的要求。

表1-2 住宅装饰装修后室内环境污染物浓度限值

室内环境污染物	浓度限值
氡/$(Bq \cdot m^{-3})$	≤200
甲醛/$(mg \cdot m^{-3})$	≤0.08
苯/$(mg \cdot m^{-3})$	≤0.09
氨/$(mg \cdot m^{-3})$	≤0.20
总挥发性有机物 TVOC/$(Bq \cdot m^{-3})$	≤0.50

5. 装修防火安全等级

(1)装修材料的燃烧性能等级及民用建筑材料的燃烧性能等级。装修材料的燃烧性能等级及民用建筑装修材料的燃烧性能等级见表1-3～表1-5。

表1-3 装修材料的燃烧性能等级

等级	装修材料燃烧性能
A	不燃性
B_1	难燃性
B_2	可燃性
B_3	易燃性

表 1-4　单层、多层民用建筑内部各部位装修材料的燃烧性能等级

建筑物及场所	建筑规模、性质	顶棚	墙面	地面	隔断	固定家具	装饰织物窗帘	装饰织物帷幕	其他装饰材料
候机楼的候机大厅、商店、餐厅、贵宾候机室、售票厅等	建筑面积＞10 000 m² 的候机楼	A	A	B₁	B₁	B₁	B₁		B₁
	建筑面积≤10 000 m² 的候机楼	A	B₁	B₁	B₁	B₂	B₂		B₂
汽车站、火车站、轮船客运站的候车(船)室、餐厅、商场等	建筑面积＞10 000 m² 的车站、码头	A	A	B₁	B₁	B₂	B₂		B₂
	建筑面积≤10 000 m² 的车站、码头	B₁	B₁	B₁	B₂	B₂	B₂		B₂
影院、会堂、礼堂、剧院、音乐厅	＞800 座位	A	A	B₁	B₁	B₁	B₁	B₁	B₁
	≤800 座位	A	B₁	B₁	B₁	B₂	B₁	B₁	B₁
体育馆	＞3 000 座位	A	A	B₁	B₁	B₁	B₁	B₁	B₁
	≤3 000 座位	A	B₁	B₁	B₁	B₂	B₂	B₁	B₁
商场营业厅	每层建筑面积＞3 000 m² 或总建筑面积＞9 000 m² 的营业厅	A	B₁	A	A	B₁	B₁		B₂
	每层建筑面积为 1 000～3 000 m² 或总建筑面积为 3 000～9 000 m² 的营业厅	A	B₁	B₁	B₁	B₂	B₁		
	每层建筑面积＜1 000 m² 或总建筑面积＜3 000 m² 的营业厅	B₁	B₁	B₁	B₂	B₂	B₂		
饭店、旅馆的客房及公共活动用房等	设有中央空调系统的饭店、旅馆	A	B₁	B₁	B₁	B₂	B₂		B₂
	其他饭店、旅馆	B₁	B₁	B₁	B₂	B₂	B₂		
歌舞厅、餐馆等娱乐餐饮建筑	营业面积＞100 m²	A	B₁	B₁	B₁	B₂	B₁		B₂
	营业面积≤100 m²	B₁	B₁	B₁	B₂	B₂	B₂		
幼儿园、托儿所、中小学、医院病房楼、疗养院、养老院		A	B₁	B₂	B₁	B₂	B₁		B₂
纪念馆、展览馆、博物馆、图书馆、档案馆、资料馆	国家级、省级	A	B₁	B₁	B₁	B₂	B₁		B₂
	省级以下	B₁	B₁	B₂	B₂	B₂	B₂		
办公楼、综合楼	设有中央空调系统的办公楼、综合楼	A	B₁	B₁	B₁	B₂	B₂		B₂
	其他办公楼、综合楼	B₁	B₁	B₁	B₂	B₂	B₂		
住宅	高级住宅	B₁	B₁	B₁	B₁	B₂	B₂		B₂
	普通住宅	B₁	B₂	B₂	B₂	B₂			

表 1-5 高层民用建筑内部各部位装修材料的燃烧性能等级

建筑物	建筑规模、性质	装修材料燃烧性能等级									
		顶棚	墙面	地面	隔断	固定家具	窗帘	帷幕	床罩	家具包布	其他装饰材料
高级旅馆	＞800 座位的观众厅、会议厅；顶层餐厅	A	B₁	B₁	B₁	B₁	B₁	B₁		B₁	B₁
	≤800 座位的观众厅、会议厅	A	B₁	B₁	B₁	B₁	B₁	B₁		B₂	B₁
	其他部位	A	B₁	B₁	B₁	B₂	B₂	B₂	B₁	B₂	B₁
商业楼、展览楼、综合楼、商住楼、医院病房楼	一类建筑	A	B₁	B₁	B₁	B₁	B₁	B₁		B₁	B₁
	二类建筑	B₁	B₁	B₂	B₁	B₂	B₂	B₂		B₂	B₂
电信楼、财贸金融楼、邮政楼、广播电视楼、电力调度楼、防灾指挥调度楼	一类建筑	A	A	B₁	B₁	B₁	B₁	B₁		B₁	B₁
	二类建筑	B₁	B₁	B₂	B₁	B₂	B₂	B₂		B₂	B₂
教学楼、办公楼、科研楼、档案楼、图书馆	一类建筑	A	B₁	B₁	B₁	B₁	B₁	B₁		B₁	B₁
	二类建筑	B₁	B₁	B₂	B₁	B₂	B₂	B₂		B₂	B₂
住宅、普通旅馆	一类普通旅馆、高级住宅	A	B₁	B₁	B₁	B₁	B₁		B₁	B₂	B₁
	二类普通旅馆、普通住宅	B₁	B₁	B₂	B₁	B₂	B₂			B₂	B₂

注：(1)"顶层餐厅"包括设在高空的餐厅、观光厅等；
(2)建筑物的类别、规模、性质应符合国家现行标准《建筑设计防火规范》(GB 50016—2014)的有关规定。

(2)材料的防火处理。对装饰织物进行阻燃处理时，应使其被阻燃剂浸透，阻燃剂的干含量应符合产品说明书的要求。

对木质装饰装修材料进行防火涂料涂布前应对其表面进行清洁，涂布至少分两次进行，且第二次涂布应在第一次涂布的涂层表干后进行，涂布量应不小于 500 g/m²。

(3)施工现场防火。

1)易燃物品应相对集中放置在安全区域并应有明显标识。施工现场不得大量积存可燃材料。

2)易燃易爆材料的施工，应避免敲打、碰撞、摩擦等可能出现火花的操作。配套使用的照明灯、电动机、电气开关应有安全防爆装置。

3)使用油漆等挥发性材料时，应随时封闭其容器，擦拭后的棉纱等物品应集中存放且远离热源。

4)施工现场动用电气焊等明火时，必须清除周围及焊渣滴落区的可燃物质，并设专人监督。

5)施工现场必须配备灭火器、砂箱或其他灭火工具。

6)严禁在施工现场吸烟。

7)严禁在运行中的压力管道、装有易燃易爆物品的容器和受力构件上进行焊接和切割。

(4)电气防火。

1)照明、电热器等设备的高温部位靠近非 A 级材料，或导线穿越 B₂ 级以下装修材料时，应采用岩棉、瓷管或玻璃棉等 A 级材料隔热。当照明灯具或镇流器嵌入可燃装饰装修材料中时，应采取隔热措施予以分隔。

2)配电箱的壳体和底板宜采用 A 级材料制作。配电箱不得安装在 B_2 级以下(含 B_2 级)的装修材料上。开关、插座应安装在 B_1 级以上的材料上。

3)卤钨灯灯管附近的导线应采用耐热绝缘材料制成的护套,不得直接使用具有延燃性绝缘的导线。

4)明敷塑料导线应穿管或加线槽板保护,吊顶内的导线应穿金属管或 B_1 级 PVC 管保护,导线不得裸露。

(5)消防设施的保护。

1)住宅装饰装修不得遮挡消防设施、疏散指示标识及安全出口,并且不应妨碍消防设施和疏散通道的正常使用,不得擅自改动防火门。

2)消火栓门四周的装饰装修材料颜色应与消火栓门的颜色有明显区别。

3)住宅内部火灾报警系统的穿线管、自动喷淋灭火系统的水管线应用独立的吊管架固定,不得借用装饰装修用的吊杆和放置在吊顶上固定。

4)当装饰装修重新分割了住宅房间的平面布局时,应根据有关设计规范针对新的平面调整火灾自动报警探测器与自动灭火喷头的布置。

5)喷淋管线、报警器线路、接线箱及相关器件宜暗装处理。

▶▶ 学习单元 1.2　装饰装修工程常用施工机具

1.2.1　切割机具

1. 电动曲线锯

电动曲线锯由电动机、往复机构、风扇、机壳、开关、手柄、锯条等零部件组成。

中齿锯条适用于锯割有色金属板材、层压板;细齿锯条适用于锯割钢板。

(1)特点。具有体积小、质量小、操作方便、安全可靠、适用范围广的特点,是装饰装修工程中理想的锯割工具。

(2)用途。在装饰装修工程中常用于铝合金门窗安装、广告招牌安装及吊顶工程等。

(3)规格。电动曲线锯的规格以最大锯割厚度表示,锯割金属可用 3 mm、6 mm、10 mm 等规格的电动曲线锯,如锯割木材规格可增大 10 倍左右,空载冲程速率为 500~3 000 冲程/min,功率为 400~650 W,外形如图 1-1 所示。

(4)操作注意事项。

1)锯割前应根据加工件的材料种类,选取合适的锯条。若在锯割薄板时发现工件有反跳现象,表明锯齿太大,应调换细齿锯条。

2)锯割时,向前推力不能过猛,若卡住应立刻切断电源,退出锯条,再进行锯割。

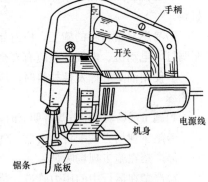

图 1-1　电动曲线锯

3)在锯割时不能将电动曲线锯任意提起,以防损坏锯条。使用过程中,发现不正常声响、水花、外壳过热、不运转或运转过慢时,应立即停锯,检查修复后再用。

2. 电剪刀

(1)特点。使用安全、操作简便、美观实用。

(2)组成。主要由单相串激电动机，偏心齿轮，外壳，刀杆，刀架，上、下刀头等组成。电剪刀外形如图1-2所示。

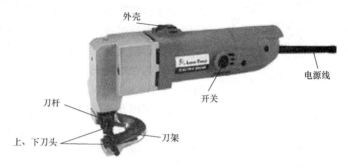

图1-2 电剪刀

(3)规格。规格以最大剪切厚度表示。剪切钢材时，有1.6 mm、2.8 mm、4.5 mm等规格，空载冲程速率为1 700~2 400冲程/min，额定功率为350~1 000 W。

(4)使用注意事项。

1)检查工具、电线的完好程度，检查电压是否符合额定电压。

2)使用前要调整好上、下机具刀刃的横向间距，刀刃的间距是根据剪切板的厚度决定的。

3)注意电剪刀的维护，要经常在往复运动中加注润滑油，如发现上、下刀刃磨损或损坏，应及时修磨或更换。

4)使用过程中，如有异常响声等，应停机检查。

3. 金属切割机

(1)小型钢材切割机：用于切割角铁、钢筋、水管、轻钢龙骨等。

1)规格。常见规格有12 in(英寸)、14 in、16 in几种，功率为1 450 W左右，转速为2 300~3 800 r/min。小型钢材切割机外形如图1-3所示。

2)工作原理。该机根据砂轮磨削特性，利用高速旋转的薄片砂轮进行切割。

3)操作注意事项。操作时用底板上夹具夹紧工件，按下手柄使砂轮薄片轻轻接触工件，平稳匀速地进行切割。因切割时有大量火星，需注意要远离木器、油漆等易燃物品。调整夹具的夹紧板角度，可对工件进行有角度切割。当砂轮磨损到一半时，应更换新片。

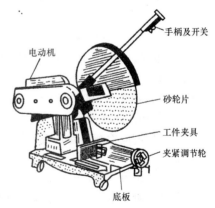

图1-3 小型钢材切割机

(2)电动铝合金切割锯：电动铝合金切割锯是切割铝合金构件的机具。

1)电动铝合金切割锯常用规格有10 in(英寸)、12 in、14 in，功率1 400 W，转速为3 000 r/min，外形如图1-4所示。

2)操作电动铝合金切割锯时应注意压下手柄后，将合金锯片轻轻与铝合金工件接触，然后用力把工件切下。

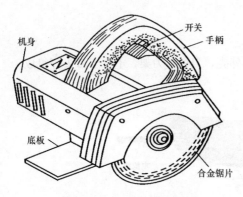

图1-4 电动铝合金切割锯

该切割锯主要用于天然(或人造)花岗石等石料板材、瓷砖、混凝土及石膏等的切割,广泛应用于地面、墙面石材装修工程施工。

该机分干、湿两种切割片。在切割石材之前,先将小塑料软管接在切割机的给水口上,双手握住机柄,通水后再按下开关,并匀速推进切割。

用于切割夹板、木方条、装饰板时,常用规格有:7 in(英寸)、8 in、9 in、10 in、12 in、14 in等,功率1 750~1 900 W,转速3 200~4 000 r/min。

电动圆锯在使用时双手握稳电锯,开动手柄上的开关,让其空转至正常速度,再进行锯切工件。

在施工时,常把电动圆锯反装在工作台面下,并使圆锯片从工作台面的开槽处伸出台面,以便切割木板和木方条。

1.2.2 钻(拧)孔机具

1. 轻型电钻

轻型电钻是用来对金属材料或其他类似材料或工件进行小孔径钻孔的电动工具。

电钻的规格以钻孔直径表示,有10 mm、13 mm、25 mm等,转速为950~2 500 r/min,功率为350 W或450 W。轻型电钻操作时注意钻头平稳进给,防止跳动或摇晃,要经常提出钻头,去掉钻渣,以免钻头扭断在工件中。轻型电钻外形如图1-5所示。

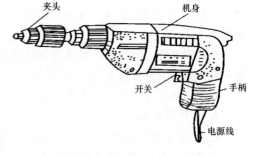

图1-5 轻型电钻

2. 冲击电钻

冲击电钻亦称电动冲击钻,它是可调节式旋转带冲击的特种电钻。

(1)用途。广泛应用于装饰装修工程以及水、电、煤气安装工程等方面。

(2)规格。规格以最大钻孔直径表示,用于钻混凝土时有13 mm、20 mm等几种;用于钻钢材时,有8 mm、10 mm、13 mm、20 mm、25 mm几种;用于木材钻孔时,最大孔径可达40 mm。功率为300~700 W,转速为650~2 800 r/min。

(3)使用注意事项。

1)使用前应检查工具是否完好,电源线是否有破损以及电源线与机体接触处有无橡胶护套。

2)按额定电压接好电源,选择合适的钻头,调节好按钮,将刀具垂直于墙面钻孔。

3)使用时有不正常的杂音应停止使用,如发现转速突然下降应立即放松压力,钻孔时突然刹停应立即切断电源。

4)移动冲击电钻时,必须握持手柄,不能拖拉电源线,防止擦破电源线绝缘层。

3. 电锤

电锤在国外也叫冲击电钻,其工作原理同冲击电钻,也兼具冲击和旋转两种功能。

电锤由单相串激电动机、传动箱、曲轴、连杆、活塞机构、保险离合器、刀架机构、手柄等组成。

(1)特点。利用特殊的机械装置,将电动机的旋转转动变为冲击或冲击带旋转的运动。

(2)用途。主要用于建筑工程中各种设备的安装。

(3)规格。按孔径分有 16 mm、18 mm、22 mm、24 mm、30 mm 等,转速为 300～3 900 r/min,冲击次数为 2 650～4 800 次/min,功率为 480～1 450 W。

(4)使用注意事项。

1)使用电锤打孔时,工具必须垂直于工作面。不允许工具在孔内左右摆动,以免扭坏工具。

2)保证电源的电压与铭牌中规定相符。

3)各部件紧固螺钉必须牢固,根据钻孔开凿情况选择合适的钻头,并安装牢靠。钻头磨损后应及时更换,以免电动机过载。

4)多为断续工作制,切勿长期连续使用,以免烧坏电动机。

4. 电动自攻螺钉钻

(1)用途。电动自攻螺钉钻是装卸自攻螺钉的专用机具,用于轻钢龙骨或铝合金龙骨上安装装饰板面,以及各种龙骨本身的安装。

(2)特点。可以直接安装自攻螺钉,在安装面板时不需要预先钻孔,而是利用自身高速旋转直接将螺钉固定在基层上。

(3)规格。该钻按自攻螺钉直径可分为 4 mm、6 mm 等,转速为 0～4 000 r/min,功率为 200～500 W。

1.2.3 磨光机具

1. 电动角向磨光机

电动角向磨光机利用高速旋转的薄片砂轮以及橡胶砂轮、钢丝轮等对金属构件进行磨削、切削、除锈、磨光加工。

(1)用途。在建筑装饰工程中,常用该工具对金属型材进行磨光、除锈、去毛刺等作业,使用范围比较广泛。

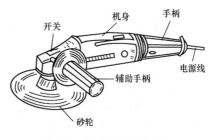

图 1-6 电动角向磨光机

(2)规格。按磨片直径分为 125 mm、181 mm、230 mm、300 mm 等,额定转速为 5 000～11 000 r/min,额定功率为 670～2 400 W,其外形如图 1-6 所示。

(3)使用注意事项。

1)操作时用双手平握住机身,再按下开关。

2)以砂轮片的侧面轻触工件,并平稳地向前移动,磨到尽头时,应提起机身,不可在工件上来回推磨,以免损坏砂轮片。

3)该机转速很快,振动大,操作时应注意安全。

2. 抛光机

抛光机主要用于各类装饰表面抛光作业和砖石干式精细加工作业。常见的规格按抛光海绵直径可分为 125 mm、160 mm 等,额定转速为 4 500～20 000 r/min,额定功率为 400～1 200 W,其外形如图 1-7 所示。

3. 砂磨机

砂磨机主要用于磨光金属、木材或填料等的工作表面以便于油漆作业,由高速旋转(或振动)的平板磨板(平板装有砂纸)对各种装饰面进行砂磨作业。

其规格按磨盘直径或尺寸可分为：旋转型有 115 mm、125 mm、150 mm 等；振动型有 110 mm×112 mm、92 mm×182 mm 等。砂磨机外形如图 1-8 所示。

图 1-7 抛光机

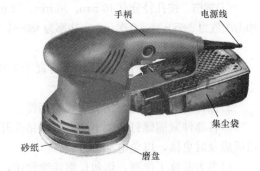

图 1-8 砂磨机

4. 混凝土磨光机

图 1-9 为混凝土磨光机，该机主要用于混凝土面的磨光作业。

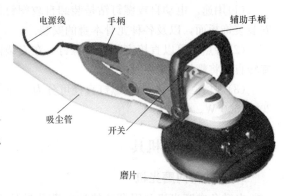

混凝土磨光机的磨盘直径有 100 mm、125 mm 等，额定功率为 1 400～2 400 W，转数为 6 000～11 000 r/min。使用时，双手握住机柄，均匀推进，压力不要过大，以免过载发热损坏电动机。

图 1-9 混凝土磨光机

1.2.4 钉固与铆固机具

1. 射钉枪

(1)用途。射钉枪是装饰工程施工中常用的工具，它要使用射钉弹和射钉，由枪机击发射钉弹，以弹内燃料的能量将各种射钉直接打入钢铁、混凝土或砖砌体等材料中去。

(2)使用注意事项。射钉枪因型号不同，使用方法略有不同。SDT-A30 射钉枪如图 1-10 所示。

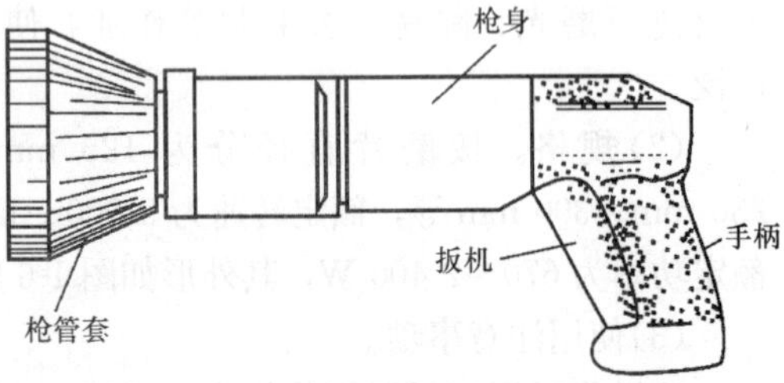

图 1-10 射钉枪

2. 电动、气动钉钉枪

电动、气动钉钉枪用于木龙骨上钉木夹板、纤维板、刨花板、石膏板等板材和各种装饰木线条，配有专用枪钉，常见规格有 10 mm、15 mm、20 mm、25 mm 4 种。

气钉枪有两种：一种是直钉枪；一种是码钉枪。直钉是单支，码钉是双支。

3. 风动、手动拉铆枪

风动、手动拉铆枪适用于铆接抽芯铝铆钉。

(1)特点。质量小、操作简便、没有噪声，同时拉铆速度快，生产效率高。

(2)用途。广泛用于车辆、船舶、纺织、航空、建筑装饰、通风管道等行业。

(3)基本参数。

1）工作气压：0.3～0.6 MPa。

2）工作拉力：3 000～7 200 N。

3）铆接直径：3.0～5.5 mm。

4）风管直径：10 mm。

5）枪身质量：2.2 kg。

1.2.5 专用机具与专用仪表

1. 专用机具

(1)木工雕刻机。用于工件进行铣削加工，刀头为硬质合金的平直刀头，其直径为8～12 mm，功率为55～1 500 W，转速为24 000 r/min。该机配有微调分度为0.1 mm的平行止动装置，最大铣削深度可达60 mm，是精细作业的高精度专用工具。

(2)热熔胶枪。主要用于相应材料对缝的粘结。该枪具有电子控制加热原件，以便及时使用并保持恒定工作温度。机械进给系统出胶率为30 g/min，预热时间4 min，胶条最大长度可达200 mm。

2. 专用仪表

(1)数字式气泡水平仪。数字式气泡水平仪可精确测量坡度、角度或水平度，以度数及百分比显示，当作业是在头顶上方进行时，显示自动倒转，测量误差最大为0.05，水平仪长度为120 m。

(2)量角仪。量角仪是高精度角度测量用仪器，前后两面各有显示，方便读数；结构轻巧，具有储存上次测量数据的功能；测量范围为0°～220°，最大误差±0.1°。

(3)金属探测仪。金属探测仪是探测钢铁和有色金属的可靠工具，能指出带电的电缆和可钻的深度，容易校正。

(4)超声波测距仪。该仪器无须接触即可精确测出距离，配有光速定向辅助设备；具有测量数据储存功能，测量范围为0.6～20 m。

(5)激光水平仪。激光水平仪能快速、准确地标记参考高度及标高，检核水平面和直角、定线、标记铅垂线；结构坚固，确保长期准确，特别实用的是单人即可负起全部工作；操作距离可达100 m，水平误差0.1 mm/m，角度误差0.01°，连续操作时间可达10 h左右。

1.2.6 其他机具

1. 空气压缩机(气泵)

空气压缩机主要用于喷油漆和喷涂料，压力为0.5～0.8 MPa，可供气量为0.8 m³，并可自动调压，电动机功率为2.5 kW。

2. 庭院机具

(1)树篱修剪机。强力树篱修剪机割刀长400 mm，具有快速停机、刀刃导向安全、滑动离合功能。

(2)草坪修剪机。草坪修剪机绳带可自动缩放，在修剪草坪过程中，电动机座可随时调整角度，最大可达180°，可以修剪草坪边缘。稳固、可伸缩的金属握柄可调整，以适合使用者的身高。

思考题

1. 什么是装饰装修？装饰装修工程有哪些特点？
2. 装饰装修工程根据哪些方面进行分级？我国对装饰装修工程如何划分等级？
3.《住宅装饰装修工程施工规范》(GB 50327—2001)规定控制的室内环境污染物有哪些？
4. 装饰装修工程常用施工机具有哪些？

实训题

参观实训

题目：装饰装修工程施工的常用机具。

目的：通过本次参观实习，能掌握装饰装修工程常用施工机具的性能和使用。

作业条件：某装饰装修工程公司。

操作过程：分班分组进行参观实训。

标准要求：能熟练地将理论与实际相结合。

注意事项：施工现场的安全。

墙面装饰工程施工

学习单元 2.1 抹灰工程施工

任务目标

1. 了解抹灰工程的功能与施工基本要求，掌握一般抹灰砂浆的配置技术。

2. 熟悉一般抹灰所需材料的要求及常用机具的性能、使用，掌握一般内、外墙抹灰的分层做法及施工要点。

3. 熟悉装饰抹灰所需材料的要求及常用机具的性能、使用，掌握装饰抹灰的分层做法及施工要点。

4. 了解抹灰工程在施工过程中的质量检查项目和质量验收检验项目，熟悉抹灰工程施工质量检验标准及检验方法，掌握抹灰工程的施工常见质量通病及其防治措施。

2.1.1 抹灰工程施工概述

1. 抹灰的分类

(1)按建筑部位分。

1)室内抹灰：主要包括顶棚、内墙面、楼地面、踢脚板、楼梯等部位的抹灰。

2)室外抹灰：主要包括外墙、屋檐、女儿墙、压顶、窗楣、窗台、腰线、阳台、雨篷、勒脚等部位的抹灰。

(2)按装饰效果分。

1)一般抹灰：一般抹灰的面层材料有水泥砂浆、水泥混合砂浆、石灰砂浆、麻刀灰、纸筋灰和石膏灰等。根据其质量和使用要求，一般抹灰分为高级、中级和普通三级。

①高级抹灰：适用于大型公共建筑物、纪念性建筑物，以及有特殊要求的高级建筑，如剧院、礼堂、展览馆和高级住宅等。高级抹灰做法为一层底层、数层中层和一层面层。操作工序是阴阳角找方→设置标筋→分层赶平→修整和表面压光。抹灰表面应光滑、洁净、色匀，线角平直、清晰，接槎平整、无抹纹。

②中级抹灰：适用于一般居住、民用和工业房屋，如住宅、宿舍、教学楼、办公楼。中级抹灰做法为一层底层、一层中层和一层面层(或一层底层、一层面层)。操作工序是阳角找方→设置标筋→分层赶平→修整和表面压光。抹灰表面应洁净，线角顺直、清晰，接槎平整。

③普通抹灰：适用于简易住宅、大型设施和非居住的房屋，如汽车库、仓库、锅炉房，以及建筑物中的地下室、储藏室等。普通抹灰做法为一层底层和一层面层或不分层一遍成活。操作工序是赶平→修整和表面压光。抹灰表面要求接槎平整。

2)装饰抹灰：主要分为水刷石、水磨石、斩假石、干粘石、假面砖、拉条灰、拉毛灰、甩毛灰、扒拉灰、喷毛灰以及喷砂、喷涂、滚涂等。

2. 抹灰的组成

(1)抹灰分为底层、中层及面层。各层厚度和使用砂浆品种应视基层材料、部位、质量标准以及各地气候情况决定，如图 2-1 所示。

(2)灰层的平均总厚度，按规范要求应小于下列数值：

1)顶棚：板条、现浇混凝土和空心砖为 15 mm；预制混凝土为 18 mm；金属网为 20 mm。

2)内墙：普通抹灰为 18 mm；中级抹灰为 20 mm；高级抹灰为 25 mm。

3)外墙为 20 mm；内墙及突出墙面部分为 25 mm。

4)石墙为 35 mm。

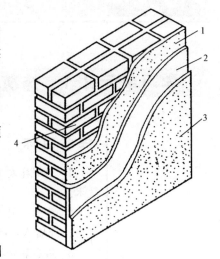

图 2-1　抹灰的组成
1—底层；2—中层；3—面层；4—基层

(3)抹灰工程应分遍进行以使粘结牢固，并能起到找平和保证质量的作用。如果一次抹得太厚，由于内外收水快慢不同，易产生开裂，甚至起鼓脱落，每遍抹灰厚度一般控制如下：

1)抹水泥砂浆每遍厚度为 5~7 mm。

2)抹石灰砂浆或混合砂浆每遍厚度为 7~9 mm。

3)抹灰面层用麻刀灰、纸筋灰、石膏灰不大于 2 mm。

4)混凝土大板和大模板建筑内墙面和楼板底面，采用腻子刮平时，宜分遍刮平，总厚度 2~3 mm。

5)如用聚合物水泥砂浆、水泥混合砂浆喷毛打底，纸筋灰罩面，以及用膨胀珍珠岩水泥砂浆抹面，总厚度 3~5 mm。

6)板条、金属网用麻刀灰、纸筋灰抹灰的每遍厚度为 3~6 mm。

水泥砂浆和水泥混合砂浆的抹灰层，应待前一层抹灰层凝结后，方可涂抹后一层；水泥砂浆底层，应待前一层七八成干后，方可涂抹后一层。

3. 施工顺序及施工环境温度

(1)施工顺序。

1)室外抹灰和饰面工程的施工，一般应自上而下进行，即先施工檐口，再逐层施工外墙面，后施工勒脚。室外施工还应先抹阳角线(包括门窗角、墙角、台口线等)，后抹窗台和墙面。高层建筑可分段进行抹灰。

2)室内抹灰和饰面工程的施工，一般应先施工顶棚，再施工墙面，而后施工地面、楼梯，并应待屋面防水、隔墙、门窗框、暗装的管道和电线管及电气预埋件、预制钢筋混凝土楼板灌缝等施工完成后进行。室内地面抹灰可与外墙抹灰同时进行或交叉进行。

3)在抹灰基层上做饰面板(砖)、轻型花饰粘贴安装，亦应待抹灰工程完工、抹灰层与基层粘结牢固后进行。

(2)施工环境温度。施工环境温度是指施工现场日最低气温。室内温度应在靠近外墙离地面 500 mm 高处测量。

1)室内外抹灰、饰面工程的施工环境温度不应低于 5 ℃。当必须在低于 5 ℃气温下施工时，应采取保证工程质量的有效措施。

2)使用胶粘剂时，应在胶粘剂产品说明书要求的使用温度下施工。

2.1.2 一般抹灰施工

1. 一般要求

(1)一般抹灰分等级做法：

1)普通抹灰——分层赶平、修整、表面压光。

2)中级抹灰——阳角找方，设置标筋，分层赶平、修整，表面压光。

3)高级抹灰——阴阳角找方，设置标筋，分层赶平、修整，表面压光。

(2)抹灰层平均总厚度：

1)顶棚——板条、现浇混凝土顶棚抹灰，不得大于 15 mm；预制混凝土顶棚抹灰，不得大于 18 mm；金属网顶棚抹灰，不得大于 20 mm。

2)内墙——普通抹灰不得大于 18 mm；中级抹灰不得大于 20 mm；高级抹灰不得大于 25 mm。

3)外墙——墙面不得大于 20 mm；勒脚及突出墙体部分，不得大于 25 mm。

4)石墙——墙面不得大于 35 mm。

涂抹水泥砂浆，每遍厚度宜为 5～7 mm，涂抹水泥混合砂浆和石灰砂浆，每遍厚度宜为 7～9 mm。水泥砂浆和水泥混合砂浆的抹灰层，应待前一层凝结后，方可涂抹后一层；石灰砂浆的抹灰层，应待前一层七八成干后，方可涂抹后一层。

面层抹灰经过赶平压实后的厚度：麻刀石灰不得大于 3 mm；纸筋石灰、石灰膏不得大于 2 mm。

装配式大板和大模板建筑的内墙面和楼板底面(指预制整间大楼板)，可不用抹灰，宜用腻子分遍刮平，总厚度为 2～3 mm；如用聚合物水泥砂浆、水泥混合砂浆喷毛打底，纸筋石灰罩面及用膨胀珍珠岩水泥砂浆抹面，总厚度为 3～5 mm。

2. 墙面抹灰要点

抹灰前必须先找好规矩，即四方规方、横线找平、立线吊直、弹出准线和墙裙、踢脚板线。

(1)中级和普通抹灰：先用拖线板检查墙面平整垂直程度，大致决定抹灰厚度(最薄处一般不小于 7 mm)，再在墙的上角各做一个标准灰饼(用打底砂浆或 1∶3 水泥砂浆，也可用水泥∶石膏∶砂＝1∶3∶9 混合砂浆，遇到门窗口踝角处要补做灰饼)，大小 5 cm 见方，厚度以墙面平整垂直决定，然后根据这两个灰饼用托线板或线坠挂垂直做墙面下角两个标准灰饼(高低位置一般在踢脚线上口)，厚度以垂直为准，再用钉子钉在左右灰饼附近墙缝里，拴上小线挂好通线，并根据小线位置每隔 1.2～1.5 m 上下加做若干标准灰饼，待灰饼稍干后，在上下灰饼之间抹上宽约 10 cm 的砂浆冲筋，用木杆刮平，厚度与灰饼相平，待稍干后可进行底层抹灰。

(2)高级抹灰：先房间规方，小房间可以一面墙做基线，用方尺规方即可，如房间面积较大，要在地面上先弹出十字线，以作为墙角抹灰准线，在离墙角约 10 cm 处，用线坠吊直，在墙上弹一立线，再按房间规方地线(十字线)及墙面平整程度向里反线，弹出墙角抹灰准线，并在准线上下两端排好通线后做标准灰饼及冲筋。

室内墙面、柱面的阴角和门洞口的阳角，如设计对护角线无规定时，一般可用 1：2 水泥砂浆抹出护角，护角高度不应低于 2 m，每侧宽度不小于 50 mm。其做法是：根据灰饼厚度抹灰，然后粘好八字靠尺，并找方吊直，用 1：2 水泥砂浆分层抹平，待砂浆稍干后，再用捋角器和水泥浆捋出小圆角。

基层为混凝土时，抹灰前应先刮素水泥浆一道；在加气混凝土或粉煤灰砌块基层抹石灰砂浆时，应先刷 108 胶（掺量为水泥质量的 10%～15%）水泥浆一道。

在加气混凝土基层上抹底灰的强度宜与加气混凝土强度接近，中层灰的配合比亦宜与底灰基本相同。底灰宜用粗砂，中层灰和面灰宜用中砂。

采用水泥砂浆面层时，须将底子灰表面扫毛或划出纹道，面层应注意接槎，表面压光不得少于两遍，罩面后次日进行洒水养护。

纸筋灰或麻刀灰罩面，宜在底子灰五六成干时进行，底子灰如过于干燥应先浇水润湿，罩面分两遍压实赶光。

板条或钢丝网墙抹底层灰时，宜用麻刀灰砂浆或纸筋石灰砂浆，砂浆要挤入板条或钢丝网的缝隙中，各层分遍成活，每遍 3～6 mm，待底灰七八成干再抹第二道灰。钢丝网抹灰砂浆中掺用水泥时，其掺量应通过试验确定。

墙面阳角抹灰时，先将靠尺在墙角的一面用线坠找直。然后在墙角的另一面顺靠尺抹上砂浆。

室内墙裙、踢脚板一般要比罩面灰墙面凸出 3～5 mm，根据高度尺寸弹上线，把八字靠尺靠在线上用铁抹子切齐，修边清理。

踢脚线、门窗贴脸板、挂镜线、散热器和密集管道等背后的墙面抹灰，宜在它们安装前进行，抹灰面接槎顺平。

外墙窗台、窗檐、雨篷、阳台、压顶和突出腰线等，上面应做流水坡度，下面应做滴水线和滴水槽。滴水槽的深度和宽度均不应小于 10 mm，并整齐一致。

3. 顶棚抹灰要点

钢筋混凝土楼板顶棚抹灰前，应用清水润湿并刷素水泥砂浆一道。

抹灰前应在四周墙上弹出水平线，以墙上水平线为依据，先抹顶棚四周，再圈边找平。

抹板条顶棚底子灰时，抹子运动方向应与条长垂直；抹苇箔顶棚底子灰时，抹子运行方向应顺苇秆，并都应将灰挤入板条、苇箔缝隙中。待底子灰六七成干时进行罩面，罩面分 3 遍压实赶光。

其他板条、钢丝网顶棚抹灰要求，与墙面抹灰相同顶棚的高级抹灰，应加钉长 350～450 mm 的麻束，间距为距墙面 400 mm，并交错布置，分遍按放射状梳理抹进中层砂浆内。

灰线抹灰应符合下列规定；

(1)抹灰线用的模子，其线型、棱角等应符合要求，并按墙面、柱面找平后的水平线确定灰线位置；

(2)简单的灰线抹灰，应待墙面、柱面、顶棚的中层砂浆抹完后进行。多线条的灰线抹灰，应在墙面、柱面的中层砂浆抹完后，顶棚抹灰前进行；

(3)灰线抹灰应分遍成活，底层、中层砂浆中宜掺入少量麻刀。罩面灰应分遍连续涂抹，表面应赶平、修整、压光。

顶棚表面应顺平，并压光压实，不应有抹纹和气泡、接槎不平等现象，顶棚与墙面相交的阴角，应成一条直线。

罩面石膏灰应掺入缓凝剂，其掺量应由试验确定，一般控制在 15～20 min 内凝结。涂抹应分两遍连续进行，第一遍应涂抹在干燥的中层上，但不得涂抹在水泥砂浆层上。

4. 施工工艺流程及操作要点

(1)施工工艺流程。一般抹灰的施工工艺流程为：基层处理→做灰饼、标筋→抹底层灰→抹中层灰→抹面层灰→阴阳角抹灰→顶棚抹灰。

(2)操作要点。

1)做灰饼、标筋。抹灰操作应保证其平整度和垂直度，施工中常用的手段是做灰饼和标筋，如图 2-2 所示。

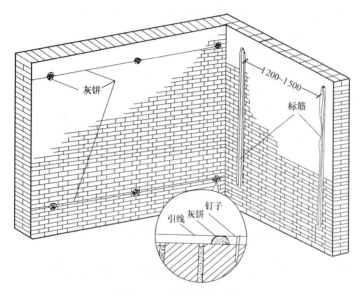

图 2-2　做灰饼和标筋

2)抹底层灰。标筋达到一定强度后(刮尺操作不致损坏或七八成干)，即可抹底层灰。抹底层灰可用托灰板盛砂浆，用力将砂浆推抹到墙面上，一般应自上而下进行。在两标筋之间抹满后，即用刮尺自下而上进行刮灰，使底灰层刮平、刮实并与标筋面相平。操作中用木抹子配合去高补低，最后用铁抹子压平。

3)抹中层灰。底层灰七八成干(用手指按压有指印但不软)时，即可抹中层灰。操作时，一般按自上而下、从左向右的顺序进行。先在底层灰上洒水，待其收水后，在标筋之间装满砂浆，用刮尺刮平，并用木抹子来回搓抹，去高补低。搓平后用 2 m 靠尺检查，超过质量标准允许偏差时，应修整至合格。

4)抹面层灰。在中层灰七八成干后，即可抹面层灰。先在中层灰上洒水，然后将面层砂浆分遍均匀抹涂上去，一般也应按自上而下、从左向右的顺序。抹满后，用铁抹子分遍压实、压光。铁抹子各遍的运行方向应相互垂直，最后一遍宜竖直方向施工。

5)阴阳角抹灰。用阴阳角方尺检查阴阳角的直角度，并检查垂直度，然后定抹灰厚度，浇水湿润。用木制阴角器和阳角器分别进行阴阳角处抹灰，先抹底层灰，使其基本达到直角，再抹中层灰，使阴阳角方正。阴阳角找方应与墙面抹灰同时进行。

6)顶棚抹灰。顶棚抹灰可不做灰饼和标筋，只需在四周墙上弹出抹灰层的标高线(一般从 500 mm 线向上控制)。顶棚抹灰的顺序宜从房间内部向门口进行。

抹底层灰前，应清扫干净楼板底的浮灰、砂浆残渣，清洗掉油污以及模板隔离剂，并浇水湿润。为使抹灰层和基层粘结牢固，可刷水泥胶浆一道。

抹底层灰时，抹压方向应与模板纹路或预制板板缝相垂直，应用力将砂浆挤入板条缝或网眼内。

5. 质量问题的原因与预防措施

(1)墙面空鼓、裂缝。

1)主要原因:

①基层处理不好,清扫不净,浇水不匀、不足。

②不同材料交接处未设加强网或加强网搭接宽度过小。

③原材料质量不符合要求,砂浆配合比不当。

④墙面脚手架眼填塞不当。

⑤一层抹灰过厚,各层之间间隔时间太短。

⑥养护不到位,尤其在夏期施工时。

2)预防措施:

①基层应按规定处理好,浇水应充分、均匀。

②按要求设置并固定好加强网。

③严格控制原材料质量,严格按配合比配合和搅拌砂浆。

④认真填塞墙面脚手架眼。

⑤严格分层操作并控制好各层厚度,各层之间的时间间隔应充足。

⑥加强对抹灰层的养护工作。

(2)窗台、阳台、雨篷等处抹灰的水平方向与垂直方向不一致。

1)主要原因:

①结构施工时,现浇混凝土或构件安装的偏差过大,抹灰时不易纠正。

②抹灰前,上下左右未拉水平和垂直通线,施工误差较大。

2)预防措施:

①在结构施工阶段,应尽量保证结构或构件的形状位置正确,减少偏差。

②安装窗框时,应找出各自的中心线以及拉好水平通线,保证安装位置的正确。

③抹灰前,应在窗台、阳台、雨篷、柱垛等处拉水平和垂直方向的通线找平、找正,每步均要起灰饼。

6. 成品保护措施

(1)抹灰前应事先把门窗框与墙连接处的缝隙用1:3水泥砂浆嵌塞密实(铝合金门窗框应留出一定间隙填塞嵌缝材料,其嵌缝材料由设计确定);门口钉设铁皮或木板保护。

(2)及时清扫干净残留在门窗框上的砂浆。铝合金门窗框必须有保护膜。

(3)推小车或搬运东西时,要注意不要损坏阳角和墙面;抹灰用的刮杠和铁锹把不要靠在墙上;严禁蹬踩窗台,防止损坏其棱角。

(4)拆除脚手架要轻拆轻放,拆除后材料码放整齐,不要撞坏门窗、墙角和阳角。

(5)墙上的电线槽、盒、水暖设备预留洞等不要随意堵死。

(6)抹灰层凝结前,应防止快干、水冲、撞击、振动和挤压,以保证抹灰层有足够的强度。

(7)要注意保护好楼地面面层,不得直接在楼地面上拌灰。

7. 安全环保措施

(1)抹灰操作之前,应按照搭设脚手架的操作规程检查架子和高凳是否牢固。层高在3.60 m以下时由抹灰工自行搭设架子,采用脚手凳时其间距应小于2 m。不可搭探头板。

(2)在多层脚手架上作业时,尽量避免在同一垂直线上工作;如需立体交叉同时操作时,应有防护措施。

(3)在架子上操作时人数不可过于集中,堆放的材料要散开,存放砂浆的槽子、小桶要放稳。木制杠尺不能一头立在脚手板上一头靠墙,应在脚手板上放平,操作用工具也应放置稳当,以防坠下伤人。

(4)雨后、春暖解冻时,应检查外架子,防止沉陷出现险情。

(5)凳上操作时,单凳只准站一人;双凳搭跳板,两凳间距不超过2 m,准站两人。脚手板上不准放灰桶。

(6)电动机具应定期检验、保养。

(7)电动机具必须设专人负责安全防护装置。电动机必须有安全可靠的接地装置。

2.1.3 装饰抹灰施工

2.1.3.1 一般要求

外墙面装饰抹灰的一般要求如下:

(1)装饰抹灰面层的厚度、颜色、图案应符合设计要求。

(2)装饰抹灰所用材料的产地、品种、批号应力求一致。同一墙面所用色调的砂浆要做到统一配料,以求色泽一致。施工前应一次将材料干拌均匀过筛,并用纸袋储存,用时加水搅拌。

(3)柱子、垛子、墙面、檐口、门窗口、勒脚等处,都要在抹灰前水平和垂直两个方向拉通线,找好规矩(包括四角挂垂直线、大角找方、拉通线贴灰饼、冲筋等)。

(4)抹底子灰前基层先浇水湿润,底子灰表面应扫毛或划出纹道,经养护一两天后再罩面,次日浇水养护。夏季应避免在日光暴晒下抹灰。用于粉煤灰、加气混凝土基层的底灰宜采用混合砂浆,一般不宜粘挂较重的饰面材料(如面砖、石料),除护角、勒脚等,不宜大面积采用水泥砂浆抹灰。

(5)尽量做到同一墙面不接槎,必须接槎时,应注意把接槎位置留在阴阳角或落水管处。室外抹灰为了不显接槎,防止开裂,一般应按涉及尺寸粘米厘条(分格条)均匀分隔处理。

(6)墙面有分格要求时,底层应分格弹线,粘米厘条(分格条)时要四周交接严密、横平竖直,拉槎要齐,不得有扭曲现象。

(7)装配式混凝土外墙板,其外墙面和接缝不平处以及缺棱掉角处,可用1:3水泥砂浆修补(孔洞用同强度等级混凝土填平);加气混凝土外墙面不平处,可先刷20%108胶水泥浆,再用1:1:6混合砂浆修补。然后直接喷、滚、弹涂。为了保证饰面层与基层粘结牢固和颜色均匀,施工前宜先在基层喷刷1:3(胶:水)108胶水溶液一遍。

(8)外墙抹灰应由屋檐开始自上而下进行,在檐口、窗台、阳台、雨罩等部位,应做好泛水和滴水线槽。

2.1.3.2 常见装饰抹灰做法

1. 水刷石施工

水刷石也称水洗石、洗石、水冲石。水刷石施工是一种传统的外墙装饰做法,由于其耐久性好、施工工艺简单、造价低,目前还在大量采用。

(1)施工工艺流程及操作要求。水刷石的施工工艺流程为:抹灰中层验收→弹线、粘分格条→抹水泥石子浆→冲洗→起分格条、修整→养护。

1)弹线、粘分格条。待中层灰六七成干并经验收合格后,按照设计要求进行弹线分格,并粘贴好分格条。粘分格条方式如图2-3所示。

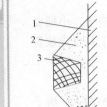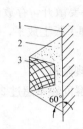

图 2-3　粘分格条方式

1—抹灰面；2—素水泥浆；3—分格条

2）抹水泥石子浆。浇水湿润，刷一道水泥浆（水灰比为 0.37～0.40），随即抹水泥石子浆。水泥石子浆中的石子颗粒应均匀、洁净、色泽一致，水泥石子浆稠度以 50～70 mm 为宜。抹水泥石子浆应一次成活，用铁抹子压紧搓平。每一分格内抹石子浆时，应按自下而上的顺序。阳角处应保证线条垂直、挺拔。

3）冲洗。冲洗是确保水刷石施工质量的重要环节。冲洗可分两遍进行：第一遍用软毛刷刷掉面层水泥浆，露出石粒；第二遍用喷雾器从上往下喷水，冲去水泥浆，使石粒露出 1/3～1/2 粒径，达到显露清晰的效果。开始冲洗的时间与气温和水泥品种有关，应根据具体情况掌握。一般以能刷洗掉水泥浆而又不掉石粒为宜，冲洗应快慢适度，按照自上而下的顺序，同时还应做好排水工作。

4）起分格条、修整。冲洗后随即起出分格条，起条应小心仔细。对局部可用素水泥浆修补，要及时对面层进行养护。

对外墙窗台、窗楣、雨篷、阳台、压顶、檐口以及突出的腰线等部位，应做出泄水坡度，并做滴水槽或滴水线。

（2）质量问题的原因与预防措施。

1）水刷石面层空鼓。

①主要原因：基层处理不好，清扫不干净，浇水不匀，影响底层砂浆与基层的粘结性能；一次抹灰太厚或各层抹灰跟得太紧；水泥浆刮抹后，没有紧跟抹水泥石子浆，影响粘结效果；夏期施工，砂浆失水太快或没有适当浇水养护。

②预防措施：抹灰前，应将基层清扫干净，浇水时应均匀；底子灰不能抹得太厚，应注意各层之间的间隔时间；水泥浆结合层刮抹后，应及时抹水泥石子浆，不能间隔。

2）水刷石面层石碴不均匀或脱落，面层浑浊不清。

①主要原因：石子使用前，没有洗净过筛；分格条粘贴操作不当；底子灰干湿度掌握不好，水刷石面层胶合时，底子太软，水泥石子浆干得快，抹子没压均匀或没压好；冲洗太早；冲洗过迟，面层已干，遇水后石粒易崩落，而且洗不干净，面层混浊、不清晰。

②预防措施：所有原材料必须符合质量要求；分格条必须使用优质木材，粘贴前应在水中浸透，粘贴时两边应以 45°抹素水泥浆，保证抹灰和起条方便。

抹水泥石子浆时应掌握好底子灰的干湿程度，防止有假凝现象，造成不易压实抹平，在水泥石子浆稍收水后，要多次刷压拍平，使石子在灰浆中转动，达到大面朝下，排列紧密、均匀。

3）水刷石面层阴阳角不垂直、有黑边。

①主要原因：抹阳角时操作不正确；阴角处没有弹垂直线找规矩，而一次抹完水泥石子浆；冲洗阴阳角时，喷水角度和时间掌握不适当，石粒被洗掉。

②预防措施：抹阳角反贴八字靠尺时，应使伸出的八字棱与面层的厚度相等，使水泥石子浆的接槎正交。如高出另一面，在抹时势必会将石粒拍搓下去，造成石粒松动，冲洗时容易脱落；如低于另一面，则容易出现黑边。

4）水刷石面层颜色不匀。

①主要原因：所用石子种类不一，石子质量较差；颜料质量差，未拌合均匀；底子灰干湿不均匀；大风天气施工；冬期施工时，因掺入盐类而出现盐析，影响墙面颜色均匀。

②预防措施：同一墙面所用石子颗粒应坚硬、均匀，色泽一致，不含杂质；使用前须过

筛、冲洗、晾干，并分类堆放和防止污染；应选用耐碱、耐光矿物颜料，并与水泥拌合均匀；抹水泥石子浆前，干燥底子灰上要浇水湿润，并刷水泥浆一道；忌大风天气施工，以免造成大面积污染和出现花斑；冬期施工尽量避免掺氯化钠和氯化钙。

2. 干粘石施工

干粘石是由水刷石演变而来的一种工艺。与水刷石相比，干粘石施工操作简单，减少了湿作业，因此在很多地方得到推广。

(1)施工工艺流程及操作要求。干粘石的施工工艺流程为：抹灰中层验收→弹线、粘分格条→抹粘结层砂浆→撒石粒、拍平→起分格条、修整。

1)抹粘结层砂浆。浇水湿润，刷素水泥浆一道，抹水泥砂浆粘结层。粘结层砂浆厚度为4～5 mm，稠度以60～80 mm为宜。粘结层应平整，阴阳角应方正。

2)撒石粒、拍平。在粘结层砂浆干湿适宜时可以用手甩石粒，然后用铁抹子将石粒均匀拍入砂浆中。甩石粒应遵循"先边角后中间，先上面后下面"的原则；在阳角处应同时进行；甩石粒应尽量使石粒分布均匀，当出现过密或过稀时一般不宜补甩，应直接剔除或补粘；拍石粒时也应用力合适，一般以石粒进入砂浆不小于其粒径的一半为宜。

3)起分格条、修整。如局部有石粒不均匀、表面不平、石粒外露太多或石粒下坠等情况，应及时进行修整。起分格条时，如局部出现破损，也应用水泥浆修补，要使整个墙面平整、色泽均匀，线条顺直、清晰。

(2)质量问题的原因与预防措施。

1)干粘石面接槎明显。

①主要原因：抹粘结砂浆后未及时粘石，使石粒粘结不良；接槎处砂浆太干或新灰粘在接槎处石粒上，或接槎处石粒掉得太多；大面积粘石时，每个分格没有一次完成而分成几次进行。

②预防措施：施工前要熟悉图纸，检查分格是否合理，操作有无困难，是否会带来接槎质量问题；遇到大块分格时，应事先计划好，必须一次完成；抹粘结砂浆后，应紧接着粘石。应注意脚手架的合理搭设，保证施工正常进行。

2)干粘石棱角黑边。

①主要原因：阳角粘石时，先在大面上卡好尺抹小面，粘好石后压实、溜平，翻过尺卡在小面上，再抹大面。这时，小面阳角处灰浆已干而粘不上石粒，导致交接处形成一条明显的无石碴黑灰线。

②预防措施：粘石起尺时动作要轻，保持阳角边棱整齐、平直。抹大面边角处粘结层时要仔细，既不要碰坏已粘好的小八字角，也不要带灰太多而沾染小面八字边角。拍好小面石子后立即起卡，并在灰缝再撒些小石子，用钢抹子拍平、拍直，若灰缝处稍干，可洒少许水，随后粘小石粒。

3)干粘石浑浊不洁、色调不一。

①主要原因：石子内含有石粉、黏土、草根等杂质，使用时未加处理；用多种石子时比例不准、拌合不匀。

②预防措施：施工前，石子必须过筛，要清除浮土及杂草并用水冲洗干净；彩色石子应严格按比例拌合均匀。干粘石施工完毕后，24 h可淋水冲洗(冬季除外)，将石子表面的粉尘冲洗干净，既起到了养护作用，又保证了粘石质量，使饰面干净、明亮。

3. 斩假石施工

斩假石又称剁斧石，其做法是先抹水泥石子浆，待其硬化后用专用工具(剁斧、单刃或多刃斧、凿子等)斩剁，使其具有仿天然石纹的纹路。

(1)施工工艺流程及操作要求。斩假石的施工工艺流程为：抹底层、中层灰→弹线、粘分格条→抹面层水泥石子浆→养护→斩剁石纹→清理。

1)抹面层水泥石子浆。配水泥石子浆时，石粒常用粒径 2 mm 的白色米粒石，内掺30％粒径为 0.3 mm 的白云石，配合比为 1∶(1.25～1.5)，稠度为 50～60 mm。面层水泥石子浆一般两遍成活，先薄薄抹一层，待稍收水后，再与分格条抹平。第二层收水后，用木抹子拍实，应上下顺势溜直，不得有砂眼、空隙。同一分格内的水泥石子浆应一次抹完。抹完后可用软毛刷蘸水顺纹清扫，刷去表面浮浆至石粒显露。应加强对面层水泥石子浆的养护，要避免暴晒和冰冻。

2)斩剁石纹。常温下，面层养护2～3 d 后即可试剁。试剁以面层石粒不掉、容易出剁痕、声音清脆为准，斩剁顺序应遵循先上后下、先左后右、先转角和周边后中间的原则。转角和周边剁水平纹，中间剁竖直纹。先轻剁一遍，再盖着前一遍的剁纹深剁。剁纹应深浅一致，深度不超过石粒粒径的1/3。墙角和柱子边缘要防止缺棱掉角。斩剁完成后应冲洗，并修补好分格缝处。

(2)质量问题的原因与预防措施。

1)斩假石空鼓。

①主要原因：基层表面未清理干净，底灰与基层粘结不牢；底子灰表面未划毛，造成底层与面层粘结不牢，甚至斩剁时脱落；施工时浇水过多或浇水不足、不匀，产生干缩不均或脱水快，干缩而空鼓。

②预防措施：施工前，基层表面的杂物应清除干净；对光滑的表面应进行表面毛化处理；应根据基层墙面干湿度，掌握好浇水量和均匀度，加强基层的粘结力。

2)斩假石剁纹不匀。

①主要原因：斩剁前未弹线，斩剁无顺序；剁斧不锋利，用力轻重不一；各种剁斧用法不恰当。

②预防措施：面层抹完经养护后，先弹斩剁线，再开始斩剁，斩剁顺序应符合操作要求；剁斧应保持锋利，斩剁动作应迅速，移动速度应一致，应使剁纹深浅一致，纹路清晰均匀，不得有漏纹；饰面的不同部位应采取相应的剁斧和斩法，边缘部分应用小斧轻剁。

4. 假面砖施工

假面砖又称仿釉面砖，是采用掺氧化铁和颜料的水泥砂浆，用手工操作，模拟面砖装饰效果的一种饰面做法，一般适用于外墙装饰，如图 2-4 所示。其施工工具如图 2-5 所示。

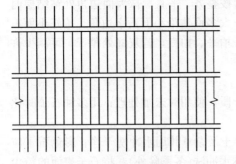

图 2-4　假面砖抹灰

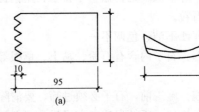

(a)　　　　　(b)

图 2-5　假面砖施工工具

(1)假面砖抹灰的砂浆：假面砖抹灰用的砂浆应按设计要求的色调配制。

(2)假面砖抹灰一般做法。

假面砖抹灰应做两层：第一层为砂浆垫层(13 mm 厚)，第二层为面层(34 mm 厚)。因所用砂浆不同，其有两种做法：

方法一，第一层砂浆垫层用 1：0.3：3 水泥石灰混合砂浆，第二层用饰面砂浆或饰面色浆；

方法二，第一层砂浆垫层用 1：1 水泥砂浆，第二层用饰面砂浆。

（3）操作时应注意事项。

1）应按比例配制好砂浆或色浆，拌合均匀；

2）在第一层具有一定强度和第二层完成后，沿靠尺由上向下用铁梳子划纹；

3）根据假面砖的宽度用铁钩子沿靠尺横向划沟，深度 34 mm，露出第一层即可；

4）要清扫干净。

（4）质量问题的原因与预防措施。

1）颜色不匀。

①主要原因：罩面砂浆配合比不当，拌合不匀；砂浆垫层干湿不等；罩面砂浆厚薄不均。

②预防措施：严格按配合比配料，充分搅拌；使垫层干湿一致；保证砂浆的和易性，罩面砂浆抹涂均匀。

2）积灰污染。

①主要原因：假面砖表面划纹过多；假面砖面层不平整。

②预防措施：减少竖向划纹或只留横向划纹，减少积灰；抹灰要平整；外罩防污染涂料。

5. 干粘彩色瓷粒饰面施工

将彩色瓷粒粘在水泥砂浆、彩色水泥砂浆或混合砂浆等底层上，具有特殊的装饰效果。

彩色瓷粒是以石英、长石和瓷土等为主要原料经烧制而成的陶瓷小颗粒，粒径为 1～3 mm，颜色多种多样。

（1）水泥砂浆打底：用 1：（2.5～3.0）水泥砂浆打底，木抹子搓平。

（2）聚合物水泥砂浆粘结层：以 1：2：0.1 聚合物水泥（白水泥）砂浆做粘结层。

（3）粘彩色瓷粒：随抹粘结层随粘彩色瓷粒。

（4）表面处理：养护 23 d，表面罩有机硅防水剂一道。

6. 仿石喷砂抹灰施工

仿石喷砂是近几年兴起的装饰新工艺。仿石喷砂施工是用砂浆泵和喷头将仿石砂浆直接喷涂在底层上，石砂粒径一般为 23 mm，要求石粒洁净。

（1）仿石喷砂的砂浆。仿石喷砂砂浆的配合比以及石粉、砂的颜色等应符合设计要求。

高级工程用的粘结砂浆，其稠度一般为 120 mm，配合比可为：白水泥：石粉：108 胶：木质素磺酸钙：甲基硅醇钠＝100：（100～150）：（7～15）：0.3：（4～6）。

一般工程用的粘结砂浆，其稠度一般为 120 mm，配合比可为：普通水泥：石粉或砂：108 胶＝100：150：（5～15）。

（2）施工要点。施工前基层表面用 108 胶水溶液（108 胶：水＝1：3）涂刷一遍，对加气混凝土表面可用 1：2。应按设计要求弹线分格，粘分格条。

按分格喷涂粘结砂浆，厚度为 2～3 mm。应遮挡住门、窗等不喷部位。

喷涂应自上而下、自左向右连续进行。喷嘴应垂直于墙面，距离为 300～500 mm。

7. 钡砂（重晶石）砂浆抹灰

钡砂（重晶石）砂浆是一种防放射性的防护材料，对 X 射线有阻隔作用，常用于 X 射线探伤室、X射线治疗室、同位素试验室等墙面抹灰。

(1)材料要求。

1)水泥：42.5级以上普通水泥。

2)砂子：一般洁净中砂。

3)钡砂：粒径0.6～1.2 mm，无杂质。

4)钡粉：细度以全部通过0.3 mm筛孔为准。

(2)配合比。钡砂(重晶石)砂浆的配合比为：水泥：砂子：钡砂：钡粉：水＝1：1：1.8：0.4：0.48，每立方米砂浆水泥用量为526 kg。

(3)施工要点。

1)在拌制砂浆时，水应加热到50 ℃左右。

2)按比例先将重晶石石粉与水泥混合，然后再与砂子、钡粉拌合加入水中搅拌均匀。

3)处理好基层。

4)按设计要求分层操作。一般每层34 mm，每天抹一层，各层应横竖相间且不留施工缝。各层施工后如发现裂缝，必须铲除后重抹。每层抹完后半小时要再压一遍，表面要划毛，最后一遍待收水后压光。

5)阴阳角抹成圆弧形，以免棱角开裂。

6)每天抹灰后，昼夜浇水养护不少于5次，全部抹灰完成后应关闭门窗一周，地面上要浇水，以保持足够的湿度。

8. 膨胀珍珠岩砂浆抹灰

(1)材料要求。

1)水泥：42.5级以上普通水泥或32.5级以上矿渣水泥。

2)膨胀珍珠岩。

3)石灰膏。

4)白乳胶(聚醋酸乙烯胶粘剂)。

5)泡沫剂：掺量1%～3%。

(2)砂浆配合比。水泥与砂子之比为1：1.52。

(3)施工要点。

1)采用底层、中层和面层三层抹灰时，基层需适当湿润，但不宜过湿；采取直接抹罩面灰时(一般用于基层较平整时)，基层可涂刷1：(5～6)的108胶或白乳胶。

2)分层操作时，灰浆稠度宜在100 mm左右，不宜太稀。应注意各层的间隔时间。

3)直接抹罩面灰时，厚度应小，一般以2 mm左右为宜，应随抹随压。

4)拌制灰浆时，应先干拌均匀，再加水拌匀。

5)可以采用喷涂法施工。喷涂时应注意调整风量、水量。当施工对象为墙面或屋面时，喷嘴与基层的角度以90°为宜，喷顶棚时以45°为宜。

9. 膨胀蛭石砂浆抹灰

(1)材料要求。

1)水泥：同膨胀珍珠岩砂浆。

2)膨胀蛭石：颗粒粒径在10 mm以下，并以1.25 mm为主，1.2 mm占15%左右，小于1.2 mm的不得超过10%。

3)石灰膏。

4)塑化剂稀释溶液：掺量1%～3%。

(2)砂浆配合比：水泥与砂子之比为1：(2～3)。

（3）施工要点

1）清洗基层，喷水泥细砂砂浆 1∶1.53 一道。

2）分两层进行操作，底层厚度为 15～20 mm，面层厚度为 10 mm。底层施工后一昼夜，再施工面层。

3）操作时用力应适度，控制好砂浆的使用时间(一般为 2 h)。

2.1.3.3 抹灰的成品保护措施

（1）抹灰前必须将门、窗口与墙间的缝隙按工艺要求将其嵌塞密实，对木制门、窗口应采用铁皮、木板或木架进行保护，对塑钢或金属门、窗口应采用贴膜保护。

（2）抹灰完成后应对墙面及门、窗口加以清洁保护，门、窗口原有保护层如有损坏的应及时修补确保完整直至竣工交验。

（3）在施工过程中，搬运材料、机具以及使用小手推车时，要特别小心，防止碰、撞、磕、划墙面、门、窗口等。后期施工操作人员严禁蹬踩门、窗口、窗台，以防损坏棱角。

（4）抹灰时墙上的预埋件、线槽、盒、通风箅子、预留孔洞应采取保护措施，防止施工时灰浆漏入或堵塞。

（5）拆除脚手架、跳板、高马凳时要加倍小心，轻拿轻放，集中堆放整齐，以免撞坏门、窗口、墙面或棱角等。

（6）在抹灰层未充分凝结硬化前，防止快干、水冲、撞击、振动和挤压，以保证灰层不受损伤和有足够的强度。

（7）施工时不得在楼地面上和休息平台上拌合灰浆，对休息平台、地面和楼梯踏步要采取保护措施，以免搬运材料或运输过程中造成损坏。

2.1.4 抹灰工程质量验收标准

1. 一般规定

（1）本处的一般规定适用于一般抹灰、装饰抹灰和清水砌体勾缝等分项工程的质量验收。

（2）抹灰工程验收时应检查下列文件和记录：

1）抹灰工程的施工图、设计说明及其他设计文件。

2）材料的产品合格证书、性能检测报告、进场验收记录和复验报告。

3）隐蔽工程验收记录。

4）施工记录。

（3）抹灰工程应对水泥的凝结时间和安定性进行复验。

（4）抹灰工程应对下列隐蔽工程项目进行验收：

1）抹灰总厚度大于或等于 35 mm 时的加强措施。

2）不同材料基体交接处的加强措施。

（5）各分项工程的检验批应按下列规定划分：

1）相同材料、工艺和施工条件的室外抹灰工程每 500～1 000 m² 应划分为一个检验批，不足 500 m² 也应划分为一个检验批。

2）相同材料、工艺和施工条件的室内抹灰工程每 50 个自然间(大面积房间和走廊按抹灰面积 30 m² 为一间)应划分为一个检验批，不足 50 间也应划分为一个检验批。

（6）检查数量应符合下列规定：

1）室内每个检验批应至少抽查 10%，并不得少于 3 间；不足 3 间时应全数检查。

2）室外每个检验批每 100 m² 应至少抽查一处，每处不得小于 10 m²。

(7)外墙抹灰工程施工前应先安装钢、木门窗框和护栏等，并应将墙上的施工孔洞堵塞密实。

(8)抹灰用的石灰膏的熟化期不应少于 15 d；罩面用的磨细石灰粉的熟化期不应少于 3 d。

(9)室内墙面、柱面和门洞口的阳角做法应符合设计要求。设计无要求时，应采用 1：2 水泥砂浆做暗护角，其高度不应低于 2 m，每侧宽度不应小于 50 mm。

(10)当要求抹灰层具有防水、防潮功能时，应采用防水砂浆。

(11)各种砂浆抹灰层，在凝结前应防止快干、水冲、撞击、振动和受冻，在凝结后应采取措施防止沾污和损坏。水泥砂浆抹灰层应在湿润条件下养护。

(12)外墙和顶棚的抹灰层与基层之间及各抹灰层之间必须粘结牢固。

2. 一般抹灰工程

本内容适用于石灰砂浆、水泥砂浆、水泥混合砂浆、聚合物水泥砂浆和麻刀石灰、纸筋石灰、石膏灰等一般抹灰工程的质量验收。一般抹灰工程分为普通抹灰和高级抹灰，当设计无要求时，按普通抹灰验收。

(1)主控项目。

1)抹灰前基层表面的尘土、污垢、油渍等应清除干净，并应洒水润湿。

检验方法：检查施工记录。

2)一般抹灰所用材料的品种和性能应符合设计要求。水泥的凝结时间和安定性复验应合格。砂浆的配合比应符合设计要求。

检验方法：检查产品合格证书、进场验收记录、复验报告和施工记录。

3)抹灰工程应分层进行。当抹灰总厚度大于或等于 35 mm 时，应采取加强措施。不同材料基体交接处表面的抹灰，应采取防止开裂的加强措施，当采用加强网时，加强网与各基体的搭接宽度不应小于 100 mm。

检验方法：检查隐蔽工程验收记录和施工记录。

4)抹灰层与基层之间及各抹灰层之间必须粘结牢固，抹灰层应无脱层、空鼓，面层应无爆灰和裂缝。

检验方法：观察；用小锤轻击检查；检查施工记录。

(2)一般项目。

1)一般抹灰工程的表面质量应符合下列规定：

①普通抹灰表面应光滑、洁净、接槎平整，分格缝应清晰。

②高级抹灰表面应光滑、洁净、颜色均匀、无抹纹，分格缝和灰线应清晰美观。

检验方法：观察；手摸检查。

2)护角、孔洞、槽、盒周围的抹灰表面应整齐、光滑；管道后面的抹灰表面应平整。

检验方法：观察。

3)抹灰层的总厚度应符合设计要求；水泥砂浆不得抹在石灰砂浆层上；罩面石膏灰不得抹在水泥砂浆层上。

检验方法：检查施工记录。

4)抹灰分格缝的设置应符合设计要求，宽度和深度应均匀，表面应光滑，棱角应整齐。

检验方法：观察；尺量检查。

5)有排水要求的部位应做滴水线(槽)。滴水线(槽)应整齐顺直，滴水线应内高外低，滴水槽的宽度和深度均不应小于 10 mm。

检验方法：观察；尺量检查。

6)一般抹灰工程质量的允许偏差和检验方法应符合表 2-1 的规定。

表 2-1　一般抹灰工程质量的允许偏差和检验方法

项次	项目	允许偏差/mm		检验方法
		普通抹灰	高级抹灰	
1	立面垂直度	4	3	用 2 m 垂直检测尺检查
2	表面平整度	4	3	用 2 m 靠尺和塞尺检查
3	阴阳角方正	4	3	用直角检测尺检查
4	分格条(缝)直线度	4	3	拉 5 m 线,不足 5 m 拉通线,用钢直尺检查
5	墙裙、勒脚上口直线度	4	3	拉 5 m 线,不足 5 m 拉通线,用钢直尺检查

注:(1)普通抹灰,本表第 3 项阴角方正可不检查;
　　(2)顶棚抹灰,本表第 2 项表面平整度可不检查,但应平顺。

3. 装饰抹灰工程

本内容适用于水刷石、斩假石、干粘石、假面砖等装饰抹灰工程的质量验收。

(1)主控项目。

1)抹灰前基层表面的尘土、污垢、油渍等应清除干净,并应洒水润湿。

检验方法:检查施工记录。

2)装饰抹灰工程所用材料的品种和性能应符合设计要求,水泥的凝结时间和安定性复验应合格,砂浆的配合比应符合设计要求。

检验方法:检查产品合格证书、进场验收记录、复验报告和施工记录。

3)抹灰工程应分层进行。当抹灰总厚度大于或等于 35 mm 时,应采取加强措施。不同材料基体交接处表面的抹灰,应采取防止开裂的加强措施,当采用加强网时,加强网与各基体的搭接宽度不应小于 100 mm。

检验方法:检查隐蔽工程验收记录和施工记录。

4)各抹灰层之间及抹灰层与基体之间必须粘结牢固,抹灰层应无脱层、空鼓和裂缝。

检验方法:观察;用小锤轻击检查;检查施工记录。

(2)一般项目。

1)装饰抹灰工程的表面质量应符合下列规定:

①水刷石表面应石粒清晰、分布均匀、紧密平整、色泽一致,应无掉粒和接槎痕迹。

②斩假石表面剁纹应均匀顺直、深浅一致,应无漏剁处;阳角处应横剁并留出宽窄一致的不剁边条,棱角应无损坏。

③干粘石表面应色泽一致、不露浆、不漏粘,石粒应粘结牢固、分布均匀,阳角处应无明显黑边。

④假面砖表面应平整、沟纹清晰、留缝整齐、色泽一致,应无掉角、脱皮、起砂等缺陷。

检验方法:观察;手摸检查。

2)装饰抹灰分格条(缝)的设置应符合设计要求,宽度和深度应均匀,表面应平整光滑,棱角应整齐。

检验方法:观察。

3)有排水要求的部位应做滴水线(槽)。滴水线(槽)应整齐顺直,滴水线应内高外低,滴水槽的宽度和深度均不应小于 10 mm。

检验方法：观察；尺量检查。

4)装饰抹灰工程质量的允许偏差和检验方法应符合表 2-2 的规定。

表 2-2　装饰抹灰工程质量的允许偏差和检验方法

项次	项目	允许偏差/mm				检验方法
		水刷石	斩假石	干粘石	假面石	
1	立面垂直度	5	4	5	5	用 2 m 垂直检测尺检查
2	表面平整度	3	3	5	4	用 2 m 靠尺和塞尺检查
3	阳角方正	3	3	4	4	用直角检测尺检查
4	分格条(缝)直线度	3	3	3	3	拉 5 m 线，不足 5 m 拉通线，用钢直尺检查
5	墙裙、勒脚上口直线度	3	3	—	—	拉 5 m 线，不足 5 m 拉通线，用钢直尺检查

学习单元 2.2　幕墙工程施工

任务目标

1. 了解玻璃幕墙的构造分类，熟悉其材料选用要求，掌握玻璃幕墙工程施工操作方法。

2. 了解金属幕墙的构造分类，熟悉其材料选用要求，掌握金属幕墙工程施工操作方法。

3. 了解石材幕墙的构造分类，熟悉其材料选用要求，掌握石材幕墙工程施工操作方法。

4. 了解幕墙工程在施工过程中的质量检查项目和质量验收检验项目，熟悉幕墙工程施工质量检验标准及检验方法，掌握幕墙工程的施工常见质量通病及其防治措施。

2.2.1　幕墙工程施工概述

幕墙又名建筑幕墙、帷幕墙，是现代化建筑经常使用的一种立面材料，一般由金属、玻璃、石材以及人造板材等材料构成，安装在建筑物的最外层，作用是美观、防风、防雨、节能等。幕墙不承受任何结构荷载，仅与结构板或柱连接承受自重和抵抗风压。

玻璃幕墙工程适用于建筑高度不大于 150 m，抗震设防烈度不大于 8 度的隐框玻璃幕墙、半隐框玻璃幕墙、明框玻璃幕墙、全玻璃幕墙、点支承玻璃幕墙工程；石材幕墙工程适用于建筑高度不大于 150 m，抗震设防烈度不大于 8 度的石材幕墙安装工程；金属幕墙工程适用于建筑高度不大于 150 m 的金属幕墙工程。

1. 材料准备

不同种类建筑幕墙的材料应符合设计要求，同时要严格执行国家现行相关规范中对材料选择的规定。

（1）玻璃幕墙材料要求。

金属：铝合金挤压型材和板材，应符合规范要求。

碳钢：型材、板材符合JISG3131，紧固件符合JISG3101规范。

不锈钢：紧固件符合JISG4304，型材、板材应符合JISG4305规范。

密封胶：按设计确定使用的各种密封胶，并进行鉴定。隐框、半隐框幕墙所采用的结构粘结材料必须是中性硅酮结构密封胶，其性能必须符合《建筑用硅酮结构密封胶》（GB 16776—2005）的规定；硅酮结构密封胶必须在有效期内使用。

幕墙所用金属材料除不锈钢外，均应做防腐处理（如铝合金表面的阳极氧化处理）。

幕墙上的材料应符合国家或行业的有关质量规定，并附有出厂合格证，符合不燃材料或难燃材料的要求。

幕墙上使用的密封材料（如密封条、密封胶等）应具有耐水、耐溶剂、耐老化和低温弹性、低透气率的特点。

在主体结构与玻璃幕墙的构件之间，应使用耐热的硬质有机材料垫片。在立柱与横梁间的连接件，宜使用橡胶垫片。

玻璃幕墙所采用玻璃应符合下列规定：

幕墙应使用安全玻璃，玻璃的品种、规格、颜色、光学性能及安装方向应符合设计要求。

幕墙玻璃的厚度不应小于6.0 mm，全玻幕墙玻璃的厚度不应小于12 mm。

幕墙中的中空玻璃应采用双道密封。

幕墙的夹层玻璃应采用聚乙烯醇缩丁醛（PVB）胶片干法加工合成的夹层玻璃。点支承玻璃幕墙夹层玻璃的夹层胶片（PVB）厚度不应小于0.76 mm。

钢化玻璃表面不得有损伤；8.0 mm以下的钢化玻璃应进行引爆处理。

所有幕墙玻璃均应进行边缘处理。

玻璃四周橡胶条的材质、型号应符合设计要求，镶嵌应平整，橡胶条长度应比边框内槽长1.5%～2.0%。橡胶条在转角处应斜面断开，并应用胶粘剂粘结牢固后嵌入槽内。

高度超过4 m的全玻幕墙应吊挂在主体结构上，吊夹具应符合设计要求，玻璃与玻璃、玻璃与玻璃肋之间的缝隙，应采用硅酮结构胶填嵌严密。

（2）石材幕墙材料要求。

石材幕墙工程所用材料的品种、规格、性能和等级，应符合设计要求及国家现行产品标准及工程技术规范的规定。石材的弯曲强度不应小于8.0 MPa；吸水率应小于0.8%。石材幕墙的铝合金挂件厚度不应小于4.0 mm，不锈钢挂件厚度不应小于3.0 mm。石材要求厚度一致，无裂纹，颜色一致并且无其他质量缺陷，为降低外界对饰面的污染，所选石材一般要做防护处理。

金属框架和连接件的防腐处理应符合设计要求。铝合金型材骨架表面必须经阳极氧化处理，型钢骨架则必须进行热镀锌防腐处理，工程焊接处必须重新做防锈处理，工程特殊部位要采用不锈钢骨架。

锚固件：必须通过现场拉拔试验确定其承载力。

金属挂件：挂件主要有不锈钢类和铝合金类两种，挂件要有良好的抗腐蚀能力，挂件种类要与骨架材料相匹配，不同类金属不宜同时使用，以免发生电化学腐蚀。

石材幕墙的防火、保温、防潮材料的设置应符合设计要求，填充应密实、均匀、厚度一致。

防火层应采取隔离措施。防火层的衬板应采用经防腐处理且厚度不小于1.5 mm的钢板，不得采用铝板。防火层的密封材料应用防火密封胶。防火层与玻璃不应直接接触,一块玻璃不应跨两个防火分区。

主体结构与幕墙连接的各种预埋件,其数量、规格、位置和防腐处理必须符合设计要求。

幕墙的金属框架与主体结构预埋件的连接、立柱与横梁的连接及幕墙面板的安装必须符合设计要求,安装必须牢固。

单元幕墙连接处和吊挂处的铝合金型材的壁厚应通过计算确定,并不得小于 5 mm。

幕墙的金属框架与主体结构应通过预埋件连接,预埋件应在主体结构混凝土施工时埋入,预埋件的位置应准确,并应通过试验确定其承载力。

立柱采用螺栓与角码连接,螺栓直径应经过计算,并不应小于 10 mm。不同金属材料接触时采用绝缘垫片分隔。

(3)金属幕墙材料要求。

金属幕墙工程所使用的各种材料和配件,应符合设计要求及国家现行产品标准和工程技术规范的规定。

金属面板的品种、规格、颜色、光泽及安装方面应符合设计要求。

金属幕墙主体结构上的预埋件、后置埋件的数量、位置及后置埋件的拉拔力必须符合设计要求。

金属幕墙的防火、保温、防潮材料的设置应符合设计要求,并应密实、均匀、厚度一致。

金属框架及连接件的防腐处理应符合设计要求。

预埋件及连接件:骨架锚固一般采用预埋件或后置埋件,后置埋件形式要符合设计要求,并在现场做拉拔试验;钢板连接件与非同质骨架连接时,中间要垫有机材质垫块,以免发生电化学腐蚀。

隐框、半隐框幕墙构件板材与金属框之间硅酮结构密封胶的粘结宽度,应分别计算风荷载标准值和板材自重标准值作用下硅酮结构密封胶的粘结宽度,并取最大值,且不得小于 7.0 mm。

2. 主要机具(工具)准备

(1)玻璃幕墙工程主要机具和工具:

主要机具:拉铆枪、电锤、电钻、电焊机、铝合金切割机、无齿锯和经纬仪等。

主要工具:扳手、锤子、靠尺、线坠、手钳、方尺、合尺、壁纸刀、打胶枪等。

(2)石材幕墙工程主要机具和工具:

主要机具:电锤、电焊机、型材切割机、云石锯、角磨机。

主要工具:吊篮、打胶枪、壁纸刀等。

(3)金属幕墙工程主要机具和工具:

主要机具:电焊机、型材切割机、手枪钻、自攻钻及开槽机等。

主要工具:打胶枪、改锥、扳手、钳子、壁纸刀等。

3. 作业条件准备

施工技术负责人在施工前应向施工人员做好技术交底工作,交代清楚预埋固定支座、铝合金骨架体系的划分尺寸及形式,玻璃与骨架间的连接方法及连接要求等。

施工人员在明确图纸要求后方可施工。

施工时应搭好脚手架,保证脚手架的安全性,并预留施工人员的操作空间,脚手架上应设置安全网,以免在幕墙施工时发生物体坠落伤人。

幕墙施工前建筑主体需经验收,且混凝土强度达到幕墙设计要求;幕墙施工图已绘制完善，且已经各方认可；根据施工组织设计要求，人员、机具及前期施工材料已到位，有足够的作业面。

2.2.2 玻璃幕墙施工

1. 施工工艺流程

放样定位→安装立柱→安装横梁→安装玻璃→打胶→清理。

2. 操作要求

(1)根据玻璃幕墙的造型、尺寸和图纸要求，在铝合金骨架体系与建筑结构之间设置连接固定支座。放样时，应使上下支座均在一条垂直线上，避免此位置上的立柱发生歪斜。

(2)安装立柱。在固定支座的两角钢间，用不锈钢对拉螺栓将立柱按安装标高要求固定好，立柱轴线的前后偏差和左右偏差分别不应大于 2 mm 和 3 mm。支座的角钢和铝合金立柱接触处用柔性垫片进行隔离。立柱安装调整后，应及时紧固。立柱在加长时应用配套的专用芯管连接，上下柱之间应留有空隙，空隙宽度不宜小于 10 m，其接头应为活动接头，从而满足立柱在热胀冷缩时发生的变形需求。

(3)安装横梁。先确定各横梁在方柱上的标高位置，在此位置处用厚度不小于 3 mm 的铝角码将横梁与立柱连接起来，在横梁与立柱的接触处应设置弹性橡胶垫。相邻两根横梁水平标高偏差不应大于 1 mm。同层横梁的标高偏差，当幕墙宽度小于或等于 35 m 时，不应大于5 mm；当幕墙宽度大于 35 m 时，不应大于 7 mm，同一层横梁在安装时应由下而上进行。当一层高度的横梁装好后，应进行检查、调整、校正后再进行固定。

(4)安装玻璃。玻璃的安装应根据幕墙的具体种类来定。如幕墙玻璃采用镀膜玻璃时，镀膜的一面应向室内。

1)隐框幕墙玻璃。隐框幕墙的玻璃是用结构硅酮胶粘在铝合金框格上，从而形成玻璃单元体。玻璃单元体的加工一般在工厂内用专用打胶机来完成，这样能保证玻璃的粘结质量。在施工现场受环境条件的影响，较难保证玻璃与铝合金框格的粘结质量。玻璃单元体制成后，将单元件中铝合金框格的上边挂在横梁上，再用专用固定片将铝合金框格的其余三条边钩夹在立柱和横梁上，框格每边的固定片数量不少于两片。

2)明框玻璃幕墙。明框幕墙的玻璃是用压板和橡皮固定在横梁和立柱上，压板再用螺栓固定在横梁或立柱上。在固定玻璃时，压板上的连接螺栓应松紧合适，从而使压板对玻璃不致压得过紧或过松，并使压板与玻璃间的橡皮条紧闭。在横梁上设置定位垫块，垫块的搁置点离玻璃垂直边缘的距离宜为玻璃宽度的 1/4，且不宜小于 150 mm，垫块的宽度应不大于所支撑玻璃的厚度，长度不宜小于 25 mm，并符合有关要求。

3)半隐框幕墙。半隐墙幕墙在一个方向上是隐框的，在另一方面上则为明框。它在隐框方向上的玻璃边缘用结构硅酮胶固定，在明框方向上的玻璃边缘用压板和连接螺栓固定，隐框边和明框边的具体施工方法可分别参照隐框幕墙和明框幕墙的玻璃安装方法。

(5)打胶。打胶的温度和湿度应符合相关规范的要求。

(6)清理。玻璃幕墙的玻璃安装完后，应用中性清洁剂和水对有污染的玻璃和铝型材进行清洗。

2.2.3 金属幕墙施工

1. 工艺流程

测量放线→锚固件制作安装→骨架制作安装→面板安装→嵌缝打胶→清洗保洁。

2. 操作要求

(1)测量放线。根据设计和施工现场实际情况准确测放出幕墙的外边线和水平垂直控制线,然后将骨架竖框的中心线按设计分格尺寸弹到结构上。测量放线要在风力不大于 4 级的天气情况下进行,个别情况应采取防风措施。

(2)锚固件制作安装。幕墙骨架锚固件应尽量采用预埋件,在无预埋件的情况下采用后置埋件,埋件的结构形式要符合设计要求,锚栓要现场进行拉拔试验,满足强度要求后才能使用。锚固件一般由埋板和连接角码组成,施工时按照设计要求在已测放竖框中心线上准确标出埋板位置,后打孔将埋件固定,并将竖框中心线引至埋件上,然后计算出连接角码的位置,在埋板上画线标记,同一竖框同侧连接角码位置要拉通线检测,不能有偏差。角码位置确定后,将角码按此位置焊到埋板上,焊缝宽度和长度要符合设计要求,焊完后焊口要重新做防锈处理,一般涂刷防锈漆两遍。

(3)骨架制作安装。根据施工图及现场实际情况确定的分格尺寸,在加工场地内,下好骨架横竖料,并运至现场进行安装,安装前要先根据设计尺寸挂出骨架外皮控制线,挂线一定要准确无误,其控制质量将直接关系幕墙饰面质量。骨架如果选用铝合金型材,锚固件一般采用螺栓连接,骨架在连接件间要垫有绝缘垫片,螺栓材质规格和质量要符合设计要求及规范规定,骨架如采用型钢,连接件既可采用螺栓也可采用焊接的方法连接,焊接质量要符合设计要求及规范规定,并要重新做防锈处理。主体结构与幕墙连接的各种预埋件,其数量、规格、位置和防腐处理必须符合设计要求。

幕墙的金属框架与主体结构预埋件的连接、立柱与横梁的连接及幕墙面板的安装必须符合设计要求,安装必须牢固。

(4)面板安装。面板要根据其材质选择合适的固定方式,一般采用自攻钉直接固定到骨架上或板折边加角铝后再用自攻钉固定角铝的方法,饰面板安装前要在骨架上标出板块位置,并拉通线,控制整个墙面板的竖向和水平位置。安装时要使各固定点均匀受力,不能挤压、敲击板面,以免发生板面凹凸或翘曲变形,同时饰面板要轻拿轻放,避免磕碰,以防损伤表面漆膜。面板安装要牢固,固定点数量要符合设计及规范要求,施工过程中要严格控制施工质量,保证表面平整,缝格顺直。

(5)嵌缝打胶。打胶要选用与设计颜色相同的耐候胶,打胶前要在板缝中嵌塞大于缝宽2～4 mm 的泡沫棒,嵌塞深度要均匀,打胶厚度一般为缝宽的1/2。打胶时板缝两侧饰面板要粘贴美纹纸进行保护,以防污染,打完后要在表层固化前用专用刮板将胶缝刮成凹面,胶面要光滑圆润,不能有流坠、褶皱等现象,刮完后应立即将缝两侧美纹纸撕掉。阴雨天不宜进行打胶操作。硅酮结构密封胶应打注饱满,并应在温度 15～30 ℃、相对湿度 50% 以上、洁净的室内进行。不得在现场墙上打注。

(6)清洗保洁。待耐候胶固化后,将整片幕墙用清水清洗干净,个别污染严重的地方可采用有机溶剂清洗,但严禁用尖锐物体刮,以免损坏饰面板表层涂膜。清洗后要设专人保护,在明显位置设警示牌以防污染或破坏。

2.2.4 石材幕墙施工

2.2.4.1 施工工艺流程及操作要求

1. 工艺流程

预埋件位置尺寸检查→安装预埋件→复测预埋件位置尺寸→测量放线→绘制工程翻样图→金属骨架加工→钢结构刷防锈漆→金属骨架安装→防火保温棉→隐蔽工程验收→石材饰面板

加工→石材表面防护→石材饰面板安装→安装质量检查→灌注嵌缝硅酮密封胶→幕墙表面清洗。

2. 操作工艺要求

(1)预埋件安装。预埋件应在土建施工时埋设,幕墙施工前要根据该工程基准轴线和中线以及基准水平点对预埋件进行检查和校核,一般允许位置尺寸偏差为±20 mm。如有预埋件位置超差而无法使用或漏放时,应根据实际情况提出选用膨胀螺栓的方案,并必须报设计单位审核批准,且应在现场做拉拔试验,做好记录。

(2)测量放线。

1)由于土建施工允许误差较大,幕墙工程施工要求精度很高,所以不能依靠土建水平基准线,必须由基准轴线和水准点重新测量,并校正复核。

2)按照设计在底层确定幕墙定位线和分格线。

3)经纬仪或激光垂直仪将幕墙的阳角和阴角引上,并用固定在钢支架上的钢丝线作标志控制线。

4)使用水平仪和标准钢卷尺等引出各层标高线。

5)确定好每个立面的中线。

6)测量时应控制分配测量误差,不能使误差积累。

7)测量放线应在风力不大于4级的情况下进行,并要采取避风措施。

8)所有外立面装饰工程应统一放基准线,并注意施工配合。

(3)金属骨架安装。

1)根据施工放样图检查放线位置。

2)安装固定竖框的铁件。

3)先安装同立面两端的竖框,然后拉通线顺序安装中间竖框。

4)将各施工水平控制线引至竖框上,并用水平尺校核。

5)按照设计尺寸安装金属横梁。横梁一定要与竖框垂直。

6)如需焊接时,应对下方和邻近的已完工装饰面进行成品保护。焊接时要采用对称焊,以减少因焊接产生的变形。检查焊缝质量合格后,所有焊点、焊缝均需去焊渣及防锈处理,如刷防锈漆等。

7)待金属骨架完工后,应通过监理公司对隐蔽工程检查后,方可进行下道工序。

(4)防火、保温材料安装。

1)必须采用合格的材料,即要求有出厂合格证。

2)在每层楼板与石板幕墙之间不能有空隙,应用镀锌钢板和防火棉形成防火带。

3)在北方寒冷地区,保温层最好应有防水、防潮保护层,在金属骨架内填塞固定,要求严密牢固。

4)幕墙保温层施工时,保温层最好应有防水、防潮保护层,以便在金属骨架内填塞固定后严密可靠。

(5)石材饰面板安装。

1)将运至工地的石材饰面板按编号分类,检查尺寸是否准确和有无破损、缺棱掉角,按施工要求分层次将石材饰面板运至施工面附近,并注意摆放可靠。

2)先按幕墙面基准线仔细安装好底层第一皮石材板。

3)注意安放每皮金属挂件的标高,金属挂件应紧托上皮饰面板,而与下皮饰面板之间留有间隙。

4)安装时,要在饰面板的销钉孔或切槽口内注入石材胶,以保证饰面板与挂件的可靠连接。

5）安装时，宜先完成窗洞口四周的石材板镶边，以免安装发生困难。

6）安装到每一楼层标高时，要注意调整垂直误差，不要积累。

7）在搬运石材板时，要有安全防护措施，摆放时下面要垫木方。

（6）嵌胶封缝。石材板间的胶缝是石板幕墙的第一道防水措施，同时也使石板幕形成一个整体。

1）要按设计要求选用合格且未过期的耐候嵌缝胶。最好选用含硅油少的石材专用嵌缝胶，以免硅油渗透污染石材表面。

2）用带有凸头的刮板填装泡沫塑料圆条，保证胶缝的最小深度和均匀性。选用的泡沫塑料圆条直径应大于缝宽。

3）在胶缝两侧粘贴纸面胶带纸保护，以避免嵌缝胶污染石材板表面。

4）用专用清洁剂或草酸擦洗缝隙处石材板表面。

5）派受过训练的工人注胶，注胶应均匀无流淌，边打胶边用专用工具勾缝，使嵌缝胶呈微弧形凹面。

6）施工中要注意不能有漏胶污染墙面，如墙面上沾有胶液应立即擦去，并用清洁剂及时擦净余胶。

7）大风和下雨时不能注胶。

（7）清洗和保护。施工完毕后，除去石材板表面的胶带纸，用清水和清洁剂将石材表面擦干净，按要求进行打蜡或刷保护剂。

2.2.4.2　成品保护措施

材料、半成品应按规定堆放，安全可靠，并安排专人保管。

在靠近安装好的玻璃幕墙处安装简易的隔离栏杆，避免施工人员对铝制的玻璃有意或无意的损坏。

施工中玻璃幕墙及构件表面的粉附物应及时清除。

加工与安装过程中，应特别注意轻拿轻放，不能碰伤、划伤，加工好的铝材应贴好保护膜和标签。

玻璃幕墙安装完成后，应制定清扫方案，清洗玻璃和全面合金的中性清洁剂应进行腐蚀性试验，中性清洗剂清洗后应及时用清水冲洗干净。

幕墙在施工过程中以及施工完毕后未交付前，工地必须专门针对幕墙制定24 h轮班守卫制度，换班时间明确，坚持谁值班谁负责的原则，明确值班人员职责范围是所有到场的工机具和材料，以及安装上墙的成品和半成品。

2.2.4.3　幕墙施工的安全与环保措施

作业人员入场前必须经入场教育考试合格后方可上岗作业。

作业人员进入施工现场必须戴合格的安全帽，系好下颌带，锁好带扣；严禁赤背、穿拖鞋。

作业人员严禁酒后作业，严禁吸烟，禁止在施工现场追逐打闹。

登高（2 m以上）作业时必须系合格的安全带，系挂牢固，高挂低用，应穿防滑鞋，应把手头工具放在工具袋内。

施工中使用的电动工具及电气设备，均应符合国家现行标准《施工现场临时用电安全技术规范》（JGJ 46—2005）的规定。

每班作业前应对脚手架、操作平台、吊装机具的可靠性进行检查，发现问题及时解决。

进行焊接作业时，应严格执行现场用火管理制度，现场高处焊接时，下方应设接火盆，并配备灭火器材，设专人旁站，防止发生火灾。

高空作业时，严禁上、下抛掷工具、材料及下脚料；不得有交叉作业现象。

雨、雪天和4级以上大风天气，严禁进行幕墙安装施工及吊运材料作业。

防火、保温材料施工的操作人员，应戴口罩，穿防护工作服。

搬运强制幕墙构件要检查索具和吊运机械设备，吊料下方严禁站人。

所有料具不得超高码放。

2.2.5 幕墙工程施工质量验收标准

2.2.5.1 一般规定

(1)本规定适用于玻璃幕墙、金属幕墙、石材幕墙等分项工程的质量验收。

(2)幕墙工程验收时应检查下列文件和记录：

1)幕墙工程的施工图、结构计算书、设计说明及其他设计文件。

2)建筑设计单位对幕墙工程设计的确认文件。

3)幕墙工程所用各种材料、五金配件、构件及组件的产品合格证书、性能检测报告、进场验收记录和复验报告。

4)幕墙工程所用硅酮结构胶的认定证书和抽查合格证明；进口硅酮结构胶的商检证；国家指定检测机构出具的硅酮结构胶相容性和剥离粘结性试验报告；石材用密封胶的耐污染性试验报告。

5)后置埋件的现场拉拔强度检测报告。

6)幕墙的抗风压性能、空气渗透性能、雨水渗漏性能及平面变形性能检测报告。

7)打胶、养护环境的温度、湿度记录；双组分硅酮结构胶的混匀性试验记录及拉断试验记录。

8)防雷装置测试记录。

9)隐蔽工程验收记录。

10)幕墙构件和组件的加工制作记录；幕墙安装施工记录。

(3)幕墙工程应对下列材料及其性能指标进行复验：

1)铝塑复合板的剥离强度。

2)石材的弯曲强度；寒冷地区石材的耐冻融性；室内用花岗石的放射性。

3)玻璃幕墙用结构胶的邵氏硬度、标准条件拉伸粘结强度、相容性试验；石材用结构胶的粘结强度；石材用密封胶的污染性。

(4)幕墙工程应对下列隐蔽工程项目进行验收：

1)预埋件(或后置埋件)。

2)构件的连接节点。

3)变形缝及墙面转角处的构造节点。

4)幕墙防雷装置。

5)幕墙防火构造。

(5)各分项工程的检验批应按下列规定划分：

1)相同设计、材料、工艺和施工条件的幕墙工程每500～1 000 m²应划分为一个检验批，不足500 m²也应划分为一个检验批。

2)同一单位工程的不连续的幕墙工程应单独划分检验批。

3)对于异型或有特殊要求的幕墙，检验批的划分应根据幕墙的结构、工艺特点及幕墙工程规模，由监理单位（或建设单位）和施工单位协商确定。

（6）检查数量应符合下列规定：

1)每个检验批每 100 m² 应至少抽查一处，每处不得小于 10 m²。

2)对于异型或有特殊要求的幕墙工程，应根据幕墙的结构和工艺特点，由监理单位（或建设单位）和施工单位协商确定。

（7）幕墙及其连接件应具有足够的承载力、刚度和相对于主体结构的位移能力。幕墙构架立柱的连接金属角码与其他连接件应采用螺栓连接，并应有防松动措施。

（8）隐框、半隐框幕墙所采用的结构粘结材料必须是中性硅酮结构密封胶，其性能必须符合《建筑用硅酮结构密封胶》（GB 16776—2005）的规定；硅酮结构密封胶必须在有效期内使用。

（9）立柱和横梁等主要受力构件，其截面受力部分的壁厚应经计算确定，且铝合金型材壁厚不应小于 3.0 mm，钢型材壁厚不应小于 3.5 mm。

（10）隐框、半隐框幕墙构件中板材与金属框之间硅酮结构密封胶的粘结宽度，应分别计算风荷载标准值和板材自重标准值作用下硅酮结构密封胶的粘结宽度，并取其较大值，且不得小于 7.0 mm。

（11）硅酮结构密封胶应打注饱满，并应在温度 15～30 ℃、相对湿度 50% 以上、洁净的室内进行；不得在现场墙上打注。

（12）幕墙的防火除应符合现行国家标准《建筑设计防火规范》（GB 50016—2014）的有关规定外，还应符合下列规定：

1)应根据防火材料的耐火极限决定防火层的厚度和宽度，并应在楼板处形成防火带。

2)防火层应采取隔离措施。防火层的衬板应采用经防腐处理且厚度不小于 1.5 mm 的钢板，不得采用铝板。

3)防火层的密封材料应采用防火密封胶。

4)防火层与玻璃不应直接接触，一块玻璃不应跨两个防火分区。

（13）主体结构与幕墙连接的各种预埋件，其数量、规格、位置和防腐处理必须符合设计要求。

（14）幕墙的金属框架与主体结构预埋件的连接、立柱与横梁的连接及幕墙面板的安装必须符合设计要求，安装必须牢固。

（15）单元幕墙连接处和吊挂处的铝合金型材的壁厚应通过计算确定，并不得小于 5.0 mm。

（16）幕墙的金属框架与主体结构应通过预埋件连接，预埋件应在主体结构混凝土施工时埋入，预埋件的位置应准确。当没有条件采用预埋件连接时，应采用其他可靠的连接措施，并应通过试验确定其承载力。

（17）立柱应采用螺栓与角码连接，螺栓直径应经过计算，并不应小于 10 mm。不同金属材料接触时应采用绝缘垫片分隔。

（18）幕墙的抗震缝、伸缩缝、沉降缝等部位的处理应保证缝的使用功能和饰面的完整性。

（19）幕墙工程的设计应满足维护和清洁的要求。

2.2.5.2 玻璃幕墙工程

本部分内容适用于建筑高度不大于 150 m、抗震设防烈度不大于 8 度的隐框玻璃幕墙、半隐框玻璃幕墙、明框玻璃幕墙、全玻幕墙及点支承玻璃幕墙工程的质量验收。

1. 主控项目

(1)玻璃幕墙工程所使用的各种材料、构件和组件的质量，应符合设计要求及国家现行产品标准和工程技术规范的规定。

检验方法：检查材料、构件、组件的产品合格证书、进场验收记录、性能检测报告和材料复验报告。

(2)玻璃幕墙的造型和立面分格应符合设计要求。

检验方法：观察；尺量。

(3)玻璃幕墙使用的玻璃应符合下列规定。

1)幕墙应使用安全玻璃，玻璃的品种、规格、颜色、光学性能及安装方法应符合设计要求。

2)幕墙玻璃的厚度不应小于 6.0 mm，全玻幕墙玻璃的厚度不应小于 12 mm。

3)幕墙中的中空玻璃应采用双道密封。

4)幕墙的夹层玻璃应采用聚乙烯醇缩丁醛(PVB)胶片干法加工合成的夹层玻璃。点支承玻璃幕墙夹层玻璃的夹层胶片(PVB)厚度不应小于 0.76 mm。

5)钢化玻璃表面不得有损伤；8.0 mm 以下的钢化玻璃应进行引爆处理。

6)所有幕墙玻璃均应进行边缘处理。

检验方法：观察；尺量检查；检查施工记录。

(4)玻璃幕墙金属框架与主体结构连接、立柱与横梁连接及幕墙面板安装的各种预埋件、连接件、紧固件必须安装牢固，其数量、规格、位置、连接方法和防腐处理应符合设计要求。

检验方法：观察；检查隐蔽工程验收记录和施工记录。

(5)各种连接件、紧固件的螺栓应有防松动措施；焊接连接应符合设计要求和焊接规范的规定。

检验方法：观察；检查隐蔽工程验收记录和施工记录。

(6)隐框或半隐框玻璃幕墙，每块玻璃下端应设置两个铝合金或不锈钢托条，其长度不应小于 100 mm，厚度不应小于 2 mm，托条外端应低于玻璃外表面 2 mm。

检验方法：观察；检查施工记录。

(7)明框玻璃幕墙安装应符合下列规定：

1)玻璃槽口与玻璃的配合尺寸应符合设计要求和技术标准规定。

2)玻璃与构件不得直接接触，玻璃四周与构件凹槽底部应保持一定的空隙，每块玻璃下部应至少放置两块宽与槽口宽度相同，长度不小于 100 mm 的弹性定位垫块；玻璃两边嵌入量及空隙应符合设计要求。

3)玻璃四周橡胶条的材质、型号应符合设计要求，镶嵌应平整，橡胶条长度应比边框内槽长 1.5%～2.0%。橡胶条在转角处应斜面断开，并应用胶粘剂粘结牢固后嵌入槽内。

检验方法：观察；检查施工记录。

(8)高度超过 4 m 的全玻幕墙应吊挂在主体结构上，吊夹具应符合设计要求，玻璃与玻璃、玻璃与玻璃肋之间的缝隙，应采用硅酮结构胶填嵌严密。

检验方法：观察；检查隐蔽工程验收记录和施工记录。

(9)点支承玻璃幕墙应采用带万向头的活动不锈钢爪，不锈钢爪的中心间距应大于 250 mm。

检验方法：观察；尺量检查。

(10)玻璃幕墙四周、玻璃幕墙内表面与主体之间的连接点、各种变形缝、墙角的连接节点应符合设计要求和技术标准的规定。

检验方法：观察；检查隐蔽工程验收记录和施工记录。

(11)玻璃幕墙应无渗漏。

检验方法：在易渗漏部位进行淋水检查。

(12)玻璃幕墙结构胶和密封胶的打注应饱满、密实、连续、均匀、无气泡，宽度应符合设计要求和技术标准的规定。

检验方法：观察；尺量检查；检查施工记录。

(13)玻璃幕墙开启窗的配件应齐全，安装应牢固，安装位置和开启方向、角度应正确；开启应灵活，关闭应严密。

检验方法：观察；手扳检查；开启和关闭检查。

(14)玻璃幕墙的防雷装置必须与主体结构的防雷装置可靠连接。

检验方法：观察；检查隐蔽工程验收记录和施工记录。

2. 一般项目

(1)玻璃幕墙表面应平整洁净；整幅玻璃的色泽应均匀一致；不得有污染和镀膜损坏。

检验方法：观察。

(2)每平方米玻璃的表面质量和检验方法应符合表2-3的规定。

表2-3 每平方米玻璃的表面质量和检验方法

项次	项目	质量要求	检验方法
1	明显划伤和长度>100 mm 的轻微划伤	不允许	观察
2	长度≤100 mm 的轻微划伤	≤8 条	用钢尺检查
3	擦伤总面积	≤500 mm²	用钢尺检查

(3)一个分格铝合金型材的表面质量和检验方法应符合表2-4的规定。

表2-4 一个分格铝合金型材的表面质量和检验方法

项次	项目	质量要求	检验方法
1	明显划伤和长度>100 mm 的轻微划伤	不允许	观察
2	长度≤100 mm 的轻微划伤	≤2 条	用钢尺检查
3	擦伤总面积	≤500 mm²	用钢尺检查

(4)明框玻璃幕墙的外露框长压条应横平竖直，颜色、规格应符合设计要求，压条安装应牢固。单元玻璃幕墙的单元拼缝或隐框玻璃幕墙的分格玻璃拼缝应横平竖直，均匀一致。

检验方法：观察；手扳检查；检查进场验收记录。

(5)玻璃幕墙的密封胶缝应横平竖直，深浅一致，宽窄均匀，光滑顺直。

检验方法：观察；手扳检查。

(6)防火、保温材料填充应饱满均匀，表面应密实、平整。

检验方法：检查隐蔽工程验收记录。

(7)玻璃幕墙隐蔽节点的遮封装修应牢固、整齐、美观。

检验方法：观察；手扳检查。

(8)明框玻璃幕墙安装的允许偏差和检验方法应符合表2-5的规定。

表 2-5　明框玻璃幕墙安装的允许偏差和检验方法

项次	项目		允许偏差/mm	检验方法
1	幕墙垂直度	幕墙高度≤30 m	10	用经纬仪检查
		30 m<幕墙高度≤60 m	15	
		60 m<幕墙高度≤90 m	20	
		幕墙高度>90m	25	
2	幕墙水平度	幕墙幅宽≤35 m	5	用水平仪检查
		幕墙幅宽>35 m	7	
3	构件直线度		2	用 2 m 靠尺和塞尺检查
4	构件水平度	构件长度≤2 m	2	用水平仪检查
		构件长度>2 m	3	
5	相邻构件错位		1	用钢直尺检查
6	分格框对角线长度差	对角线长度≤2 m	3	用钢尺检查
		对角线长度>2 m	4	

(9)隐框、半隐框玻璃幕墙安装的允许偏差和检验方法应符合表 2-6 的规定。

表 2-6　隐框、半隐框玻璃幕墙安装的允许偏差和检验方法

项次	项目		允许偏差/mm	检验方法
1	幕墙垂直度	幕墙高度≤30m	10	用经纬仪检查
		30 m<幕墙高度≤60 m	15	
		60 m<幕墙高度≤90 m	20	
		幕墙高度>90 m	25	
2	幕墙水平	层高≤3 m	3	用水平仪检查
		层高>3 m	5	
3	幕墙表面平整度		2	用 2 m 靠尺和塞尺检查
4	板材立面垂直度		2	用垂直检测尺检查
5	板材上沿水平度		2	用 1 m 水平尺和钢直尺检查
6	相邻板材板角错位		1	用钢直尺检查
7	阳角方正		2	用直角检测尺检查
8	接缝直线度		3	拉 5 m 线，不足 5 m 拉通线，用钢直尺检查
9	接缝高低差		1	用钢直尺和塞尺检查
10	接缝宽度		1	用钢直尺检查

2.2.5.3　石材幕墙工程

本部分内容适用于建筑高度不大于 150 m 的石材幕墙工程的质量验收。

1. 主控项目

(1)石材幕墙工程所用材料的品种、规格、性能和等级，应符合设计要求及国家现行产品标准及工程技术规范的规定。石材的弯曲强度不应小于 8.0 MPa；吸水率应小于 0.8%。石材幕墙的铝合金挂件厚度不应小于 4.0 mm，不锈钢挂件厚度不应小于 3.0 mm。

检验方法：观察；尺量检查；检查产品合格证书、性能检测报告、材料进场验收记录和复验报告。

(2)石材幕墙的造型、立面分格、颜色、光泽、花纹和图案应符合要求。

检验方法：观察。

(3)石材孔、槽的数量、深度、位置、尺寸应符合设计要求。

检验方法：检查进场验收记录或施工记录。

(4)石材幕墙主体结构上的预埋件和后置埋件的位置、数量及后置埋件的拉拔力必须符合设计要求。

检验方法：检查拉拔力检测报告和隐蔽工程验收记录。

(5)石材幕墙的金属框架立柱与主体结构预埋件的连接、立柱与横梁的连接、连接件与金属框架的连接、连接件与石材表面板的连接必须符合设计要求，安装必须牢固。

检验方法：手扳检查；检查隐蔽工程验收记录。

(6)金属框架和连接件的防腐处理应符合设计要求。

检验方法：检查隐蔽工程验收记录。

(7)石材幕墙的防雷装置必须与主体结构的防雷装置可靠连接。

检验方法：观察；检查隐蔽工程验收记录和施工记录。

(8)石材幕墙的防火、保温、防潮材料的设置应符合设计要求，填充应密实、均匀，厚度一致。

检验方法：检查隐蔽工程验收记录。

(9)各种结构变形缝、墙角的连接节点应符合设计要求和技术标准的规定。

检验方法：检查隐蔽工程验收记录和施工记录。

(10)石材表面和板缝的处理应符合设计要求。

检验方法：观察。

(11)石材幕墙的板缝注胶应饱满、密实、连续、均匀、无气泡，板缝宽度和厚度应符合设计要求和技术标准的规定。

检验方法：观察；尺量检查；检查施工记录。

(12)石材幕墙应无渗漏。

检验方法：在易渗漏部位进行淋水检查。

2. 一般项目

(1)石材幕墙表面应平整、洁净，无污染、缺损裂痕。颜色和花纹应协调一致，无明显色差，无明显修痕。

检验方法：观察。

(2)石材幕墙的压条应平直、洁净、接口严密、安装牢固。

检验方法：观察；手扳检查。

(3)石材接缝应横平竖直、宽窄均匀；阴阳角石板压向应正确，板边合缝应顺直；凸凹线出墙厚度应一致，上下口应平直；石材表面板上洞口、槽边应套割吻合，边缘应整齐。

检验方法：观察；尺量检查。

(4)石材幕墙的密封胶缝应横平竖直、深浅一致、宽窄均匀、光滑顺直。

检验方法：观察。

(5)石材幕墙上的滴水线、流水坡向应正确、顺直。

检验方法：观察；用水平尺量检查。

(6)每平方米石材的表面质量和检验方法应符合表2-7的规定。

表 2-7　每平方米石材的表面质量和检验方法

项次	项目	质量要求	检验方法
1	裂痕、明显划伤和长度＞100 mm 的轻微划伤	不允许	观察
2	长度≤100 mm 的轻微划伤	≤8 条	用钢尺检查
3	擦伤总面积	≤500 mm²	用钢尺检查

（7）石材幕墙安装的允许偏差和检验方法应符合表 2-8 的规定。

表 2-8　石材幕墙安装的允许偏差和检验方法

项次	项目		允许偏差/mm		检验方法
			光面	麻面	
1	幕墙垂直度	幕墙高度≤30 m	10		用经纬仪检查
		30 m＜幕墙高度≤60 m	15		
		60 m＜幕墙高度≤90 m	20		
		幕墙高度＞90 m	25		
2	幕墙水平度		3		用水平仪检查
3	板材立面垂直度		3		用水平仪检查
4	板材上沿水平度		2		用 1 m 水平尺和钢直尺检查
5	相邻板材板角错位		1		用钢直尺检查
6	幕墙表面平整度		2	3	用垂直检测尺检查
7	阳角方正		2	4	用直角检测尺检查
8	接缝直线度		3	4	拉 5 m 线，不足 5 m 拉通线，用钢直尺检查
9	接缝高低差		1	—	用钢直尺和塞尺检查
10	接缝宽度		1	2	用钢直尺检查

2.2.5.4　金属幕墙工程

1. 主控项目

（1）金属幕墙工程所使用的各种材料和配件，应符合设计要求及国家现行产品标准和工程技术规范的规定。

检验方法：检查产品合格证书、性能检测报告、材料进场验收记录和复验报告。

（2）金属幕墙的造型和立面分格应符合设计要求。

检验方法：观察；尺量检查。

（3）金属面板的品种、规格、颜色、光泽及安装方面应符合设计要求。

检验方法：观察；检查进场验收记录。

（4）金属幕墙主体结构上的预埋件、后置埋件的数量、位置及后置埋件的拉拔力必须符合设计要求。

检验方法：检查拉拔力检测报告和隐蔽工程验收记录。

（5）金属幕墙的金属框架立柱与主体结构预埋件的连接、立柱与横梁的连接、金属面板的安装必须符合设计要求，安装必须牢固。

检验方法：手扳检查；检查隐蔽工程验收记录。

（6）金属幕墙的防火、保温、防潮材料的设置应符合设计要求，并应密实、均匀、厚度一致。

检验方法：检查隐蔽工程验收记录。

(7)金属框架及连接件的防腐处理应符合设计要求。

检验方法：检查隐蔽工程验收记录和施工记录。

(8)金属幕墙的防雷装置必须与主体结构的防雷装置可靠连接。

检验方法：检查隐蔽工程验收记录。

(9)各种变形缝、墙角的连接点应符合设计要求和技术标准的规定。

检验方法：观察；检查隐蔽工程验收记录。

(10)金属幕墙的板缝注胶应饱满、密实、连续、均匀、无气泡，宽度和厚度应符合设计要求和技术标准的规定。

检验方法：观察；尺量检查；检查施工记录。

(11)金属幕墙应无渗漏。

检验方法：在易渗漏部位进行淋水检查。

2. 一般项目

(1)金属板表面应平整、洁净、色泽一致。

检验方法：观察。

(2)金属幕墙的压条应平直、洁净、接口严密、安装牢固。

检验方法：观察；手扳检查。

(3)金属幕墙的密封胶缝应横平竖直、深浅一致、宽窄均匀、光滑顺直。

检验方法：观察。

(4)金属幕墙上的滴水线、流水坡向应正确、顺直。

检验方法：观察；用水平尺检查。

(5)每平方米金属板的表面质量和检验方法应符合表2-9的规定。

表2-9　每平方米金属板的表面质量和检验方法

项次	项目	质量要求	检验方法
1	明显划伤和长度>100 mm的轻微划伤	不允许	观察
2	长度≤100 mm的轻微划伤	≤8条	用钢尺检查
3	擦伤总面积	≤500 mm²	用钢尺检查

(6)金属幕墙安装的允许偏差和检验方法应符合表2-10的规定。

表2-10　金属幕墙安装的允许偏差和检验方法

项次	项目		允许偏差/mm	检验方法
1	幕墙垂直度	幕墙高度≤30 m	10	用经纬仪检查
		30 m<幕墙高度≤60 m	15	
		60 m<幕墙高度≤90 m	20	
		幕墙高度>90 m	25	
2	幕墙水平度	层高≤3 m	3	用水平仪检查
		层高>3 m	5	
3	幕墙表面平整度		2	用2 m靠尺和塞尺检查
4	板材立面垂直度		3	用垂直检测尺检查

项次	项目	允许偏差/mm	检验方法
5	板材上沿水平度	2	用1 m水平尺和钢直尺检查
6	相邻板材板角错位	1	用钢直尺检查
7	阳角方正	2	用直角检测尺检查
8	接缝直线度	3	拉5 m线，不足5 m拉通线，用钢直尺检查
9	接缝高低差	1	用钢直尺和塞尺检查
10	接缝宽度	1	用钢直尺检查

学习单元2.3 饰面板(砖)工程施工

任务目标

1. 了解饰面板安装应做的准备工作，掌握石材类饰面板安装、金属板安装、塑料板粘贴方法。

2. 了解饰面砖安装应具备的条件，掌握内墙釉面砖安装、外墙面砖安装、玻璃马赛克安装、陶瓷马赛克安装的方法。

3. 了解饰面板(砖)工程在施工过程中的质量检查项目和质量验收检验项目，熟悉饰面板(砖)工程施工质量检验标准及检验方法，掌握饰面板(砖)工程的施工常见质量通病及防治措施。

2.3.1 施工准备与安装的一般要求

饰面板(砖)的施工，主要包括天然石材和人造石材的施工。其施工方法，除传统的湿作业外，现已发展出粘贴法、传统湿作业改进方法、干挂法和预制复合板方法等。

1. 施工准备

(1)技术准备。饰面板(砖)安装前，首先应根据建筑设计图纸要求，认真核实饰面板(砖)安装部位的结构实际尺寸及偏差情况。如墙面基体的垂直度、平整度以及由于纠正偏差(剔凿后用细石混凝土或水泥砂浆修补)所增减的尺寸，绘出修正图。超出允许偏差的，则应在保证基体与饰面板(砖)表面距离不小于50 mm的前提下，重新排列分块。

(2)作业条件准备。

1)测量出柱的实际高度，柱子中心线，柱与柱之间的距离，柱子上部、中部、下部拉水平道线后的结构尺寸，以确定出柱饰面板(砖)的面边线，依此计算出饰面板(砖)排列分块尺寸。

2)对外形变化较复杂的墙面(如多边形、圆形、双曲弧形墙面及墙裙)，特别是需异形饰面板(砖)镶嵌的部位，尚须用黑铁皮或三夹板进行实际放样，以便确定其实际的规格尺寸。

3)基层处理。基本与"饰面砖施工工艺"中有关作业条件准备和基层处理相同。

4)测量放线。柱子饰面板(砖)的安装,应按设计轴线距离,弹出柱子中心线和水平标高线。

5)选板、预拼、排号。对照排板(砖)图编号检查复核所需板(砖)的几何尺寸,并按误差大小归类;检查板(砖)磨光面的疵点和缺陷,按纹理和色彩选择归类。对有缺陷的板(砖),应改小使用或安装在不显眼的部位。

在选板(砖)的基础上进行预拼工作。尤其是天然板材,由于它具有天然纹理和色差,因此必须通过预拼使上下左右的颜色、花纹一致,纹理通顺,接缝严密吻合。

6)天然石材进行防碱背涂处理。采用传统的湿作业安装天然石材,由于水泥砂浆在水化时析出大量的氢氧化钙,析到石材表面,产生不规则的花斑,俗称返碱现象,严重影响建筑物室内外石材饰面的装饰效果,因而要进行防碱背涂处理。

(3)材料准备。饰面板(砖)进场拆包后,首先应逐块进行检查,将破碎、变色、局部污染和缺棱掉角的全部挑拣出来,另行堆放;另外,对合乎要求的饰面板(砖),应进行边角垂直测量、平整度检验、裂缝检验、棱角缺陷检验,确保安装后的宽、高一致。

破裂的饰面板(砖),可用环氧树脂胶粘剂粘贴。修补时应将粘贴面清洁并干燥,两个粘合面涂厚度≤0.5 mm粘结膜层,在≥15 ℃环境中粘贴,在相同温度的室内养护(紧固时间大于3 d);对表面缺边、坑洼、疵点的修补可刮环氧树脂腻子并在15 ℃室内养护1 d,而后用0号砂纸磨平,再养护2~3 d打蜡。

2. 安装的一般要求

(1)饰面板(砖)的接缝宽度如设计无要求时,应符合有关规范的规定。

(2)饰面板(砖)安装,应找正吊直后采取临时固定措施,以防灌注砂浆时板(砖)位移动。

(3)饰面板(砖)安装,接缝宽度可垫木调整。并应确保外表面的平整、垂直及板的上口顺平。

(4)灌浆前,应浇水将饰面板(砖)背面和基体表面润湿,再分层灌注砂浆,每层灌注高度为150~200 mm,且不得大于板(砖)高的1/3,插捣密实,待其初凝后,应检查板(砖)面位置,如移动错位应拆除重新安装;若无移动,方可灌注上层砂浆,施工缝应留在饰面板(砖)水平接缝以下50~100 mm处。

(5)突出墙面勒脚的饰面板(砖)安装,应待上层的饰面工程完工后进行。

(6)楼梯栏杆、栏杆及墙裙的饰面板(砖)安装,应在楼梯踏步地(楼)面层完工后进行。

(7)天然石饰面板(砖)的接缝,应符合下列规定:

1)室内安装光面和镜面的饰面板(砖),接缝应干接,接缝处宜用与饰面板(砖)相同颜色的水泥浆填抹。

2)室外安装光面和镜面的饰面板(砖),接缝可干接或在水平缝中垫硬塑料板条,垫塑料板条时,应将压出部分保留,待砂浆硬化后,将塑料板条剔出,用水泥细砂浆勾缝,干接缝应用与饰面板(砖)相同颜色的水泥浆填平。

3)粗磨面、麻面、条纹面、天然面饰面板(砖)的接缝和勾缝应用水泥砂浆。勾缝深度应符合设计要求。

(8)人造石饰面板(砖)的接缝宽度、深度应符合设计要求,接缝宜用与饰面板(砖)相同颜色的水泥浆或水泥砂浆抹勾严实。

(9)花岗石薄板或厚度为10~12 mm的镜面大理石,宜采用挂钩或胶粘法施工。

(10)饰面板(砖)完工后,表面应清洗干净。光面和镜面的饰面板(砖)经清洗晾干后,方可打蜡擦亮。

(11)装配式挑檐、托座等的下部与墙或柱相接处，镶贴饰面板(砖)应留有适量的缝隙。镶贴变形缝处的饰面板(砖)留缝宽度，应符合设计要求。

(12)夏期镶贴室外饰面板(砖)应防止暴晒。

(13)冬期施工，砂浆的使用温度不得低于5℃。砂浆硬化前，应采取防冻措施。

(14)饰面板(砖)镶贴后，应采取保护措施。

2.3.2 饰面板工程施工

2.3.2.1 大理石饰面板安装

大理石饰面板有镜面、光面和细琢面。其安装方法，小规格(边长小于400 mm)可采用粘贴法；大规格则可采用传统安装方法或改进的新工艺。

1. 传统安装方法

(1)按照设计要求事先在基层表面绑扎好钢筋网，与结构预埋件绑扎牢固。其做法有在基层结构内预埋铁环，与钢筋网绑扎；也有用冲击电钻先在基层打 ϕ6～8 mm 短钢筋埋入，外露50 mm以上并弯钩，在同一标高的插筋上置水平钢筋，两者靠弯钩或焊接固定。

(2)安装前先将饰面板材按照设计要求用钻头钻 ϕ5 mm、深18 mm圆孔，用木楔、铅笔、环氧树脂把钢丝(或不锈钢钢丝)紧固在孔内。也可以钻成牛鼻子孔，将钢丝(或不锈钢钢丝)穿入孔内。

(3)板材安装前，应先检查基层(如墙面、柱面)平整情况，如凹凸过大应事先处理。

(4)安装前要求按照事先找好的水平线和垂直线进行预排，然后在最下一行两头用板材找平找直，拉上横线，再从中间或一端开始安装，并用钢丝(或不锈钢钢丝)把板材与结构表面的钢筋骨架绑扎固定，随时用托线板靠直靠平，保证板与板交接处四角平整。

(5)板材与基层间的缝隙(即灌浆厚度)，一般为20～50 mm，在拉线找方、挂直线规矩时，要注意处理好其他工种的关系，门窗、贴脸、抹灰等厚度都应考虑留出饰面板材的灌浆厚度。

(6)墙面、柱面、门窗套等板材安装与地面板材铺设的关系，一般采用先做立面后做地面，此法要求地面分块尺寸准确，边部板材须切割整齐。亦可采用先做地面后做立面，这样可以解决边部板材不齐的问题，但地面应加保护，防止损坏。

(7)饰面板材安装后，用纸或石膏将底及两侧缝隙堵严，上下口用石膏临时固定，较大的板材(如楔脸)固定时要加支撑。为了矫正视觉误差，安装门窗脸应按1%起拱。

(8)固定后用1∶2.5水泥砂浆(稠度一般为8～12 cm)分层灌注。每次灌浆高度一般为20～30 cm，待初凝后继续灌浆，直到距上口5～10 cm停止。然后将上口临时固定的石膏剔掉，清理干净缝隙，再安装第二行板材，这样依次由下往上安装固定、灌浆。

(9)采用浅色的大理石、汉白玉饰面板材时，灌浆应用白水泥和白石屑。

(10)每日安装固定后，需将饰面清理干净。安装固定后的饰面板材如面层光泽受到影响，可以重新打蜡出光。要采取临时保护措施保护棱角。

(11)全部板材安装完毕后，清理表面，然后用与板材相同颜色调制之水泥砂浆，边嵌边擦，使缝隙嵌浆密实，颜色一致。

(12)板材出厂时已经抛光处理并打蜡。但经施工后局部会有污染，表面失去光泽，所以一般应进行擦拭或用高速旋转帆布擦磨，重新抛光上蜡。

2. 传统安装法改进工艺(楔固法)

(1)安装工艺流程。大理石传统湿作业改进工艺安装工艺流程如图2-6所示。

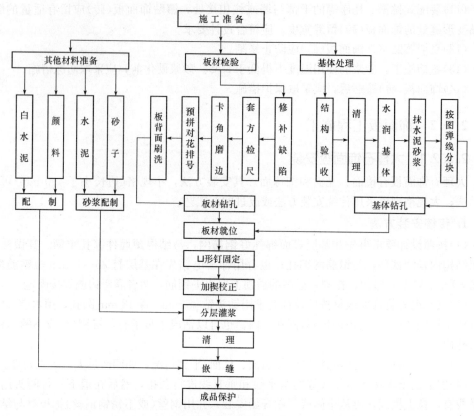

图 2-6　工艺流程图

（2）基体处理。大理石安装前，先对清理干净的基体用水湿润，并抹上 1：1 水泥砂浆（要求中砂或粗砂）。大理石饰面板背面也要用清水刷洗干净，以提高其粘结力。

（3）石板钻孔。将大理石饰面板直立固定于木架上，用手电钻在距板两端 1/4 处居板厚中心钻孔，孔径 6 mm，深 35～40 mm。板宽≤500 mm 的打直孔两个；板宽＞500 mm 的打直孔三个；板宽＞800 mm 的打直孔四个。然后将板旋转 90°固定于木架上，在板两侧分别各打直孔一个，孔位距板下端 100 mm 处，孔径 6 mm，孔深 35～40 mm，上下直孔都用合金錾子在板背面方向剔槽，槽深 7 mm，以便安卧凵形钉。

（4）基体钻孔。板材钻孔后，按基体放线分块位置临时就位，对应于板材上下直孔的基体位置上，用冲击钻钻成与板材孔数相等的斜孔，斜孔成 45°，孔径 6 mm，孔深 40～50 mm，如图 2-7 所示。

（5）板材安装、固定。板材钻孔后，按基体放线分块位置临时就位，对应于板材上下直孔的基体位置上，用克丝钳子现制直径 5 mm 的不锈钢凵形钉，一端勾进大理石板直孔内，随即用硬木小楔揿紧；另一端勾进基体斜孔内，拉小线

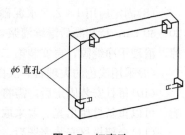

图 2-7　打直孔

或用靠尺板和水平尺，校正板的上下口及板面的垂直度和平整度，并检查与相邻板材接合是否严密，随后将基体斜孔内不锈钢凵形钉揿紧。接着用大木头楔紧固于板材与基体之间，以紧固凵形钉。

大理石饰面板位置校正准确、临时固定后，即可进行分层灌浆。灌浆及成品保护和表面

清洁等，与传统安装方法相同。

3. 粘贴法

(1)基层处理。首先将基层表面的灰尘、污垢和油渍清理干净，要浇水湿润。对于表面光滑的基层表面应进行凿毛处理；对于垂直度、平整度偏差较大的基层表面，应进行剔凿或修补处理。

(2)抹底层灰。用1∶2.5(体积比)水泥砂浆分两次打底、找规矩，厚度约10 mm。并按中级抹灰标准检查验收垂直度和平整度。

(3)弹线、分块。用线坠在墙面、柱面和门窗部位从上至下吊线，确定饰面板表面距基层的距离(一般为30～40 mm)。根据垂线，在地面上顺墙、柱面弹出饰面板外轮廓线，此线即为安装基础线。然后，弹出第一排标高线，并将第一层板的下沿线弹到墙上(如有踢脚板，则先将踢脚板的标高线弹好)。然后根据板面的实际尺寸和缝隙，在墙面弹出分块线。

(4)镶贴。将湿润并阴干的饰面板，在其背后均匀地抹上2～3 mm厚108胶水泥浆(108胶掺量为水泥质量的10％～15％)或环氧树脂水泥浆、AH-03胶粘剂，依照水平线，先镶贴底层(墙、柱)两端的两块饰面板，然后拉通线，按编号依次镶贴。第一层贴完，进行第二层镶贴。以此类推，直至贴完。每贴三层，垂直方向用靠尺靠平。

4. 镶贴碎拼大理石的方法

碎拼大理石一般用于庭院、凉廊以及有天然格调的室内墙面。其石材大部分是生产规格石材中经磨光后裁下的边角余料，按其形状可分为非规格矩形块料、冰裂形状料(多边形、大小不一)和毛边碎块。

(1)分层做法。

1)10～12 mm厚1∶3水泥砂浆找平层，分遍打底找平。

2)10～15 mm厚1∶2水泥砂浆结合层。

3)镶贴碎拼大理石。

(2)施工要点。

1)碎拼大理石的颜色按设计要求选定，块材边长不宜超过30 cm，厚度应基本一致。

2)镶贴前，应拉线找方挂直，做灰饼。应在门窗口转角处注意留出镶贴块材的厚度。

3)碎拼大理石饰面施工前，应进行试拼，宜先拼图案，后拼其他部位。拼缝应协调，不得有通缝，缝宽为5～20 mm。设计有图案要求时，应先镶贴图案部位，然后再镶贴其他部位。

4)镶贴厚度不宜超过20 mm，每天镶贴高度不宜超过1.2 m，镶贴时随时用靠尺找平。镶贴后，要按设计要求用不同颜色的水泥砂浆(或水泥石粒浆)勾缝。

5)镶贴时应注意面层的光洁，随时进行清理。如缝宽要求一致时，应在镶贴前用切割机进行块材加工。

2.3.2.2 花岗石饰面板安装

1. 磨光花岗石饰面板的安装

(1)传统安装方法：与大理石饰面板传统安装方法相同。

(2)传统安装方法改进工艺。

1)工艺流程。磨光花岗石传统湿作业改进工艺流程如图2-8所示。

2)板材钻孔打眼剔凿。直孔用台钻打眼，操作时应钉木架，使钻头直对板材上墙面，一般每块石板上、下两个面打眼，孔位打在距板两端1/4处，每个面各打两个眼，孔径为5 mm，深18 mm，孔位距石板背面以8 mm为宜。如下板宽度较大，中间应增打一孔，钻孔

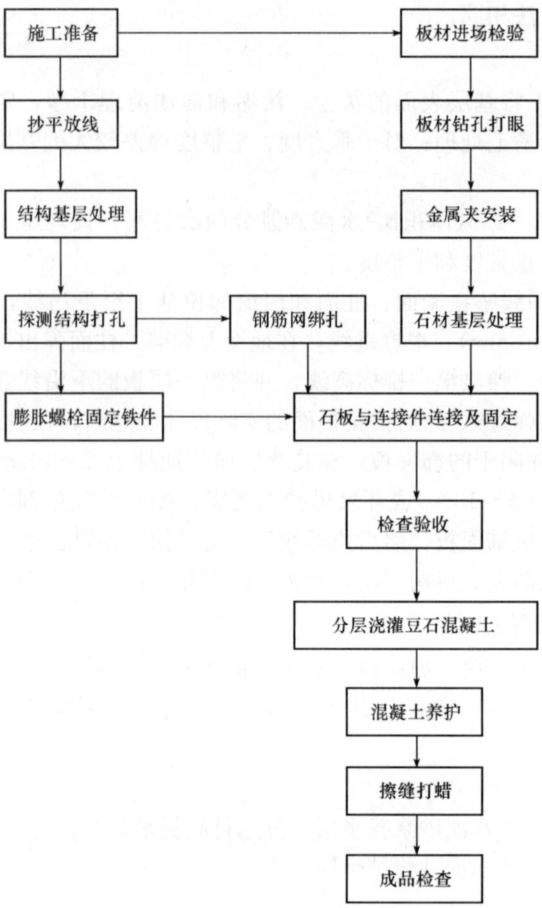

```
┌──────────┐         ┌──────────┐
│ 施工准备  │────────→│ 板材进场检验│
└────┬─────┘         └────┬─────┘
     │                    │
     ↓                    ↓
┌──────────┐         ┌──────────┐
│ 抄平放线  │         │ 板材钻孔打眼│
└────┬─────┘         └────┬─────┘
     │                    │
     ↓                    ↓
┌──────────┐         ┌──────────┐
│ 结构基层处理│         │ 金属夹安装  │
└────┬─────┘         └────┬─────┘
     │                    │
     ↓                    ↓
┌──────────┐  ┌────────┐ ┌──────────┐
│ 探测结构打孔│─→│钢筋网绑扎│ │ 石材基层处理│
└────┬─────┘  └───┬────┘ └────┬─────┘
     │            │           │
     ↓            ↓           ↓
┌──────────────┐  ┌────────────────┐
│ 膨胀螺栓固定铁件│──→│ 石板与连接件连接及固定│
└──────────────┘  └───────┬────────┘
                          ↓
                   ┌──────────┐
                   │ 检查验收  │
                   └────┬─────┘
                        ↓
                 ┌──────────────┐
                 │ 分层浇灌豆石混凝土│
                 └──────┬───────┘
                        ↓
                   ┌──────────┐
                   │ 混凝土养护 │
                   └────┬─────┘
                        ↓
                   ┌──────────┐
                   │ 擦缝打蜡  │
                   └────┬─────┘
                        ↓
                   ┌──────────┐
                   │ 成品检查  │
                   └──────────┘
```

图 2-8　磨光花岗石传统湿作业改进工艺流程图

后用合金钢凿子朝石板背面的孔壁轻打剔凿，剔出深 4 mm 的槽，以便固定连接件。

石板背面钻 135°斜孔，先用合金钢凿子在打孔平面剔窝，再用台钻直对石板背面打孔，打孔时将石板固定在 135°的木架上(或用摇臂钻斜对石板)打孔，孔深 5～8 mm，孔底距石板磨光面 9 mm，孔径 8 mm。

3)金属夹安装。把金属夹安装在 135°孔内，用 JGN 型胶固定，并与钢筋网连接牢固。

4)抄平放线和基层处理。抄平放线与传统湿法施工相同，并要检查预埋筋及门窗口标高位置，要求上下、左右、进出一条线，将混凝土墙、柱、砖墙等凹凸不平处凿平后用 1∶3 水泥砂浆分层抹平。钢模混凝土墙面必须凿毛，并将基层清刷干净，浇水湿润。

石板背面在安装前应进行清刷处理，并要防止锈蚀及油污。

预埋钢筋要先剔凿，外露于墙面，无预埋筋处则应先探测结构钢筋位置，避开钢筋钻孔，孔径为 25 mm，孔深 90 mm，用 M16 膨胀螺栓固定预埋铁。

5)绑扎钢筋网。先绑竖筋，竖筋与结构内预埋筋或预埋铁连接，横向钢筋根据石板规格，比石板低 2～3 cm 作固定拉结筋，其他横筋可根据设计间距均分。

6)安装花岗石板材。按试拼石板就位，石板上口外仰，将两块板间连接筋(连接棍)对齐，连接件挂牢在横筋上，用木楔垫稳石板，用靠尺检查调整平直，一般均从左往右进行安装，柱面水平交圈安装，以便校正阳角垂直度。四大角拉钢丝找直，每层石板应拉通线找平找直，阴阳角用方尺。如发现缝隙大小不均匀，应用铅皮垫平，使石板缝隙均匀一致，并保证每层石板上口平直，然后用熟石膏固定。经检查无变形方可浇灌细石混凝土。

7)浇灌细石混凝土。把搅拌均匀的细石混凝土用铁簸箕徐徐倒入，不得碰动石板及石膏木楔。要求下料均匀，轻捣细石混凝土，直至无气泡。每层石板分三次浇灌，每次浇灌间隔1 h左右，待初凝后检验无松动、变形方可再次浇灌细石混凝土。第三次浇灌细石混凝土时上口留5 cm，作为上层石板浇灌细石混凝土的结合层。

8)擦缝，打蜡。石板安装完毕后，清除所有石膏和余浆痕迹，用棉丝或抹布擦洗干净，并按照花岗石板颜色调制水泥浆嵌缝，边嵌缝边擦干净，以防止污染石材表面，使之缝隙密实、均匀，外观洁净，颜色一致，最后上蜡抛光。

(3)干挂工艺。利用高强螺栓和耐腐蚀、强度高的柔性连接件将薄型石材饰面挂在建筑物结构的外表面，石材与结构表面之间留出40～50 mm的空腔(采暖地区可填入保温材料)。此工艺多用于30 m以下的钢筋混凝土结构，不适宜用于砖墙或加气混凝土墙。

这种工艺的特点是：施工不受季节性影响；可由上往下施工，有利于成品保护；不受粘贴砂浆析碱的影响，可保持石材饰面色彩鲜艳。

1)工艺流程。由于连接挂件具有三维空间的可调性，增强了石材安装的灵活性，易于使饰面平整。

2)施工准备。

①根据设计意图及实际结构尺寸完善分格设计、节点设计，并做出翻样图。

②根据翻样图提出加工计划。

③进行挂件设计，并做成样品进行承载破坏性试验及疲劳破坏性试验。

④根据挂件设计，组织挂件加工。

⑤测量放线：在结构各转角外下吊垂线，用来确定石材的外轮廓尺寸，对结构突出较大的做局部剔凿处理，以轴线及标高线为基线，弹出板材竖向分格控制线，再以各层标高线为基线放出板材横向分格控制线。

⑥根据翻样图及挂件形式，确定钻孔位置。

3)工艺要点。

①根据设计尺寸，进行石材钻孔。石材背面刷胶粘剂，贴玻璃纤维网格布增强。其静止固化时间，视气候条件而定，固化前防止受潮。

②根据确定的孔位用电锤在结构面钻孔，钻头要求垂直结构面，如遇结构主筋可以左右移动，因挂件设计为三维可调，但需在可调范围以内固定不锈钢膨胀螺栓及挂件。

采用间接干挂，竖向槽钢用膨胀螺栓固定在结构柱梁上，水平槽钢与竖向槽钢焊接，膨胀螺栓钻孔位置要准确，深度在65 mm以内。下膨胀螺栓前要将孔内粉尘清理干净，螺栓埋设要垂直、牢固。连接件要垂直、方正。

型钢安装前先刷两遍防锈漆，焊接时要求三面围焊，有效焊接长度≥12 cm，焊接高h_f=6 mm，要求焊缝饱满，不准有砂眼、咬肉现象。型钢安装完需在焊缝处补涂防锈漆。

③进行外墙保温板施工，同时留出挂件位置以待调整挂件后补齐保温板。

④挂线：按大样图要求，用经纬仪测出大角两个面的竖向控制线，在大角上下两端固定挂线的角钢，用钢丝挂竖向控制线，并在控制线的上、下做出标记。

⑤支底层石材托架，放置底层石板，调节并暂时固定。

⑥结构钻孔，插入固定螺栓，镶不锈钢固定件。

⑦用嵌缝膏嵌入下层石材的孔眼，插连接钢针，嵌合上层石材下孔。

⑧临时固定上层石材，钻孔，插膨胀螺栓，镶不锈钢固定件。重复工序⑥和⑦，直至完成全部石材安装，最后镶顶层石材。

⑨清理石材饰面，贴防污胶条，嵌缝，刷罩面涂料。

4)注意事项。

①挂件时的缝宽及销钉位置要适当调整，先试挂每块板，用靠尺板找平后再正式挂件，插钢针前先将环氧树脂胶粘剂注入板销孔内，钢针入孔深度不宜小于 20 mm，后将环氧树脂胶粘剂清洁干净，不得污染板面，遇结构凹陷过多，超出挂件可调范围时，可采用垫片调整，如还不能解决可采用型钢加固处理，但垫片及型钢必须做防腐处理。

②每块板经质检合格后，将挂件与膨胀螺栓连接处点焊或加双螺母加以固定，以防挂件因受力而下滑。

(4)预制复合板工艺。预制复合板工艺是干法作业的发展，是以石材薄板为饰面板，钢筋细石混凝土为衬模，用不锈钢连接件连接，经浇筑预制成饰面复合板，用连接件与结构连成一体的施工方法。此工艺可用于钢筋混凝土或钢结构的高层和超高层建筑。其特点是安装方便、速度快，可节约天然石材，但对连接件的质量要求较高。国外用不锈钢，北京中国银行大楼采用经两次涂刷 JTL-4 涂料的钢连接件。

花岗石复合板的制作工艺如下：根据结构的情况，考虑饰面做法，事先制作成墙、柱面的复合板，高层建筑多以立面突出柱子的竖线条为主，现以柱面的复合板制作为例，其工艺流程如下：

模板支设——按设计规格制作定型的钢塑模板或木模板。支设时，要控制钢塑模板的变形，以保证复合板的几何尺寸准确。

花岗石薄板侧模就位——将花岗石薄板对号就位，先放底面石板，再安装两侧石板。检查外模(即花岗石薄板)，面层要平直、方正，无翘边，缝隙相符。此时石板呈凵形，用调色水泥浆勾缝。

预制钢筋网及预埋安装——钢筋网片按设计要求预制，待花岗石安装就位后放入凹槽内，并将金属夹与钢筋网连接牢固。钢筋骨架就位与绑扎前应检查几何尺寸及焊接质量，防止运输、搬运中碰动变形，并检查两端预埋铁件位置，逐个绑扎牢固，保证骨架在封闭缝隙，再用整形工具修整成月牙形，涂光蜡一道。

2. 细琢面花岗石饰面块材的安装

细琢面花岗石饰面块材是指剁斧板、机刨板和粗磨板等，其厚度一般为 50 mm、76 mm、100 mm，墙、柱面多用板厚 50 mm，勒脚饰面多用 76 mm、100 mm。

(1)块材开口形式。块材与基体均用锚固件连接，由于锚固件有多种形式，分扁条锚件、圆杆锚件、线形锚件等，所以块材的锚接开口形状也不同。

根据块材的不同厚度，其开口尺寸及阳角交接形式也不同。

(2)锚固方法。用镀锌或不锈钢锚固件将块材与基层锚固。

常用的扁形锚件厚度为 3 mm、5 mm、6 mm，宽 25 mm、30 mm。圆杆形锚件用 $\phi 6$ mm、$\phi 9$ mm，线形件多用 $\phi 3 \sim 5$ mm 钢丝。

(3)工艺要点。

1)根据设计要求，核对选用块材的品种、规格和颜色，并统一编号。

2)按照设计要求在基层表面绑扎钢筋网，并与结构预埋铁件绑扎牢固。

3)固定块材的孔洞，在安装前用钻头打好。

4)拱、碹脸安装前，须根据设计图纸用三合板画出样板，并根据拱、碹脸样板定出拱、碹中心线及边线，画出拱的圆弧线，然后自下而上进行安装。

5)安装墙面时，先将好头(抱角)稳好，按墙面拉线顺直，用钢尺测定长度，确定分块和调整缝隙，然后进行稳装。

6)室外块材的安装应比室外地坪低 50 mm，以免露底，并注意检查基础软硬程度。

7)饰面块材与墙身间隔缝隙一般为 30～50 mm。

8)块材缝隙最好用铅块垫塞，否则遇水后易污染饰面，影响美观。块材要用镀锌钢筋或经过防锈处理的钢筋与钢筋网连接。

9)饰面块材安装固定后，先用水将缝隙冲净，然后将缝隙堵严，用 1：2：5 水泥砂浆分层灌注，每次灌入 20 cm 左右，等初凝后再继续灌注。离块材上口约 8 cm 处，要待安装好上面一块饰面后，继续浇灌。

10)花岗石块材安装后，如果在上层还要进行其他抹灰，则应对块材表面采取保护措施。

11)花岗石受污时，可根据污染的不同用稀盐酸刷洗，并随即用清水冲洗干净。

2.3.3 饰面砖工程施工

饰面砖施工是指釉面瓷砖、外墙面砖、陶瓷马赛克和玻璃马赛克的镶贴。

2.3.3.1 施工准备

1. 材料准备

(1)根据设计要求和采用的镶贴方法，准备好各种饰面砖以及粘结材料(包括胶粘剂)和辅助材料(如金属网等)。

(2)对于釉面瓷砖和外墙面砖，应根据设计要求，挑选规格一致、形状平整方正、不缺棱掉角、不开裂、不脱釉、无凹凸扭曲、颜色均匀的砖块和各种配件。挑选时，按 1 mm 差距分类选出三个规格，各自做出样板，逐块对照比较，分类堆放待用。

陶瓷(或玻璃)马赛克，应按设计图案要求，事先挑选好，并统一编号，以便于镶贴时对号入座。

(3)釉面瓷砖和外墙面砖，在镶贴前应先清扫干净，放入清水中浸泡。釉面瓷砖要浸泡到不冒泡为止，且不少于 2 h；外墙面砖则要隔夜浸泡。然后取出阴干备用。阴干的时间视气温而定，一般半天左右，以砖的表面无水膜又有潮湿感为准。

2. 机具准备

根据镶贴的饰面砖种类参照施工手册选用机具。

3. 作业条件准备

(1)饰面砖镶贴前，室内应完成墙、顶抹灰工作；室外应完成雨水管的安装。

(2)室内外门窗框均已安装完毕。

(3)水电管线已安装完毕；厕浴间的肥皂洞、手纸洞已预留剔出，便盆、浴盆、镜箱及脸盆架已放好位置线或已安装就位。

(4)有防水层的房间、平台、阳台等，已做好防水层，并打好垫层。

(5)室内墙面已弹好标准水平线；室外水平线应使整个外墙饰面能够交圈。

(6)基层处理。

1)光滑的基层表面应凿毛，其深度为 0.5～1.5 cm，间距 3 cm 左右。基层表面残存的灰浆、尘土、油渍等应清洗干净。

2)基层表面明显凹凸处，应事先用 1：3 水泥砂浆找平或剔平。不同材料的基层表面相接处，应先铺钉金属网，方法与抹灰工程相同。门窗口与立墙交接处，应用水泥砂浆嵌填密实。

3)为使基层能与找平层粘贴牢固，可在抹找平层前先刷聚合水泥浆(108 胶：水＝1：4 的胶水拌水泥)处理。找平层砂浆法与装饰抹灰的底、中层做法相同。

基层为加气混凝土时，应在清净基层表面后先刷 108 胶水溶液一遍，然后满钉镀锌机织钢丝网(孔径 32 mm×32 mm，丝径 0.7 mm)，用 ø6 mm 扒钉，钉距不大于 600 mm，然后抹 1∶1∶4 水泥混合砂浆粘结层及 1∶2.5 水泥砂浆找平层。在檐口、腰线、窗台、雨篷等处，抹灰时要留出流水坡及滴水线，找平层抹后应及时浇水养护。

(7)预排。饰面砖镶贴前应预排。预排要注意同一墙面的横竖排列均不得有一行以上的非整砖。非整砖行应排在次要部位或阴角处，方法是用接缝宽度调整砖行。室内镶贴釉面砖如设计无规定时，接缝宽度可在 1～1.5 mm 之间调整。在管线、灯具、卫生设备支承等部位，应用整砖套割吻合，不得用非整砖拼接镶贴，以保证饰面的美观。

对于外墙面砖则根据设计图纸尺寸，进行排砖分格并要绘制大样图，一般要求水平缝应与碹脸、窗台齐平；竖向要求阳角及窗口处都是整砖，分格按整块分匀，并根据已确定的缝子大小做分格条和划出皮数杆。对窗心墙、墙垛等处要事先测好中心线、水平分格线、阴阳角垂直线。

饰面砖的排列方法很多，有无缝镶贴、划块留缝镶贴、单块留缝镶贴等。质量好的砖，可以适应任何排列形式。外形尺寸偏差大的饰面砖，不能大面积无缝镶贴，否则不仅缝口参差不齐，而且贴到最后无法收尾，交不了圈，这样的砖，可采取单块留缝镶贴，可用砖缝的大小调节砖的大小，以解决砖尺寸不一致的缺点。饰面砖外形尺寸出入不大时，可采取划块留缝镶贴，在划块留缝内，可以调节尺寸，以解决砖尺寸的偏差。

若饰面砖的厚薄尺寸不一，可以把厚薄不一的砖分开，分别镶贴在不同的墙面，用镶贴砂浆的厚薄来调节砖的厚薄，这样，就不致因砖厚薄不一而使墙面不平。

2.3.3.2 饰面砖施工

1. 釉面砖镶贴

(1)传统方法镶贴。

1)墙面镶贴要点。在清理干净的找平层上，依照室内标准水平线，找出地面标高，按照贴砖的面积，计算纵横的皮数，用水平尺找平，并弹出釉面砖的水平和垂直控制线。如用阴阳三角镶边时，则将镶边位置预先分配好。横向不足整块的部分，留在最下一皮与地面连接处。釉面砖的排列方法有直线排列和错缝排列两种，如图 2-9 和图 2-10 所示。

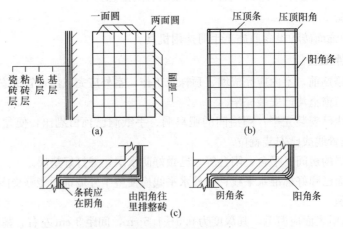

图 2-9 直线排列

(a)纵剖面；(b)平面；(c)横剖面

釉面砖墙裙一般比抹灰面凸出 5 mm。

铺贴釉面砖时，应先贴若干废釉面砖作为标志块，上下用托线板挂直，作为粘贴厚度的依据，横向每隔 1.5 m 左右做一个标志块，用拉线或靠尺校正平整度。在门洞口或阳角处，如有阴三角镶边时，则应将尺寸留出先铺贴一侧的墙面，并用托线板校正靠直。如无镶边，应双面挂直，如图 2-11 所示。

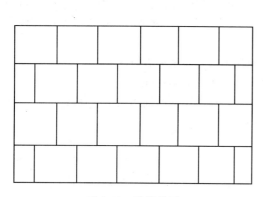

图 2-10 错缝排列

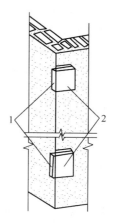

图 2-11 双面挂直
1—小面挂直靠平；2—大面挂直靠平

在地面水平线嵌上一根八字靠尺，并用水平尺校正，作为第一行釉面砖铺贴的依据。铺贴时，釉面砖的下口坐在八字靠尺或直靠尺，这样可防止釉面砖因自重而向下滑移，以确保横平竖直。墙面与地面的相交处有阴三角条镶边时，需将阴三角条的位置留出后，方可放置八字靠尺或直靠尺。

镶贴釉面砖宜从阳角处开始，并由下往上进行。铺贴一般用 1∶2（体积比）水泥砂浆，为了改善砂浆的和易性，便于操作，可掺入不大于水泥用量的 15% 的石灰膏，用铲刀在釉面砖背面刮满刀灰，厚度 5~6 mm，最大不超过 8 mm，砂浆用量以铺贴后刚好满浆为止，贴于墙面的釉面砖应用力按压，并用铲刀木柄轻轻敲击，使釉面砖紧密粘于墙面，再用靠尺按标志块将其校正平直。铺贴完整行的釉面砖后，再用长靠尺横向校正一次。对高于标志块的应轻轻敲击，使其平齐；若低于标志块（即亏灰）时，应取下釉面砖，重新抹满刀灰再铺贴，不得在砖口处塞灰，否则会产生空鼓。然后一次按上法往上铺贴，铺贴时应保持与相邻釉面砖的平整。釉面砖的规格尺寸或几何形状不等时，应在铺贴时随时调整，使缝隙宽窄一致。当贴到最上一行时，要求上口成一直线。上口如没有压条（镶边），应用一面圆的釉面砖，阴角的大面一侧也用一面圆的釉面砖，这一排的最上面一块应用两面圆的釉面砖。铺贴时，在有脸盆镜箱的墙面，应按脸盆下水管部位分中，往两边排砖。肥皂盒可按预定尺寸和砖数排砖。

制作非整砖块时，可根据所需要的尺寸划痕，用合金钢錾手工切割，折断后在磨石上磨边，也可采用台式无齿锯或电热切割器等切割。

如墙面留有孔洞，应将釉面砖按孔洞尺寸与位置用陶瓷铅笔画好，然后将陶瓷砖用切砖刀裁切，或用胡桃钳，钳去局部；亦可将陶瓷砖放在一块平整的硬物体上，用小锤和合金钢钻子轻轻敲凿，先将面层凿开，再凿到符合要求为止。如使用打眼器打眼，则操作简便，且能保证质量。

铺贴完后进行质量检查，用清水将釉面砖表面擦洗干净，接缝处用与釉面砖相同颜色的白水泥浆擦嵌密实，并将釉面砖表面擦净。全部完工后，要根据不同污染情况，用棉丝清理或用稀盐酸刷洗，并紧跟用清水冲净。

镶边条的铺贴顺序，一般先贴阴（阳）三角条再贴墙面，即先铺贴一侧墙面釉面砖，再铺贴阴(阳)三角条，然后铺另一侧墙面釉面砖。这样阴(阳)三角条比较容易与墙面吻合。

镶贴墙面时，应先贴大面，后贴阴阳角、凹槽等费工多、难度大的部位。

2)顶棚镶贴要点。镶贴前，应把墙上的水平线翻到墙顶交接处(四边均弹水平线)，校核顶棚方正情况，阴阳角应找直，并按水平线将顶棚找平。如墙与顶棚全贴釉面砖时，则房间要求规方、阴阳角均应方正，墙与顶棚交接成90°。排砖时，非整砖条应留在同一方向，使墙顶砖缝交圈。镶贴时应先贴标志块，间距一般为1.2 m。镶贴时，如顶板潮湿瓷砖下垂，可用竹片临时支撑。其他与镶贴墙面同。

3)池槽镶贴要点。拟镶贴瓷砖的混凝土池槽不得有渗水和破裂现象。

镶贴前，应按设计要求找出池槽的规格尺寸和校核方正情况。

在池槽与墙面衔接处，需待池槽镶贴完毕后，再镶贴池槽周边墙上的瓷砖。

瓷砖加条应在同一方向，里外缝必须交圈。

其他与镶贴墙面同。

瓷砖镶贴完毕后，用清水或布、棉丝清洗干净，用同色水泥浆擦缝。全部工程完成后，要根据不同污染情况，用棉丝、砂纸清理或用稀盐酸刷洗，并用清水紧跟冲刷。

(2)聚合物水泥砂浆镶贴。

1)聚合物水泥砂浆镶贴。在水泥砂浆(水泥：砂=1：2，体积比)中，掺入2%～3%水泥质量的108胶(先用两倍108胶用量的水稀释，然后加入搅拌均匀的水泥砂浆中)，继续搅拌，其稠度为6～8 cm。

镶贴时，用铲刀将聚合物水泥砂浆均匀涂抹在釉面砖背面，厚度不大于5 mm，四周刮成斜面，按线就位，用手轻压，然后用橡皮锤轻轻敲击，使其与底层贴紧，并用靠尺找平。

2)聚合物水泥浆镶贴。将水泥：108胶：水=100：5：26的聚合物水泥浆满刮砖背面，镶贴后用手轻压，并用橡皮锤轻轻敲击。注意：随时用棉丝将挤出的浆液擦净，镶贴好的釉面砖不要碰撞，防止错动。

3)工具式镶贴。采用108胶水泥浆镶贴釉面砖时，可以采用工具式镶贴法。

工具式镶贴法，在墙面的下端钉一水平木条，另备一木质直尺搁置在水平木条上并沿其滑动，木条上的分格条移动的轨迹必须与水平木条平行，直尺每移动一次的距离，等于一块釉面砖的宽度加接缝宽度，这样直尺垂直方向的铅垂线与分格条的水平轨迹线，即相交成与釉面砖尺寸相当的方格，从而保证釉面砖在墙面上的正确位置。

4)采用胶粘剂(SG8407)镶贴。调制粘结浆料，采用强度42.5级及以上普通硅酸盐水泥加入SG8407胶液拌合至适宜施工的稠度即可，不要加水。当粘结层厚度大于3 mm时，应加砂子，水泥和砂子的比例为1：1～1：2，砂子采用通过ϕ2.5 mm筛子的干净中砂。

用单面有齿铁板的平口一面(或用钢板抹子)，将粘结浆料横刮在墙面基层上，然后再用铁板有齿的一面在已抹上的粘结浆料上，直刮出一条条的直棱。

铺贴第一条瓷砖，随即用橡皮锤逐块轻轻敲实。

将适当直径的尼龙绳(以不超过瓷砖的厚度为宜)放在已铺贴的面砖上方的灰缝位置(也可用工具式铺贴法)。

紧靠在尼龙绳上，铺贴第二皮瓷砖。

用直尺靠在面砖顶上，检查面砖上口水平，再将直尺放在面砖平面上，检查平面凹凸情况，如发现有不平整处，随即纠正。

如此循环操作，尼龙绳逐皮向上盘，面砖自下而上逐皮铺贴，隔1～2 h，即可将尼龙绳拉出。

每铺贴2～3皮瓷砖，用直尺或线坠检查垂直偏差，并随时纠正。

铺贴完瓷砖墙面后，必须从整个墙面检查一下平整、垂直情况。发现缝不直，宽窄不匀时，应进行调缝，并把调缝的瓷砖再进行敲实，避免空鼓。

贴完瓷砖后 3～4 d，可进行灌浆擦缝。把白水泥加水调成粥状，用长毛刷蘸白水泥浆在墙面缝子上刷，待水泥逐渐变稠时用布将水泥擦去。将缝子擦均匀，防止出现漏擦等现象。

2. 外墙面砖镶贴

(1)传统方法镶贴。

1)分层做法。

①7 mm 厚 1∶3 水泥砂浆打底划毛。

②12～15 mm 厚 1∶0.2∶2(水泥∶石灰膏∶砂)混合砂浆粘结层。

③镶贴面砖。

2)镶贴要点。

底子灰抹完后，一般养护 1～2 d 方可镶贴面砖。

根据设计要求，统一弹线分格、排砖，一般要求横缝与磋脸或窗台平齐。如按整块分格，可采取调整砖缝大小解决，确定缝子的大小做米厘条(嵌缝条)，一般宜控制在 8～10 mm。根据弹线分格在底子灰上从上到下弹上若干水平线。竖向要求阳角窗口都是整块，并在底子灰上弹上垂直线。

突出墙面的部位，如窗台、腰线阳角及滴水线等，正面面砖要往下突出 3 mm 左右，底面面砖要留有流水坡度。

用面砖做灰饼，找出墙面、柱面、门窗套等横竖标准，阳角处要双面排直，灰饼间距不应大于 1.5 m。

镶贴时，在面砖背后满铺粘结砂浆，镶贴后，用小铲把轻轻敲击，使之与基层粘结牢固，并用靠尺、方尺随时找平找方。贴完一皮后须将砖上口灰刮平，每天下班前须清理干净。

在与抹灰交接的门窗套、窗心墙、柱子等处应先抹好底子灰，然后镶贴面砖。罩面灰可在面砖镶贴后进行。面砖与抹灰交接处做法可按设计要求处理。

缝子的米厘条(嵌缝条)应在镶贴面砖次日(也可在当天)取出，并用水洗净继续使用。在面砖镶贴完成一定流水段落后，立即用 1∶1 水泥砂浆(砂子需过窗纱筛)勾缝。

整个工程完工后，可用浓度 10％稀盐酸刷洗表面，并随即用水冲洗干净。

(2)采用粉状面砖胶粘剂镶贴。

1)基层处理和弹线分格，与传统镶贴相同。

2)拌合胶粘剂。以粉状胶粘剂∶水＝(2.5～3)∶1(体积比)调制，稠度 2～3 cm。放置 10～15 min，再充分搅拌均匀即可使用。

每次拌合数量不宜过多，一般以使用 2～3 h 为宜。已硬结的胶粘剂不得使用。

3)镶贴要点。

①镶贴可采用以下三种方法：

将米厘条贴在水平线上，将胶粘剂均匀抹在底子灰上(厚 1.5～2 mm，以 1 m² 一次为宜)，同时在面砖背面刮 1.5～2 mm 厚胶粘剂，将面砖靠米厘条粘贴，轻轻揉挤后找平找直。然后在已贴好的面砖上皮粘米厘条，如此由下而上逐皮粘贴面砖。

粘贴米厘条后将胶粘剂用边缘开槽的齿抹子抹在底子灰上，使胶面成网状。然后将面砖靠米厘条依次粘贴，轻轻揉压。

在面砖背面抹 3～4 mm 厚胶粘剂，将面砖靠在已贴好的米厘条直接贴到墙面底子灰上，轻轻揉压，调平、找平。此方法适用于面砖背面凹槽较深的情况。

②水平缝宽度用米厘条控制，每贴一皮面砖，均要粘贴一次米厘条，依次顺序进行。胶粘剂的厚度应控制在 3～4 mm，不得过厚或过薄。

米厘条宜在当天取出，用水洗净后继续使用。

③面砖贴完 5～10 min 后，可用钢片开刀矫正，调整缝隙。

④贴完一个流水段后，即可用 1:1 的水泥砂浆(砂子应过窗纱筛)先勾水平缝，再勾竖缝。缝子应凹进面砖 2～3 mm。若竖缝为干挤缝或小于 3 mm，应用水泥做擦缝处理。勾缝后，应用棉丝将砖面擦干净。

3. 陶瓷马赛克镶贴

陶瓷马赛克可用于内、外墙饰面。

(1)传统方法镶贴。

1)分层做法。

①12～15 mm 厚 1:3 水泥砂浆分层打底找平。

②刷素水泥浆一道。

③2～3 mm 厚 1:0.3 水泥纸筋灰或 3 mm 厚 1:1 水泥浆(砂过窗纱筛，掺 2% 乳胶)粘结层分层抹平。

④薄薄抹一层 1:0.3 水泥纸筋粘结灰浆。

⑤镶贴陶瓷马赛克。

2)施工要点。施工前应按照设计图案要求及图纸尺寸，核实墙面的实际尺寸，根据排砖模数和分格要求，绘制出施工大样图，并加工好分格条。

事先挑选好陶瓷马赛克，并统一编号，便于镶贴时对号入座。

抹底子灰有关挂线、贴灰饼、冲筋、刮平等施工要点同"抹灰工程"中的水泥砂浆。底子灰要绝对平整，阴阳角垂直方正，抹完后划毛并浇水养护。

外墙镶贴前，应对各窗心墙、砖跺等处事先测好中心线、水平线和阴阳角垂直线，楼房四角吊出通长垂直线，贴好灰饼，对不符合要求、偏差较大的部位，要预先剔凿或修补，作为排列陶瓷马赛克的依据，防止发生分格缝不均匀或阳角处不够整砖的问题。

抹底子灰后，应根据大样图在底子灰上从上到下弹出若干水平线，在阴阳角、窗口处弹上垂直线，作为粘结陶瓷马赛克时控制的标准线。

镶贴陶瓷马赛克时，根据已弹好的水平线稳好平尺板，然后在已润湿的底子灰上刷素水泥浆一道，再抹结合层，并用靠尺刮平。同时将陶瓷马赛克铺放在木垫板上，底面朝上缝里撒灌 1:2 干水泥砂，并用软毛刷子刷净底面浮砂，薄薄涂上一层粘结灰浆，然后逐张拿起，清理四边余灰，按平尺板上口，由下往上随即往墙上粘贴。另一种方法是将水泥砂浆结合层直接抹在纸板上，用抹子初步找平 2～3 mm 厚，进行粘结。缝子要对齐，随时调整缝子的平直和间距，贴完后，将分格米厘条放在上口再继续贴第二组。

粘贴后的陶瓷马赛克，要用拍板靠放已贴好的陶瓷马赛克上用小锤敲击拍板，满敲一遍使其粘结牢固。然后用软毛刷将陶瓷马赛克护纸刷水湿润，约半小时后揭纸，揭纸应从上往下揭。揭纸后检查缝平直大小情况，凡弯弯扭扭的缝必须用开刀拨正调直，然后普遍用小锤敲击一遍，再用刷子带水将缝里的砂刷出，用湿布擦净陶瓷马赛克面，必要时可用小水壶由上往下浇水冲洗。

粘贴后 48 h，除了起出分格米厘条的大缝用 1:1 水泥砂浆勾严外，其他小缝均用素水泥浆擦缝。色浆的颜色按设计要求。

用陶瓷马赛克镶贴门窗套、窗心墙等，与抹灰面层交接的做法，以及整个工程完工后表面刷洗方法均与镶贴面砖同。

工程全部完成后，应根据不同污染程度用稀盐酸刷洗，紧接着用清水冲刷。

(2)采用建筑胶粘剂(AH-05)镶贴。

1)基层处理及测量放线与传统方法要求相同。

2)用胶水：水泥＝1：(2～3)配料，在墙面上抹厚度 1 mm 左右的粘结层，并在弹好水平线的下口支设垫尺。

3)将马赛克铺在木垫板上，麻面朝上，将胶粘剂刮于缝内，并薄薄留一层面胶。随即将马赛克贴在墙上，并用拍板满敲一遍，敲实、敲平。

4)粘贴时注意事项。

①一般由阴、阳角开始粘贴，由上往下粘贴，要按弹好的横线粘贴。

②窗口的上侧必须有滴水线，可采取挖掉一条马赛克做法，里边线必须比外边线高 2～3 mm。窗台口必须有流水线，当设计无要求时，则里边线比外边线高 2～5 mm。

③窗口如有贴脸和门窗套时，可离 3～5 mm；如没有，一律离口 2～3 mm。凡门窗口边马赛克，一律采取大边压小边做法。

5)贴完马赛克 0.5～1 h，可在马赛克纸上刷水浸透 20～30 min 后开始揭纸。揭纸后，立即顺直缝。顺直时要先横后竖。对于缺胶的小块，应补胶粘贴后拍实、拍平。

6)根据设计要求或马赛克的颜色，用白水泥与颜料配制成腻子，边嵌入缝内，边用擦布擦平。最后进行表面清洁。

4. 玻璃马赛克镶贴

玻璃马赛克与陶瓷马赛克从材质、成品断面和表面特征上均不相同。玻璃马赛克背面（粘贴面）略呈凹形，且有条棱，四周呈楔形斜面，这样虽能增加与基层的粘结力，又能使每小块之间粘结成整体，但也容易缺棱掉角，多用于外墙饰面。其施工工艺有它自己的特点。

(1)施工工艺流程。

施工准备→清理刷洗基层→刮腻子灰→拉通线、找规矩、做标志→分层刮糙找平→上下固定木靠尺→抹砂浆结合层→弹线、分格→涂抹水泥浆→在马赛克背面涂抹水泥浆→铺贴马赛克→刷水湿润护纸→揭纸→拨缝→擦缝、清洗。

(2)操作要求。

1)施工准备。认证会审图纸，做出各种样板，确定施工方案。为保证接缝平直，使用前应对马赛克逐张挑选，剔除缺棱掉角严重或尺寸偏差过大的产品，然后按纸皮规格重新分类装箱备用。其余与陶瓷马赛克施工相同。

2)基层处理。与一般抹灰相同。凡是光滑平整附有脱模剂的混凝土面层，应先用 10%浓度的火碱溶液清洗，再用钢丝刷及清水将污垢刷去，然后用 1：1 水泥砂浆刮 3 mm 厚腻子灰一道，为增加粘结力，腻子灰中可掺水泥质量 3%～5%的乳胶液或适量 108 胶，腻子灰刮完养护 12～24 h 后，抹找平层；另外，亦采用 YJ-302 型界面处理剂，现场随用随配，配合比（质量比）为甲份：乙份：石英粉(60～120 目)＝1：(2.5～3)：(7～9)，均匀深刷，趁未干抹水泥砂浆。界面剂的有效使用时间为 60～90 min。

①弹分格缝。马赛克墙面设计一般均留有横、竖向分格缝，如设计无要求时，施工也应增设分格缝。分格缝的大小可以马赛克的尺寸模数调整。一般每张尺寸为 308 mm×308 mm，每张之间缝隙为 2 mm，排板模数为 310 mm。每一小粒马赛克背面尺寸近似 18 mm×18 mm。粒与粒之间缝隙 2 mm，每粒铺贴模数可取 20 mm。

②墙面浇水后抹结合层。结合层用强度等级 42.5 级或 42.5 级以上普通硅酸盐水泥净浆，水灰比 0.32，厚度 2 mm。待结合层手按无坑，只能留下清晰指纹时为最佳铺贴时间。

③弹线后铺贴。首先按标志钉做出铺贴横、竖控制线。把玻璃马赛克背面朝上平放在木垫板上，并在其背面薄薄涂抹一层水泥浆，刮浆闭缝。水泥浆的水灰比为 0.32，厚度为 1～2 mm。然后将玻璃马赛克与基层灰牢固粘结。如在铺贴后版与版的横、竖缝间出现误差，

可用木拍板赶缝，进行调整。

④洒水湿纸、揭纸。铺贴后，待水泥初凝后将护面纸刷水润透，由上而下轻轻揭纸。然后用软毛刷刷净残余纸痕和胶水。

⑤擦缝、清洗。揭纸后，对不饱满的缝隙用相同水泥浆擦缝。待表面干燥后以及水泥浆快干时，再用干棉丝擦拭一遍，然后用清水冲洗干净。

2.3.3.3 外墙饰面砖成品保护措施

(1)拆除脚手架时，要注意不要磕碰墙面。

(2)门窗口处应有防护措施，铝合金门窗框塑料膜保护好。完工后，残留在门窗框上的水泥砂浆应及时清理干净。

(3)各抹灰层在凝固前应有防风、防暴晒、防水冲和防振动的措施，以保证各层粘结牢固及有足够的强度。

(4)防止水泥浆、涂料、颜料、油漆等液体污染饰面砖墙面，要教育施工人员注意不要在已做好的饰面砖墙面上乱写乱画或脚蹬、手摸等，以免污染墙面。

2.3.3.4 外墙饰面砖安全与环保措施

(1)脚手架上不得堆放重物，操作工具应防止跌落。

(2)外墙饰面砖施工前浸水，一定要用清水浸泡，防止面砖污染。

(3)夏期施工时应搭设通风凉棚防止暴晒及采取其他可靠、有效的措施。

(4)冬期施工时，砂浆使用温度不能低于5℃；当低于此温度时应采取防冻措施。可以在砂浆内适量掺入能降低冻结温度的外加剂，同时砂浆内的石灰膏和108胶不能使用，可采用同体积的粉煤灰代替或直接改用水泥砂浆抹灰，以防灰层早期受冻。

2.3.3.5 外墙饰面砖施工质量通病及防治措施

1. 外墙面砖出现雨水渗漏

产生原因：墙面线条过多，雨水自上而下流淌不畅；外墙砖的选用没有考虑吸水性；外墙找平层如一次成活，抹灰过厚，产生空鼓、开裂、砂眼等。

防治措施：外墙饰面砖工程应有专项设计，并要出节点大样图。对于墙面凹凸易存水的部位应采用防水和排水设计；精心施工结构层和找平层，保证其表面平整度和密实度。外墙镶贴瓷砖一般不采用密缝，接缝宽度不小于5 mm，缝的深度不大于3 mm。

2. 空鼓、脱落和裂缝

产生原因：基层没清理干净；施工前墙面没有洒水湿透；面砖使用前没有用水浸泡或浸泡时间不足；面砖粘结砂浆过厚或过薄；粘结砂浆或水泥膏水灰比过大，水分过度蒸发而发生空鼓或脱落；使用了不合格的水泥(安定性不合格)；冬期施工受冻；基层过于光滑。

防治措施：施工时，基层必须清理干净，表面修补平整，墙面洒水湿透。面砖使用前必须用水浸泡不少于2 h，取出晾干方可粘贴。面砖粘结砂浆过厚或过薄均易产生空鼓，厚度一般控制为7~10 mm。必要时可以加入适量108胶，增加砂浆粘结力。混凝土基层过于光滑时抓不住灰，要进行凿毛或拉毛、甩毛处理。

3. 接缝不平直、缝隙不均匀

产生原因：没有做好预排弹线分格；选砖时没有注意好规格；施工中没有进行水平垂直校正。

防治措施：施工前做好预排弹线，选砖时注意将同一规格的砖归类在一起，在施工中随干随对面砖用线坠校正，做到"横平竖直"。

4. 墙面色泽不均匀

产生原因：外墙面砖使用的是同色号但不同批次的砖；外墙砖密度过低；完工后的成品

保护不好。

防治措施：外墙面砖在进行施工时，应在同一立面墙体上使用同色号、同批次的产品，保证颜色一致，不出现色差；在选砖的时候选择密度大、吸水率低的面砖，施工前用清水充分浸泡；施工中不能向脚手架上倾倒污水。

2.3.4　饰面板(砖)工程质量验收标准

2.3.4.1　一般规定

(1)饰面板(砖)工程验收时应检查下列文件和记录：

1)饰面板(砖)工程的施工图、设计说明及其他设计文件。

2)材料的产品合格证书、性能检测报告、进场验收记录和复验报告。

3)后置埋件的现场拉拔检测报告。

4)外墙饰面砖样板件的粘结强度检测报告。

5)隐蔽工程验收记录。

6)施工记录。

(2)饰面板(砖)工程应对下列材料及其性能指标进行复验：

1)室内用花岗石的放射性。

2)粘贴用水泥的凝结时间、安定性和抗压强度。

3)外墙陶瓷面砖的吸水率。

4)寒冷地区外墙陶瓷面砖的抗冻性。

(3)饰面板(砖)工程应对下列隐蔽工程项目进行验收：

1)预埋件(或后置埋件)。

2)连接节点。

3)防水层。

(4)各分项工程的检验批应按下列规定划分：

1)相同材料、工艺和施工条件的室内饰面板(砖)工程每50间(大面积房间和走廊按施工面积30 m²为一间)应划分为一个检验批，不足50间也应划分为一个检验批。

2)相同材料、工艺和施工条件的室外饰面板(砖)工程每500~1 000 m²应划分为一个检验批，不足500 m²也应划分为一个检验批。

(5)检查数量应符合下列规定：

1)室内每个检验批应至少抽查10％，并不得少于3间；不足3间时应全数检查。

2)室外每个检验批每100 m²应至少抽查一处，每处不得小于10 m²。

(6)外墙饰面砖粘贴前和施工过程中，均应在相同基层上做样板件，并对样板件的饰面砖粘结强度进行检验，其检验方法和结果判定应符合《建筑工程饰面砖粘结强度检验标准》(JGJ 110—2008)的规定。

(7)饰面板(砖)工程的抗震缝、伸缩缝、沉降缝等部位的处理应保证缝的使用功能和饰面的完整性。

2.3.4.2　饰面板工程

本内容适用于内墙饰面板安装工程和高度不大于24 m、抗震设防烈度不大于7度的外墙饰面板安装工程的质量验收。

1. 主控项目

(1)饰面板的品种、规格、颜色和性能应符合设计要求，木龙骨、木饰面板和塑料饰面板的燃烧性能等级应符合设计要求。

检验方法：观察；检查产品合格证书、进场验收记录和性能检测报告。

(2)饰面板孔、槽的数量、位置和尺寸应符合设计要求。

检验方法：检查进场验收记录和施工记录。

(3)饰面板安装工程的预埋件(或后置埋件)、连接件的数量、规格、位置、连接方法和防腐处理必须符合设计要求。后置埋件的现场拉拔强度必须符合设计要求。饰面板安装必须牢固。

检验方法：手扳检查；检查进场验收记录、现场拉拔检测报告、隐蔽工程验收记录和施工记录。

2. 一般项目

(1)饰面板表面应平整、洁净、色泽一致，无裂痕和缺损。石材表面应无泛碱等污染。

检验方法：观察。

(2)饰面板嵌缝应密实、平直，宽度和深度应符合设计要求，嵌填材料色泽应一致。

检验方法：观察；尺量检查。

(3)采用湿作业法施工的饰面板工程，石材应进行防碱背涂处理。饰面板与基体之间的灌注材料应饱满、密实。

检验方法：用小锤轻击检查；检查施工记录。

(4)饰面板上的孔洞应套割吻合，边缘应整齐。

检验方法：观察。

(5)饰面板安装的允许偏差和检验方法应符合表2-11的规定。

表 2-11 饰面板安装的允许偏差和检验方法

项次	项目	允许偏差/mm							检验方法
		石材			瓷板	木材	塑料	金属	
		光面	剁斧石	蘑菇石					
1	立面垂直度	2	3	3	2	1.5	2	2	用2m垂直检测尺检查
2	表面平整度	2	3	—	1.5	1	3	3	用2m靠尺和塞尺检查
3	阴阳角方正	2	4	4	2	1.5	3	3	用直角检测尺检查
4	接缝直线度	2	4	4	2	1	1	1	拉5m线，不足5m拉通线，用钢直尺检查
5	墙裙、勒脚上口直线度	2	3	3	2	2	2	2	拉5m线，不足5m拉通线，用钢直尺检查
6	接缝高低差	0.5	3	—	0.5	0.5	1	1	用钢直尺和塞尺检查
7	接缝宽度	1	2	2	1	1	1	1	用钢直尺检查

2.3.4.3 饰面砖工程

本内容适用于内墙饰面砖粘贴工程和高度不大于100 m、抗震设防烈度不大于8度、采用满粘法施工的外墙饰面砖粘贴工程的质量验收。

1. 主控项目

(1)饰面砖的品种、规格、图案、颜色和性能应符合设计要求。

检验方法：观察；检查产品合格证书、进场验收记录、性能检测报告和复验报告。

(2)饰面砖粘贴工程的找平、防水、粘结和勾缝材料及施工方法应符合设计要求及国家现行产品标准和工程技术标准的规定。

检验方法：检查产品合格证书、复验报告和隐蔽工程验收记录。

(3)饰面砖粘贴必须牢固。

检验方法：检查样板件粘结强度检测报告和施工记录。

(4)满粘法施工的饰面砖工程应无空鼓、裂缝。

检验方法：观察；用小锤轻击检查。

2. 一般项目

(1)饰面砖表面应平整、洁净、色泽一致，无裂痕和缺损。

检验方法：观察。

(2)阴阳角处搭接方式、非整砖使用部位应符合设计要求。

检验方法：观察。

(3)墙面突出物周围的饰面砖应整砖套割吻合，边缘应整齐。墙裙、贴脸突出墙面的厚度应一致。

检验方法：观察；尺量检查。

(4)饰面砖接缝应平直、光滑，填嵌应连续、密实；宽度和深度应符合设计要求。

检验方法：观察；尺量检查。

(5)有排水要求的部位应做滴水线(槽)。滴水线(槽)应顺直，流水坡向应正确，坡度应符合设计要求。

检验方法：观察；用水平尺检查。

(6)饰面砖粘贴的允许偏差和检验方法应符合表 2-12 的规定。

表 2-12　饰面砖粘贴的允许偏差和检验方法

项次	项目	允许偏差/mm		检验方法
		外墙面砖	内墙面砖	
1	立面垂直度	3	2	用 2 m 垂直检测尺检查
2	表面平整度	4	3	用 2 m 靠尺和塞尺检查
3	阴阳角方正	3	3	用直角检测尺检查
4	接缝直线度	3	2	拉 5 m 线，不足 5 m 拉通线，用钢直尺检查
5	接缝高低差	1	0.5	用钢直尺和塞尺检查
6	接缝宽度	1	1	用钢直尺检查

思考题

1. 一般抹灰按建筑物使用标准不同分为哪三级？它们之间有什么主要不同点？

2. 内墙抹灰的面层抹灰有几种做法？各自的主要特点如何？

3. 内墙抹灰常见的质量问题有哪些？

4. 不同基体的顶棚抹灰施工有什么要求？

5. 一般抹灰质量要求有哪些内容？

6. 装饰抹灰有几种传统做法？各适合用在什么墙面？

7. 幕墙装饰工程有哪几种基本形式？其各自的主要特点是什么？

8. 幕墙防火应符合哪些规定？

9. 石材板间的胶缝施工有何要求？

10. 简述石材幕墙的安装质量要求及检验方法。

11. 青石板饰面安装应该做哪些准备工作？

12. 如何正确安装大理石或预制水磨石、磨光花岗石？

13. 如何进行金属板双面胶粘剂粘结固定法？

14. 内墙釉面砖安装连接处如何处理？

实训题

实训 1

题目： L 形墙体一般抹灰施工，如图 2-12 所示。

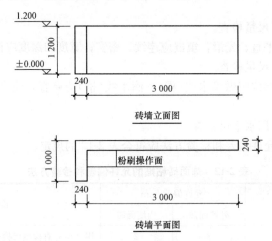

图 2-12 L 形清水墙体

完成时间： 4 小时。

操作人数： 1 人。

工具与材料准备：

(1)材料：石灰砂浆 0.5 m³。

(2)主要机械设备：灰浆搅拌机等。

(3)工具：铁抹子、木抹子、阴角抹子、阳角抹子、托灰板、刮杠、方尺、靠尺、塞尺、钢筋卡子、托线板、线坠、麻线、钢尺等。

检测项目及评分标准见表 2-13。

表 2-13　检测项目及评分标准

序号	检测项目	允许偏差	评分标准	标准分 100	检测点 1	2	3	4	5	得分
1	施工工艺		基层处理(5分)	25						
			贴饼、冲筋(10分)							
			抹底层灰及抹面层灰(10分)							

序号	检测项目	允许偏差	评分标准	标准分 100	检测点 1	2	3	4	5	得分
2	立面垂直度	4 mm	超过 4 mm 每处扣 1 分，三处以上超过 4 mm 或一处超过 6 mm 本项无分	15						
3	表面平整度	4 mm	超过 4 mm 每处扣 2 分，三处以上超过 4 mm 或一处超过 6 mm 本项无分	15						
4	阴阳角方正	4 mm	超过 4 mm 每处扣 1 分，三处以上超过 4 mm 或一处超过 6 mm 本项无分	5						
5	分格条(缝)直线度	4 mm	超过 4 mm 每处扣 2 分，三处以上超过 4 mm 或一处超过 6 mm 本项无分	10						
6	工具使用与维护	正确使用与维护	施工前准备，施工中正确使用，完工后正确维护	10						
7	安全文明施工		不遵守安全操作规程、工完场不清或有事故本项无分	10						
8	工效	规定时间	按规定时间每少完成 0.2 m² 扣 2 分	10						
总分										

实训 2

题目：一形墙体一般抹灰施工，如图 2-13 所示。

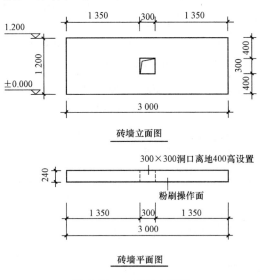

砖墙立面图

300×300洞口离地400高设置

粉刷操作面

砖墙平面图

图 2-13　一形清水墙体

完成时间：4 小时。

操作人数：1人。

工具与材料准备：

(1)材料：石灰砂浆 0.5 m³。

(2)主要机械设备：灰浆搅拌机等。

(3)工具：铁抹子、木抹子、阴角抹子、阳角抹子、托灰板、刮杠、方尺、靠尺、塞尺、钢筋卡子、托线板、线坠、麻线、钢尺等。

检测项目及评分标准见表 2-14。

表 2-14　检测项目及评分标准

序号	检测项目	允许偏差	评分标准	标准分 100	检测点					得分
					1	2	3	4	5	
1	施工工艺		基层处理(5分)	25						
			贴饼、冲筋(10分)							
			抹底层灰及抹面层灰(10分)							
2	立面垂直度	4 mm	超过 4 mm 每处扣 1 分，三处以上超过 4 mm 或一处超过 6 mm 本项无分	15						
3	表面平整度	4 mm	超过 4 mm 每处扣 2 分，三处以上超过 4 mm 或一处超过 6 mm 本项无分	15						
4	阴阳角方正	4 mm	超过 4 mm 每处扣 1 分，三处以上超过 4 mm 或一处超过 6 mm 本项无分	5						
5	分格条(缝)直线度	4 mm	超过 4 mm 每处扣 2 分，三处以上超过 4 mm 或一处超过 6 mm 本项无分	10						
6	工具使用与维护	正确使用与维护	施工前准备，施工中正确使用，完工后正确维护	10						
7	安全文明施工		不遵守安全操作规程、工完场不清或有事故本项无分	10						
8	工效	规定时间	按规定时间每少完成 0.2 m² 扣 2 分	10						
总分										

实训 3

题目：矩形(3 m×2 m 内留 $d=150$ mm 圆孔)楼(地)面花岗石板铺贴，如图 2-14 所示。

完成时间：4 小时。

操作人数：1人。

工具与材料准备：

(1)材料：500 mm×500 mm 花岗石板 27 块，1∶3 水泥砂浆 0.5 m³。

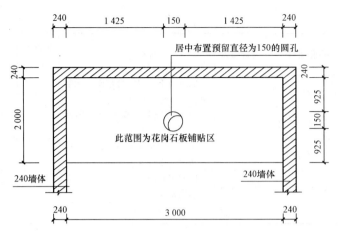

居中布置预留直径为150的圆孔

此范围为花岗石板铺贴区

240墙体

240墙体

楼面（地面）平面图

图 2-14　花岗石板楼(地)面平面图

(2)工具：砂轮切割机、铁抹子、橡皮锤、钢尺、水平尺、靠尺、塞尺、6 m线等。
检测项目及评分标准见表2-15。

表 2-15　检测项目及评分标准

序号	检测项目	允许偏差	评分标准	标准分 100	检测点 1	2	3	4	5	得分
1	花岗石板选材		表面洁净、平整、质地坚硬、棱角齐全、色泽均匀、规格一致	5						
2	铺贴工艺		清除基层表面积灰、油污及杂物(5分)	25						
			检查基层平整度并补平(5分)							
			找标高弹线(5分)							
			按设计要求试拼、试排并编号(5分)							
			铺贴花岗石板(5分)							
			灌缝、擦缝(5分)							
3	表面平整度	1 mm	超过1 mm每处扣2分，三处以上超过2 mm或一处超过3 mm本项无分(1分)	10						
4	缝格平直	2 mm	超过2 mm每处扣2分，三处以上超过4 mm或一处超过6 mm本项无分	10						
5	接缝高低差	0.5 mm	超过0.5 mm每处扣2分，三处以上超过1 mm或一处超过2 mm本项无分	10						
6	板块间隙宽度	1 mm	超过1 mm每处扣2分，三处以上超过2 mm或一处超过3 mm本项无分	10						
7	表面清洁		表面不清洁本项无分	5						

续表

序号	检测项目	允许偏差	评分标准	标准分 100	检测点 1	2	3	4	5	得分
8	结合牢固		面层与下一层结合牢固，无空鼓，有空鼓每处扣2分	5						
9	工具使用与维护	正确使用与维护	施工前准备，施工中正确使用，完工后正确维护	5						
10	安全文明施工		不遵守安全操作规程、工完场不清或有事故本项无分	5						
11	工效	规定时间	按规定时间每少完成1片花岗石铺贴量扣1分	10						
总分										

实训 4

题目：矩形(4 m×2 m)楼(地)面花岗石板已铺贴完毕，如图 2-15 所示，请检查其施工质量(检测项目按国家规范要求自行列出)。

完成时间：2 小时。

操作人数：1 人。

工具与材料准备：钢尺、水平尺、靠尺、塞尺、小锤、6 m线等。

检测项目及评分标准见表 2-16。

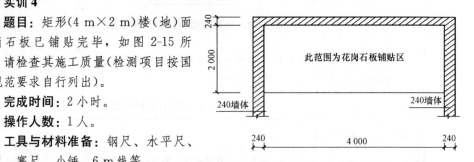

图 2-15　矩形楼(地)面花岗石板平面图

表 2-16　检测项目及评分标准

序号	检测项目	允许偏差	评分标准	标准分 100	检测点 1	2	3	4	5	得分
1				5						
2				5						
3				5						
4				5						
5				5						
6				5						
7				5						
8				5						
9			检查方法正确、使用工具正确，每个检测项目检查5个点(其他检测项目分数平均)	5						
10				5						
11				5						
12				5						
13				5						
14				5						
15				5						
16				5						
17				5						
18				5						
19				5						
20				5						
总分										

实训 5

题目：一形墙面，1 600 mm(宽)×1 200 mm(高)，内墙釉面砖镶贴。

完成时间：4 小时。

操作人数：1 人。

工具与材料准备：

(1)材料：釉面砖，规格 200 mm×300 mm，35 块，水泥浆 0.2 m³。

(2)工具：泥刀、灰桶、墨斗、钢尺、检测尺、靠尺、塞尺、线坠、橡皮锤、6 m 线。

检测项目及评分标准见表 2-17。

表 2-17　检测项目及评分标准

序号	检测项目	允许偏差	评分标准	标准分 100	检测点 1	2	3	4	5	得分
1	釉面砖选材及准备工作		面砖应边角整齐(2分)	15						
			无掉角、裂纹、夹层(3分)							
			颜色均匀(2分)							
			规格一致(2分)							
			面砖清扫干净(1分)							
			浸泡、晾干或擦干(5分)							
2	镶贴釉面砖		基层处理(5分)	35						
			浇水湿润基层(5分)							
			按墙面实际预排、弹线(10分)							
			釉面砖镶贴(10分)							
			釉面砖擦缝、清理(5分)							
3	立面垂直度	2 mm	超过2 mm每处扣1分，三处以上超过2 mm或一处超过4 mm本项无分(1分)	5						
4	表面平整度	3 mm	超过2 mm每处扣1分，三处以上超过2 mm或一处超过4 mm本项无分(1分)	5						
5	接缝直线度	2 mm		5						
6	接缝高低度	0.5 mm	超过0.5 mm每处扣1分，三处以上超过2 mm或一处超过4 mm本项无分(1分)	5						
7	接缝宽度	1 mm	超过1 mm每处扣1分，三处以上超过2 mm或一处超过4 mm本项无分(1分)	5						
8	工具使用与维护	正确使用与维护	施工前准备，施工中正确使用，完工后正确维护	5						

续表

序号	检测项目	允许偏差	评分标准	标准分 100	检测点					得分
					1	2	3	4	5	
9	安全文明施工		不遵守安全操作规程、工完场不清或有事故本项无分	10						
10	工效	规定时间	按规定时间每少完成 5 片釉面砖铺贴量扣 1 分	10						
总分										

实训 6

题目： L 形墙面，3 000 mm（宽）×1 200（高）釉面砖镶贴已施工完毕，如图 2-16 所示，请检查其施工质量（检测项目按国家规范要求自行列出）。

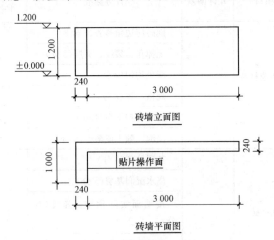

图 2-16　L 形墙体釉面砖镶贴

完成时间： 2 小时。

操作人数： 1 人。

工具与材料准备： 钢尺、检测尺、靠尺、塞尺、线坠、小锤、6 m 线，施工规范。
检测项目及评分标准见表 2-18。

表 2-18　检测项目及评分标准

序号	检测项目	允许偏差	评分标准	标准分 100	检测点					得分
					1	2	3	4	5	
1				5						
2				5						
3			检查方法正确、使用工具正确，每个检测项目检查 5 个点（检测项目分数平均）	5						
4				5						
5				5						
6				5						
7				5						

序号	检测项目	允许偏差	评分标准	标准分 100	检测点 1	2	3	4	5	得分
8				5						
9				5						
10				5						
11				5						
12				5						
13			检查方法正确、使用工具正确,每个检测项目检查5个点(检测项目分数平均)	5						
14				5						
15				5						
16				5						
17				5						
18				5						
19				5						
20				5						
总分										

实训 7

题目:一字形墙面,2 000 mm(宽)×1 200 mm(高),釉面砖镶贴已施工完毕,请检查其施工质量(检测项目按国家规范要求自行列出)。

完成时间:2 小时。

操作人数:1 人。

工具与材料准备:钢尺、检测尺、靠尺、塞尺、线坠、小锤、6 m 线,施工规范。

检测项目及评分标准见表 2-19。

表 2-19　检测项目及评分标准

序号	检测项目	允许偏差	评分标准	标准分 100	检测点 1	2	3	4	5	得分
1				5						
2				5						
3				5						
4				5						
5			检查方法正确、使用工具正确,每个检测项目检查5个点(检测项目分数平均)	5						
6				5						
7				5						
8				5						
9				5						
10				5						
11				5						

序号	检测项目	允许偏差	评分标准	标准分 100	检测点					得分
					1	2	3	4	5	
12				5						
13				5						
14				5						
15			检查方法正确、使用工具正确，每个检测项目检查5个点（检测项目分数平均）	5						
16				5						
17				5						
18				5						
19				5						
20				5						
总分										

学习情境 3
轻质隔墙工程施工

任务目标

1. 掌握常用隔墙的组成及分类。

2. 掌握隔墙的构造做法，能正确使用相关施工机具。

3. 掌握隔墙的施工工艺，并能够把握隔墙施工的技术要点，能有效地指导现场施工。

4. 掌握隔墙工程质量标准和验收方法。

学习单元 3.1　轻质隔墙的组成和分类

隔墙，顾名思义，就是分隔建筑物内部空间用的墙体。隔墙一般不承重，具有比重轻、强度高、墙体厚薄适中、安装容易、重复利用率高，而且兼具隔声、防潮、防火、环保等特点。不同功能的房间对于隔墙的要求也有所不同，如厨房的隔墙应具有耐火性能，而浴室的隔墙应具有防潮能力。隔墙按其选用的材料和构造的不同，可分为砌体隔墙、板材式隔墙、骨架式隔墙等。其中，板材式隔墙和骨架式隔墙属于轻质隔墙。

3.1.1　轻质隔墙的组成

轻质隔墙也称立筋式隔墙，是由骨架和面层组成。骨架主要采用木龙骨、轻钢龙骨、板材等材料；面层主要采用抹灰、轻质石膏板、木胶合板等材料，在其上进行装饰面层施工。

3.1.2　轻质隔墙的分类

轻质隔墙按材料和构造的不同可分为板材抹灰隔墙、钢板网抹灰隔墙、板材隔墙、木质隔墙、轻钢龙骨隔墙等。

1. 板材抹灰隔墙

板材抹灰隔墙是由上槛、下槛、强筋斜撑或横档组成木骨架，其上钉以板材再抹灰而成。抹灰应分层进行，以使粘结牢固，确保施工质量。每层的厚度不宜太大，每层厚度和总厚度要有一定的控制。各层厚度与使用砂浆品种有关，底层主要起与基层粘结作用，兼初步找平作用；中层主要是找平作用；面层主要起装饰和保护墙体的作用，如图 3-1 所示。

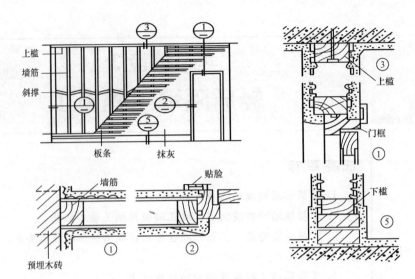

图 3-1　板材抹灰隔墙构造示意图

2. 钢板网抹灰隔墙

钢板网抹灰隔墙属于板材隔墙分项工程。可以直接在隔墙使用位置立好钢板网后抹水泥砂浆作隔墙板，也可采用轻钢龙骨（木骨架、角钢、槽钢及工字钢等）为骨架，与 $\phi 6$ mm 或 $\phi 8$ mm 钢筋相配合构成隔墙网格框架体，在其上敷设钢板网，然后进行抹灰。钢板网抹灰可以是双面抹灰，也可以在隔墙的一侧抹灰，外表面再进行最终的装饰。以轻钢龙骨作骨架的钢板网抹灰隔墙为例，轻钢骨架选用系列型材主件及配件，竖龙骨间距不大于 400 mm，在其上分段横向设置 $\phi 6$ mm 钢筋，固定钢板网后单面抹 25 mm 厚的水泥砂浆层，面层可贴瓷砖或按设计要求做其他饰面层。

（1）骨架安装及固定钢板网。钢板网抹灰隔墙中钢板网必须与周边主体结构牢固连接，要求铺敷平整、绷紧。

采用木骨架的隔墙，设上槛、下槛、靠墙立筋及中间各条立筋，立筋间距按设计要求一般为 300～400 mm，再设置横撑、斜撑等，构成隔墙木格栅。在格栅骨架上铺钉钢板网，要求钉牢、钉平，钢板网的接头必须钉牢在立筋上，且不得有钢板网翘边现象。木质隔墙的钢板网抹灰还有另一种做法，即采用板材墙，墙筋骨架安装同上。在骨架两面各钉板材，采用800 mm×24 mm×6 mm 的木板材时，其立筋间距为 400 mm；采用 1 200 mm×38 mm×9 mm 的木板材时，立筋间距为 600 mm；板材铺钉时在竖向可留 10～20 mm 的板缝，板材横向端边必须在立筋上相接。板材墙安装牢固且平整后装钉钢板网。前一种做法适用于钢板网厚度较大时的钉装，后一种做法适用于采用薄型钢板网的敷设。

隔墙钢骨架采用型钢或轻钢龙骨材料，由设计确定。在钢骨架上固定横向 $\phi 6$ mm 或 $\phi 8$ mm 钢筋，可采用焊接；钢板网的铺装可采用焊敷、绑扎或螺钉连接，要求铺敷平整、绷紧并牢固。

（2）钢板网抹灰。

1）采用水泥石灰混合砂浆：一般分三遍成活，底层用 1：2：1 水泥石灰砂浆，厚度为3～5 mm，挤入钢板网网眼中，随即用 1：0.5：4 水泥石灰砂浆薄压一遍；中层用 1：3：9水泥石灰砂浆找平，厚度为 7～9 mm；待中层砂浆凝结后，即采用麻刀石灰砂浆罩面，厚度为 2～3 mm。

2）采用水泥砂浆：水泥与中砂按 1：2.5 或 1：3 的配比拌制水泥砂浆，掺加适量麻丝或其他纤维材料，分层分遍涂抹于钢板网面。注意底层抹灰必须嵌入网眼内，确保抹灰层挂网粘结牢固。

3）采用石灰砂浆：石灰膏、砂并略掺麻刀，按设计配比拌制麻刀石灰砂浆，分层分遍涂抹。底层和中层每遍厚度宜为 3～6 mm，面层抹灰在赶平压实后的厚度不得大于 2 mm；并应注意各抹灰层均应在前一层抹灰七八成干时方可涂抹下一层砂浆，如图 3-2 所示。

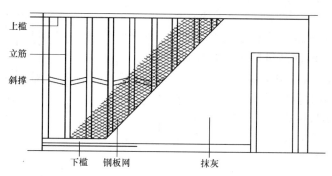

图 3-2 钢板网抹灰隔墙构造示意图

板材抹灰隔墙和钢板网抹灰隔墙是在板材或钢板网上进行抹灰，属于湿作业法。墙面抹灰的优点是材料来源丰富，便于就地取材，价格便宜，属于低档抹灰；缺点是劳动强度大，材料损耗大，工期长。因此，这种施工方法采用比较少，通常采用干作业法施工。

3. 板材隔墙

板材隔墙也叫条板隔墙，不需设置隔墙龙骨，由隔墙板自承重，是将预制或现制的隔墙板材直接固定于建筑主体结构上的隔墙，通常分为复合板材、单一材料板材、空心板材等类型。

隔墙板的最小厚度不得小于 75 mm；墙板厚度小于 120 mm 时，其最大长度不应超过 3.5 m。对双层墙板的分户墙，要求两层墙板缝相互错开。加气混凝土条板具有自重轻、运输方便、施工操作简单等优点。

板材可锯、可刨、可钉，条板之间可粘结，其粘结厚度一般为 2～3 mm，要求饱满均匀，条板与条板之间可做成平缝，也可做成倒角缝，如图 3-3 所示。

4. 玻璃隔墙

玻璃隔墙是采用加厚玻璃形成的隔墙。玻璃板隔墙较其他隔墙厚度薄、自重轻、隔声好、防水、防潮且具有隔而不断的装饰效果，广泛用于商场、餐厅、美发厅、写字楼等场所，是一种新型高雅的装饰性隔墙。但由于其面积通常较大，玻璃易碎，为确保使用安全，应采用安全玻璃，即钢化玻璃、夹层玻璃等。

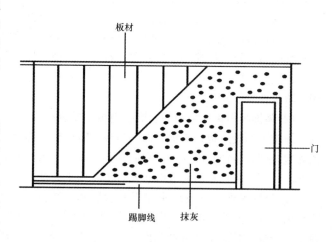

图 3-3 板材隔墙构造示意图

5. 木质隔墙

木质隔墙一般采用木龙骨形成骨架，用木拼板、木板材、胶合板、纤维板、细木工板、刨花板、木丝板等作为罩面板。这种隔墙可以避免刷浆、抹灰等湿作业施工，具有装饰效果较好、耐久性好、种类多、保温、隔热、隔声以及现场劳动强度低、施工进度快、安装方便等特点，如图3-4所示。

木质隔墙常用的装饰板材料有：

(1)实木：实木即天然木材。将天然原木加工成截面宽度为厚度3倍以上的型材者，为实木板，多用作墙面高级装修的饰面板；不足3倍者为方木，多用作龙骨。

(2)胶合板：胶合板是将三层、五层或更多层完全相同的木质薄板按其纤维方向相互垂直的各层用胶粘剂粘压而成的板材，常用作墙体或局部木装修的基层。

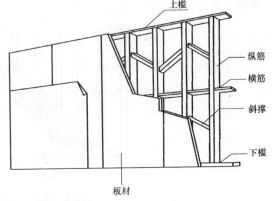

图3-4　人造板材木质隔墙

(3)纤维板：纤维板是用木纤维加工而成的一面光滑、一面有网纹的薄板，按其表观密度分为硬质纤维板、中密度纤维板(即中密度板)和软质纤维板，其中以中密度板应用最广。

(4)细木工板：细木工板属于特种胶合板，芯板用木板拼接而成，两个表面为胶粘木质单板，多用作基层板。

(5)刨花板：刨花纹是利用木材加工刨下的废料经加工压制而成的板材。

(6)木丝板：木丝板是利用木材加工锯下的碎丝加工而成的板材，具有良好的吸声、保温和隔热性能。

6. 轻钢龙骨隔墙

轻钢龙骨隔墙是以镀锌钢带或薄钢板为主要支撑骨架，在骨架上安装各种板材而形成的墙体。它采用干作业施工，特点是现场劳动强度低，改变了传统的湿作业施工，具有装饰效果好、施工进度快、安拆方便、质量轻以及保温、隔热、隔声性能好等优点。

饰面层除采用纸面石膏板外，还有以下几种板材：

(1)石膏装饰板：石膏装饰板是以石膏为基料，附加少量增强纤维、胶粘纤维制成，主要有纸面石膏板、纤维石膏板和空心石膏板三种，具有可钉、可锯、可钻等加工性能，并有防火、隔声、质轻等优点，表面可油漆、喷刷各种涂料及裱糊壁纸和织物，但强度稍低，防潮、防水性能较差。

(2)装饰吸声板：常用的装饰吸声板主要有石膏纤维装饰吸声板、软质纤维装饰吸声板、硬质纤维装饰吸声板、矿棉装饰吸声板、玻璃棉装饰吸声板、膨胀珍珠岩装饰吸声板和聚苯乙烯泡沫塑料装饰吸声板等。它们都具有良好的吸声效果，且具有质轻、防火、保温、隔热等性能，可直接贴在墙面或钉在龙骨上，施工方便，多用于室内墙面。

(3)玻纤水泥板：玻纤水泥板具有防水、防潮、防火等优点，且耐久性好，价格便宜，广泛用于地下室或有防水、防潮要求的室内墙面。其他玻璃纤维水泥制品，如柱头、柱基、窗楣、浮雕等各类小型装饰配件在装饰上应用也日益广泛。

轻钢龙骨隔墙施工结构如图3-5所示。

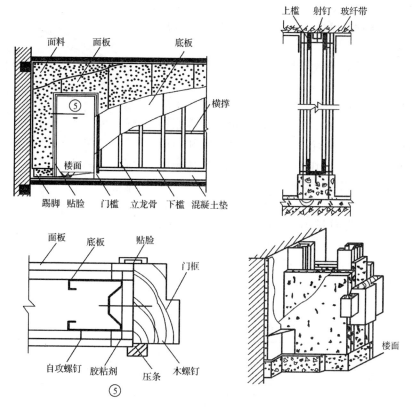

图 3-5 轻钢龙骨隔墙施工结构安装示意图

学习单元 3.2 板材隔墙工程

板材隔墙是指用复合轻质条板、石膏空心板、预制或现制的钢丝网水泥板等板材形成的隔墙。条板隔墙用板材品种、规格、颜色较多，性能各异。常用的市面条板产品有：泰柏板（金属夹板）、GRC 高强混凝土板、石膏空心条板、石膏板复合条板、轻质钢丝网陶粒混凝土条板等。

条板隔墙由于施工工艺简单，又能减轻建筑物自重和提高隔声保温性能，故在众多的装饰工程中得到了应用。

3.2.1 施工准备

1. 技术准备

编制板材隔墙工程施工方案，并对工人进行书面技术及安全交底。

2. 材料准备

（1）泰柏板（金属夹板）。是以直径为 1.6～2.0 mm，屈服强度为 390～490 MPa 的钢丝焊接成的三维钢丝网骨架与高热阻自熄性聚苯乙烯泡沫塑料组成的芯材板，两面喷（抹）涂水泥砂浆而成，如图 3-6 所示。

泰柏板的标准尺寸为 2 440 mm×1 220 mm×76 mm，双面抹灰后，厚度为 102 mm。产品应有合格证和性能检测报告。

泰柏板的配套附件有：压片、网码、箍码、U 码、组合 U 码、角网、半码等。

(2)GRC 高强混凝土板。GRC 轻体隔墙板是以珍珠岩、硫铝酸盐特种水泥、粉煤灰、无捻粗纱等原料研制生产而成，适用于住宅、办公、大型公寓和一般民用建筑(多层和高层)中作非承重内隔墙、阳台隔墙板、卫生间墙面板和壁柜隔壁板等。

该板具有防水、防火、防震、防老化、防裂纹五防性能，主要优点为质量小、强度高、防火、防水、保温、隔声、施工安装简便、可加工性能好、无拉结筋，是一种便于建筑上穿管、穿线安装的新型墙体材料。GRC 板的材料说明见表 3-1。

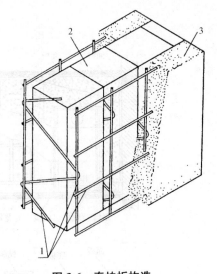

图 3-6　泰柏板构造
1—钢丝骨架；2—保温芯材；3—抹面砂浆

表 3-1　GRC 板的材料说明

GRC 的物理性能(28 d)					
序号	性能	单位	切割喷射式	预混搅拌式	布网式	备注
1	纤维含量	%	4～5	2.5～3.5	单双层网格布	总质量比
2	抗弯强度	MPa	20～30	10～14	10～14	
3	抗弯比例极限	MPa	7～11	5～8	5～8	
4	抗压强度	MPa	50～80	40～60	40～60	
5	抗拉强度	MPa	8～11	4～7	4～7	
6	抗拉比例极限	MPa	5～7	4～6	4～6	
7	抗冲击强度	N/m²	10～25	10～15	10～15	
8	体积密度	t/m³	1.9～2.2	1.8～2.0	1.8～2.0	
9	抗冻性	次	经 25 次冻融循环，无起层、剥落等破坏现象			
10	吸水率	%	5～10	8～14	8～14	

规格：长×宽×高＝(2 400～3 000)mm×595 mm×60.9 mm。

(3)石膏空心板材板(石膏珍珠岩空心条板、石膏空心条板)。石膏空心条板是以建筑石膏为主要原料，掺加适量的粉煤灰、水泥和增强纤，经维制浆拌合、浇注成型、抽芯、干燥等工艺制成的轻质板材，具有质量小、强度高、隔热、隔声、防火等性能，可钉、锯、刨、钻等加工，施工简便。

规格：长×宽×高＝(2 500～3 000)mm×600 mm×60 mm(石膏珍珠岩空心条板)；

(2 860～3 300)mm×(500～600)mm×(80～100)mm(石膏空心条板)。

(4)轻质钢丝网陶粒混凝土条板。长×宽×高＝(2 400～3 000)mm×590 mm×90 mm。

(5)安装材料。

1)水泥：强度等级为 42.5 级的普通硅酸盐水泥，未过期，无受潮结块现象。有产品质量合格证及检验报告。

2)石膏：建筑石膏或高强度石膏，应有产品质量合格证。

3)胶粘剂：胶粘剂的品种及质量要求应符合设计要求。

4)其他：圆钉、膨胀螺栓、镀锌铁丝等。

3. 施工机具准备

(1)主要机具：手电钻、小型电焊机、云石切割机等。

(2)主要工具：斧头、老虎钳、螺钉旋具、气动钳、手锯、榔头、线坠、墨斗、钢尺、靠尺、腻子刀、窄条钢皮抹子、灰板、灰桶、拌合铲、撬棍、木楔等。

4. 作业条件准备

(1)主体结构已完工，并已通过验收合格。

(2)吊顶及墙面已粗装饰。

(3)管线已全部安装完毕，水管已试压。

(4)楼地面已施工。

(5)材料已进场，并已验收，均符合设计要求。

3.2.2　施工工艺流程及操作要求

1. 泰柏板施工工艺流程及操作要求

(1)施工工艺流程。放线→裁板→固定 U 码、箍码→安装夹芯板、板缝加网补强→安装预埋件、设备管线、接线盒、配电箱等→安装门、窗框→夹芯板安装质量检查、调整、校正、补强→抹第一道砂浆→抹第二道砂浆→饰面。

(2)操作要求。

1)墙位放线：根据设计图纸在结构地面、墙面及顶板上弹好隔墙的中心线和边线及门窗洞口线。当设计有要求时，按设计要求确定埋件位置。当设计无明确要求时，按 400 mm 间距画出连接件或锚筋的位置。

2)按设计要求配泰柏板及配套件，当设计无明确要求时，按以下原则配置：

①隔墙高度小于 4 m 的，应整板上墙，拼板时应错缝拼接；隔墙高度或长度超过 4 m 时，应按设计要求增设加劲柱。

②有转角的隔墙，在隔墙拐角处和门窗洞口处应用整板；要裁剪的配板，应放在与结构墙、柱的结合处；所裁剪的板边沿处应为一根整钢丝，以便两板拼缝时用 22 号铅丝绑扎固定牢固。

③各种配套用的连接件、加固件、埋件要配齐全，凡未镀锌的铁件使用前，要先刷防锈漆两道做防锈处理。

(3)泰柏板的加固补强措施如图 3-7 所示。

(4)按设计图纸要求，安装埋设水电专业管线及埋件，施工应与泰柏板的安装同步进行，并固定牢固。

(5)泰柏板安装好后，在抹灰以前，要详细检查泰柏板、门窗框、各种预埋件、管道、接线盒的安装和固定是否符合设计要求。

(6)嵌缝：泰柏板之间的立缝，可用质量比为：水泥：108 胶：水＝100：(80～100)：适量水的水泥素浆胶粘剂涂抹嵌缝。

(7)两侧面抹灰：先用 1：2.5 水泥砂浆打底，要求全部覆盖钢丝网，表面平整，抹实；待 48 h 后，用 1：3 的水泥砂浆罩面，压光。抹灰层总厚度 20 mm。先抹隔墙的一面，48 h 以后抹另一面。按抹灰工艺要求施工，将阴阳角找方、顺直，面层压光、横平竖直。底灰、

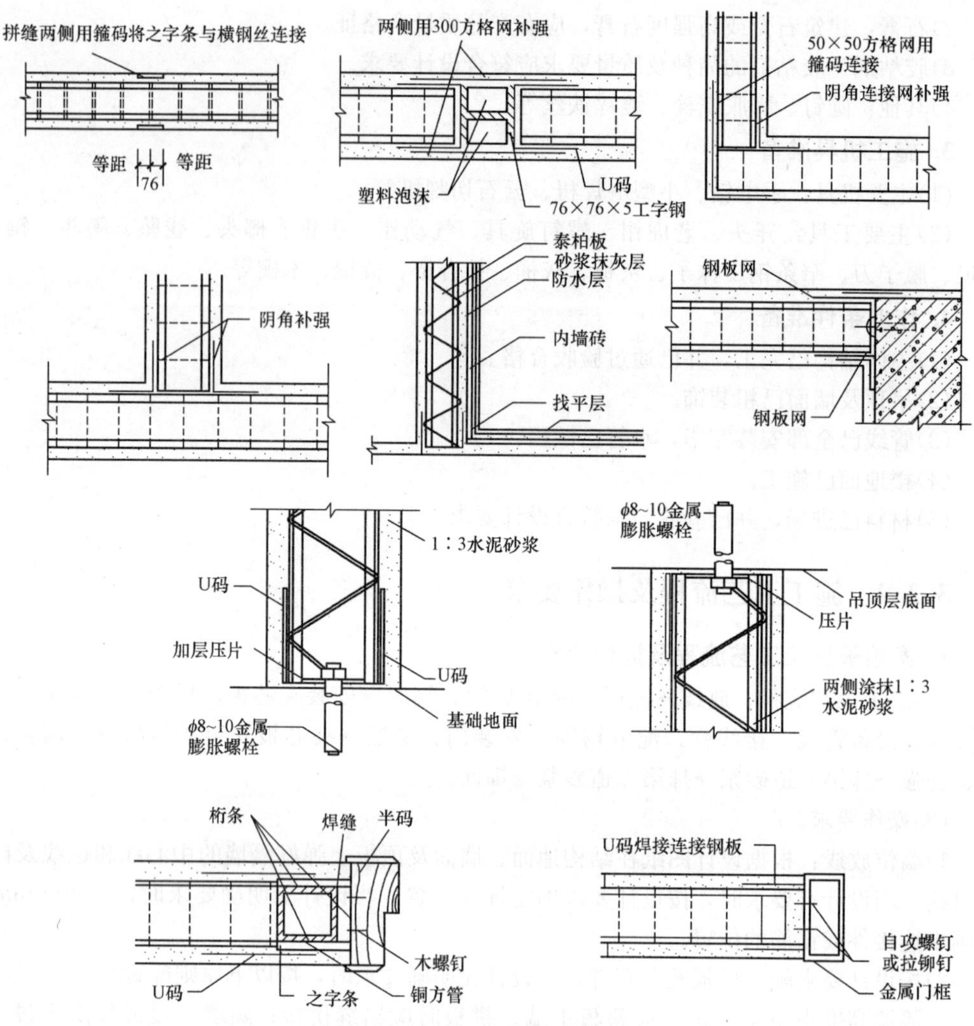

拼缝两侧用箍码将之字条与横钢丝连接

等距 76 等距

两侧用300方格网补强

塑料泡沫
U码
76×76×5工字钢

50×50方格网用箍码连接
阴角连接网补强

阴角补强

泰柏板
砂浆抹灰层
防水层
内墙砖
找平层

钢板网
钢板网

1:3水泥砂浆
U码
加层压片
U码
基础地面
φ8~10金属膨胀螺栓

φ8~10金属膨胀螺栓
吊顶层底面
压片
两侧涂抹1:3水泥砂浆

桁条 焊缝 半码
U码 之字条 木螺钉 铜方管

U码焊接连接钢板
自攻螺钉或拉铆钉
金属门框

图 3-7　泰柏板的加固补强措施

中层灰和罩面灰的总厚度要控制为 25~28 mm。抹灰层完工后，3 d 内不得受任何撞击。

(8)抹灰层洒水养护 7 d 后，在板缝及板与四周结构交接处粘贴 200 mm 宽玻璃网格纤维布，要求粘贴牢固、平整，且每边压 100 mm。

2. GRC 高强混凝土板施工工艺流程及操作要求

(1)施工工艺流程。基层清理→放线→安板→校验→补缝→加固补强→养护。

(2)操作要求。

1)清理安装条板位置的基层。

2)根据施工图及排版图要求，放出地面与顶棚安装隔墙条板位置及门窗洞口和靠主体墙面位置的垂直线。

3)在条板的相应位置固定好条板的 U 形外卡，将条板对准上下标准位置，在板止水带或与现浇板接缝处抹上一层坐灰浆，并按顺序对准榫头、榫槽进行拼接组合，在条板上部打入相对两块三角形斜楔，利用斜楔调整条板位置，使条板就位垂直，向下挤压顶紧固定。

4)每堵墙体安装完毕应及时检查平整和垂直，调整板间高差，以保证墙体平整符合要求。

5)条板的接补缝处理应在门、窗框、管线安装完毕，首先清理接缝部位，用板材原浆填补空隙，接缝处的补缝应分两次进行。第一次补至缝槽深度的 1/2，待第一次补的料凝固后（正常气温下需 24 h），再进行第二次补料，待补的料凝固和强度达到要求后，便可以将校板时用的小木块去掉，补好的板缝应平整、密实。

6)将 901 建筑胶和普通硅酸盐水泥调制，注意调拌的胶粘剂必须现调现用，不能调多，防止一时用不完造成损失和影响质量。

7)门窗洞口各边用通长槽网和 2ϕ10 mm 钢筋加固补强，槽网总宽 300 mm，ϕ10 mm 钢筋长度为洞边加 400 mm。门洞口下部，2ϕ10 mm 钢筋与地板植筋，门洞的上方两角用 500 mm 长之字条按 45°方向双面加固。网与网用 22 号扎丝绑扎 ϕ10 mm 钢筋用 22 号扎丝绑扎。

8)第一、二次补接缝后 24 h 内不得进行下道工序施工作业，条板墙全过程完工后 3 d 内属墙体养护期，5 d 内墙体不能承受较大外力作用。

3. 石膏空心板施工工艺流程及操作要求

(1)施工工艺流程。墙位放线→安装定位架→空心板安装、开立门窗洞口→墙底缝隙灌填干硬性细石混凝土。

(2)操作要求。

1)根据施工图要求，在楼地面与主体结构墙上及楼板底弹出隔墙的定位中心线和边线，并弹出门窗口线。

2)从门口通天框旁开始安装墙板，安装前首先对地面进行凿毛处理，用水湿润，现浇混凝土墙基。在板的顶面和侧面刷水泥素浆胶粘剂，然后先推紧侧面，再顶牢顶面，板下侧各 1/3 处垫木楔，并用靠尺检查垂直度和平整度。

3)板缝用石膏腻子处理，嵌缝前先刷水湿润，再嵌腻子。

4)踢脚线施工时，用 108 胶水泥浆刷至踢脚线部位，初凝后用水泥砂浆抹实压光。

3.2.3 成品保护措施

隔墙工程施工中，各专业工种应密切配合作业，合理安排好工序，严禁颠倒工序施工。

隔墙施工完毕后，严禁运料小车或其他人为因素碰撞墙体和门口。

楼地面工程施工时，应防止水泥浆污染墙面。

板材运输时要轻抬轻放，搬运时侧抬，堆放时侧立，防止板面变形，变形过大的夹芯板要裁割成小板使用，禁止变形的弯板上墙。

条板产品不得露天堆放，不得雨淋、受潮、人踩、物压。

使用胶粘剂时，不得沾污地面和墙面。

3.2.4 常见质量问题及处理措施

(1)墙面不平整：板材厚度不一致或翘曲变形；安装方法不当。

处理措施：合理选配板材，将厚度误差大或因受潮变形的板材挑出，在门口上或窗下作短使用；安装时应采用简易支架作为立墙板的靠架，以保证墙体的平整度，也可防止墙板倾倒。

(2)板缝开裂：勾缝材料选用不当，如使用混合砂浆勾缝，因两种材料收缩性不同，而出现发丝裂缝。

处理措施：勾缝材料必须与板材本身成分相同；板缝用板材相同的材料堵缝，刮腻子之前先用宽度 10 mm 的网状防裂胶带粘贴在板缝处，再用掺 108 胶的水泥浆在胶带上刷一遍，晾干，然后用 108 胶将纤维布贴在板缝处，这种做法可有效防止板间裂缝的出现。

学习单元 3.3 骨架(轻钢龙骨石膏板)隔墙工程

骨架隔墙是以轻钢龙骨、木龙骨为骨架,以纸面石膏板、人造木板、水泥纤维板为墙面板的隔墙。

3.3.1 施工准备

1. 技术准备

轻钢龙骨骨架隔墙所用的龙骨、配件、墙面板、填充材料及嵌缝材料的品种、规格、性能和木材的含水率及隔墙污染物含量应符合规范要求。

骨架隔墙中龙骨间距和构造连接方法已经确定。

2. 材料准备

轻钢龙骨纸面石膏板隔墙所用的材料包括薄壁轻钢龙骨、纸面石膏板和填充材料等。

(1)薄壁轻钢龙骨:轻钢龙骨是以镀锌钢带或薄钢板轧制而成。

1)薄壁轻钢龙骨按材料可分为镀锌钢带龙骨和薄壁冷轧退火卷带龙骨。

2)按用途分,一般有沿顶龙骨、沿地龙骨、竖向龙骨、加强龙骨、通贯横撑龙骨和配件。

3)按照形状来分,装配式轻钢龙骨的断面形式主要有 C 形、T 形、L 形、U 形等,它具有强度大、不易变形、通用性强、耐火性好、安装简便等优点。其中,以 C 形轻钢龙骨用配套连接件互相连接可以组成墙体骨架,骨架两侧覆以纸面石膏板和饰面层(贴塑料壁纸、做薄木贴面板、涂刷涂料等)则可组成轻钢龙骨纸面石膏板隔墙墙体。

C 形装配式隔墙龙骨可分为三个系列。C50 系列:用于层高 3.5 m 以下的隔墙;C75 系列:用于层高 3.5~6.0 m 的隔墙;C100 系列:用于层高 6.0 m 以上的隔墙及外墙。

C 形装配式隔墙龙骨由上槛(沿顶龙骨)、下槛(沿地龙骨)、立龙骨(竖向龙骨)、横撑(通贯龙骨)等主件和配套连接件互相连接组成墙体骨架,两侧覆以纸面石膏板即组成墙体。外表面再贴墙布或刷油漆、涂料,即成为平直牢固的隔墙。

轻钢龙骨的配套连接件有支撑卡、卡托、角托、连接件、固定件、护角条、压缝条等。

(2)纸面石膏板:纸面石膏板是以半水石膏和面纸为主要原料,掺加适量纤维、胶粘剂、促凝剂、缓凝剂,经料浆配置、成型、切割、烘干而成的轻质薄板,包括普通纸面石膏板、耐水纸面石膏板、耐火纸面石膏板等。其种类、特点及规格见表 3-2。

表 3-2 纸面石膏板的板材种类、特点及规格

板材类型	板材特点	板材规格/mm
普通纸面石膏板	以建筑石膏为主要原料,掺入适量轻集料、纤维增强材料和外加剂构成芯材,并与护面纸牢固粘结而形成建筑板材。普通纸面石膏板的棱边有矩形(PJ)、45°倒角形(PO)、楔形(PC)、半圆形(PB)和圆形(PY)五种	长度:1 800,1 200,2 400,3 300,3 600; 宽度:900,1 200; 厚度:9.5,12,15,18,21,25
耐水纸面石膏板	以建筑石膏为主要原料,掺入适量纤维增强材料和耐水外加剂构成耐水芯材,并与耐水护面纸牢固粘结而形成吸水率较低的建筑板材。耐水纸面石膏板的表面吸水量,应不大于 160 g/m²	

板材类型	板材特点	板材规格尺寸/mm
耐火纸面石膏板	以建筑石膏为主要原料，掺入适量轻集料、无机耐火纤维增强材料和外加剂构成芯材，并与护面纸牢固粘结而形成能够改善高温下芯材结合力的建筑板材。耐火纸面石膏板的遇火稳定时间，应不小于 20 min	

注：(1)纸面石膏板的板面应平整，不得有影响使用的破损、波纹、沟槽、污痕、过烧、亏料、边部漏料和纸面脱开等缺陷。

(2)护面纸与石膏心应粘结良好。按规定方法测定时，石膏芯不应裸露。

(3)纸面石膏板在厨房、卫生间以及相对湿度经常大于70%的潮湿环境中使用时，必须采取相应的防潮措施。

(3)填充材料：玻璃棉、矿棉板、岩棉板等填充材料，应按设计要求选用。

(4)其他材料。

1)紧固材料：紧固材料包括射钉、膨胀螺栓、镀锌自攻螺钉(12 mm 厚石膏板用 25 mm 长螺钉，两层 12 mm 厚石膏板用 35 mm 长螺钉)、木螺钉等。

2)接缝材料：接缝材料包括接缝纸带或玻璃纤维接缝带、KF80 嵌缝腻子、WKF 接缝腻子、108 胶。

轻隔墙接缝带目前有接缝纸带(又名穿孔纸带)和玻璃纤维接缝带两类，主要用于纸面石膏板、纤维石膏板、水泥石棉板等轻隔墙板材间的接缝部位，起连接、增强板缝作用，可避免板缝开裂，改善隔声性能和达到装饰效果。

接缝纸带是以未漂硫酸盐木浆为原料，采取长纤维游离打浆，低打浆度，增加补强剂和双网抄造工艺，并经打孔而成的轻隔墙接缝材料。它具有厚度薄、横向抗张强度高、湿变形小、挺度适中、透气性好等特性，并且易于粘结操作。

玻璃纤维接缝带是以玻璃纤维带为基材，经表面处理而成的轻隔墙接缝材料，具有横向抗张强度高、化学稳定性好、吸湿性小、尺寸稳定、不燃烧等特性，且易于粘结操作。

纸面石膏板墙嵌缝腻子(KF80)是以石膏粉为基料，掺加一定比例的有关添加剂配制而成。它具有较高抗剥离强度，并有一定的抗压及抗折强度，无毒、不燃，和易性好，在潮湿条件下不发霉腐败，初凝、终凝时间适合施工操作。

纸面石膏板墙嵌缝腻子按形态分有胶液(KF80-1)和粉料(KF80-2)两种。KF80-1 是嵌缝腻子拌合用的添加剂胶液，和石膏粉拌合后使用；KF80-2 是石膏粉和添加剂拌好的粉料，使用时和水拌合。为了提高嵌缝处的保温性，避免出现"冷桥"，也有在石膏中掺加珍珠岩配制，适用于纸面石膏板隔墙、纸面石膏板复合面板接缝部位的嵌缝。

WKF 接缝腻子的抗压强度大于 0.3 MPa，抗折强度大于 1.5 MPa，终凝时间大于 0.5 h。

3. 施工工具的准备

施工工具主要包括手电钻、射钉枪、板锯、电动剪、电动自攻钻、刮刀、线坠、电动无齿锯、直流电焊机、靠尺等。

手电钻主要用于对型材钻孔；射钉枪用于龙骨与结构之间的连接；板锯用于切割纸面石膏板；电动无齿锯、电动剪用来切割轻钢龙骨；电动自攻钻用于石膏板与轻钢龙骨之间的连接；刮刀用于板缝之间披刮腻子；线坠、靠尺用来检查墙面；直流电焊机用于焊接。

4. 作业条件准备

(1)主体结构施工完毕，并已通过验收。

（2）主体结构为砌体结构时，隔墙位置已经预埋防腐木砖，间距 1 000 mm；混凝土楼地面与隔墙顶部楼板底接合部位已预埋铁板或 $\phi6$ 钢筋，间距 1 000 mm。上述埋件已验收。

（3）室内地面、墙面、顶棚粗装修已完成。

（4）管线已安装，水管已试压。

（5）人造木板甲醛含量复验，其检测报告符合设计要求和规范规定。

（6）施工图规定的材料已全部进场，并已验收合格。

3.3.2　施工工艺流程

弹线、分档→固定沿顶、沿地龙骨→固定边框龙骨→安装竖向龙骨→安装门、窗框→安装加强龙骨→安装支撑龙骨→检查龙骨安装质量→电气铺管安装附墙设备→安装罩面板→填充隔声材料→安装另一面罩面板→接缝及护角处理→质量检查。轻钢龙骨隔墙的安装如图3-8所示。

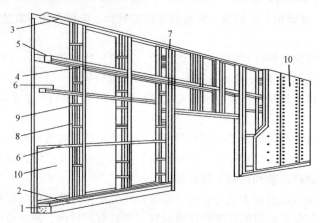

图 3-8　轻钢龙骨隔墙安装

1—混凝土踢脚座；2—沿地龙骨；3—沿顶龙骨；4—竖向龙骨；5—横撑龙骨；
6—通贯横撑龙骨；7—加强龙骨；8—通贯龙骨；9—支撑卡；10—石膏板

3.3.3　施工操作要点

1. 放线

根据设计施工图，在已做好地面或地枕带上放出隔墙位置线和门窗洞口边框线，并放好顶龙骨位置边线。

在隔墙与上、下及两边基体的相接处，应按龙骨的宽度弹线，弹线应清楚，位置准确。按设计要求，结合罩面板的长、宽分档，以确定竖向龙骨、横撑龙骨及附加龙骨的位置。

2. 固定沿顶、沿地龙骨

沿弹线位置摆放沿顶、沿地龙骨，并在沿地、沿顶龙骨与地、顶面接触处铺填橡胶条或沥青泡沫塑料条，再按规定间距用射钉或膨胀螺栓固定，固定点间距应为 600～1 000 mm，龙骨对接应保持平直。射钉射入基体的最佳深度：混凝土为 22～32 mm；砖墙为 30～50 mm。如图 3-9 所示。

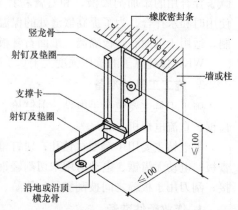

图 3-9　沿地(顶)及沿墙(柱)龙骨的固定

3. 固定边框龙骨

沿弹线位置固定边框龙骨，龙骨的边线应与弹线重合。龙骨的端部应固定，固定点间距应不大于 1 m，固定应牢固。边框龙骨与基体之间应按设计要求安装密封条。

4. 支撑卡固定龙骨

选用支撑卡固定龙骨时应先将支撑卡安装在竖向龙骨的开口上，卡距为 400～600 mm，距龙骨两端的距离为 20～25 mm。

5. 安装竖向龙骨

将预先按长度切裁好的竖向龙骨推向横向沿顶、沿地龙骨之内，翼缘朝向石膏板方向，竖向龙骨上下方向不能颠倒，现场切割时只能从上端切断，竖向龙骨接长可用 U 形龙骨套在 C 形龙骨的接缝处，用拉铆钉或自攻螺钉固定。安装竖向龙骨应垂直，龙骨间距应按设计要求布置。设计无要求时，其间距可按板宽确定，如板宽为 900 mm、1 200 mm时，其间距分别为 453 mm、603 mm，如图 3-10 所示。

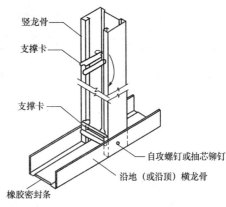

图 3-10　竖龙骨与沿地(顶)横龙骨的固定

6. 通贯系列龙骨选用

低于 3 m 的隔断安装一道通贯龙骨；3～5 m 隔断安装两道通贯龙骨；5 m 以上隔墙安装三道通贯龙骨。通贯龙骨需接长时应使用配套的连接件，如图 3-11 和图 3-12 所示。

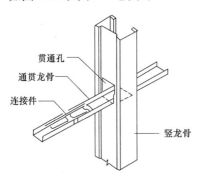

图 3-11　通贯龙骨的接长

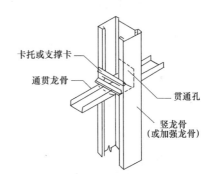

图 3-12　通贯龙骨与竖龙骨的连接固定

7. 罩面板横向接缝

如接缝处不在沿顶、沿地龙骨上，应加横撑龙骨固定板缝。

8. 门窗或特殊节点处使用加强龙骨

加强龙骨的安装应符合设计要求，如图 3-13 所示。

9. 特殊结构龙骨安装

对于特殊结构的隔墙龙骨安装(如曲面、斜面隔断等)，应符合设计要求。

10. 电气铺管、安装附墙设备

按图纸要求预埋管道和附墙设备，其与龙骨的安装同步进行，或在另一面石膏板封板前进行，并采取局部加强措施，固定牢固。电气设备专业在墙中铺设管线时，应避免横切竖向龙骨，同时避免在沿墙下端设置管线。

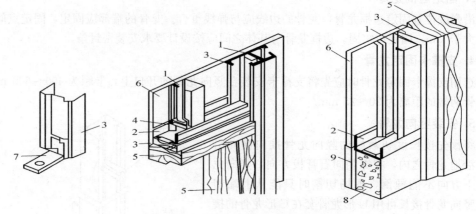

图 3-13　木门框处加强龙骨的构造

1—竖向龙骨；2—沿地龙骨；3—加强龙骨；4—支撑卡；5—木门框；
6—石膏板；7—固定件；8—混凝土踢脚座；9—踢脚板

11. 龙骨检查、校正、补强

安装罩面板前，应检查隔断骨架的牢固程度，门窗框、各种附墙设备、管道的安装和固定是否符合设计要求；如有不牢固处，应进行加固。龙骨的立面垂直度偏差应小于或等于 3 mm，表面不平整度应小于或等于 2 mm。

12. 安装石膏罩面板

单(双)层纸面石膏板隔墙罩面如图 3-14、图 3-15 所示。

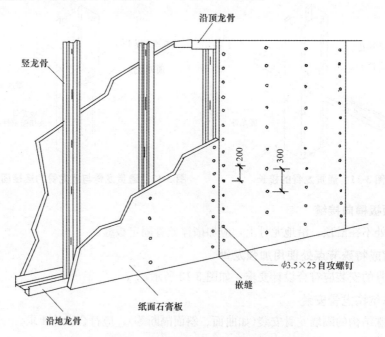

图 3-14　单层纸面石膏板隔墙罩面

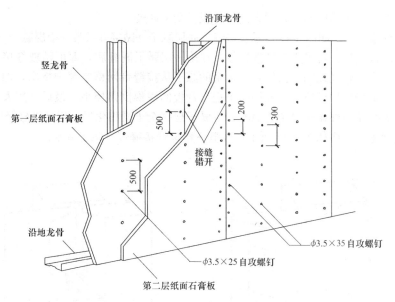

图 3-15　双层纸面石膏板隔墙罩面

（1）石膏板宜竖向铺设，长边（即包封边）接缝应落在竖龙骨上。但曲面墙所用石膏板宜横向铺设，且龙骨两侧的石膏板及龙骨一侧的双层板的接缝应错开，不得在同一根龙骨上接缝。

（2）龙骨两侧的石膏板及龙骨一侧的内外两层石膏板应错缝排列，接缝不得落在同一根龙骨上。

（3）石膏板用自攻螺钉固定。沿石膏板周边螺钉间距不应大于 200 mm，中间部分螺钉间距不应大于 300 mm，螺钉与板边缘的距离应为 10～16 mm。

（4）安装石膏板时，应从板的中部向四边固定，钉头略埋入板内，但不得损坏纸面。钉眼应用石膏腻子抹平。

（5）石膏板宜使用整板。如需对接时应紧靠，但不得强压就位。

（6）隔墙端部的石膏板与周围的墙或柱应留有 3 mm 的槽口。施工时，先在槽口处加注嵌缝膏，然后铺板，挤压嵌缝膏使其与邻近表层紧密接触。

（7）安装防火石膏板时，石膏板不得固定在沿顶、沿地龙骨上，应另设横撑龙骨加以固定。

（8）隔墙板的下端如用木踢脚板覆盖，罩面板应离地面 20～30 mm；用大理石、水磨石踢脚板时，罩面板下端应与踢脚板上口齐平，接缝严密。

（9）铺放墙体内的玻璃棉、矿棉板、岩棉板等填充材料时，填充材料应铺满铺平。

13. 接缝及护角处理

纸面石膏板隔墙接缝处理可采用 KF80 和 WKF 两种嵌缝腻子。缝的形式有三种，即平缝、凹缝和压条缝。

（1）采用 KF80 腻子，接缝嵌缝按如下操作施工。

1）贴接缝纸带：石膏板墙接缝处理，应先将板缝清扫干净，对接缝处纸面石膏的暴露部分需要用 10％的聚乙烯醇水溶液或用 50％的 108 胶液涂刷 1～2 遍，待干燥后用小刮刀把腻子嵌入板缝内，填实刮平；第一层腻子初凝后（即凝而不硬时），薄刮一层厚约 1 mm、宽 50 mm 稠度较稀的腻子，随即把接缝纸带贴上，用力刮平、压实，赶出腻子与纸带之间的气泡；再用中刮刀在纸带上刮上一层厚约 1 mm、宽 80～100 mm 的腻子，使纸带埋入腻子层中；最后涂上一层薄薄的稠度较稀的腻子，用大刮刀将板面刮平。

接缝嵌缝施工工序如图3-16所示：嵌缝→底层腻子→贴接缝纸带→中层腻子→找平腻子。

2）贴玻纤接缝带：若采用玻纤接缝带，在第一层腻子嵌缝后，即可贴玻纤接缝带，用腻子刀在接缝带表面轻轻地加以挤压，使多余的腻子从接缝带网格空隙中挤出，加以刮平；再用嵌缝腻子将接缝带加以覆盖，并用腻子把石膏板的楔形倒角填平；最后，用大刮刀将板缝刮平。若有玻纤端头外露于腻子表面时，待腻子层完全干燥固化后，用砂纸轻轻磨掉。

接缝嵌缝施工工序如图3-17所示：嵌缝→贴玻纤接缝带→腻子刮平。

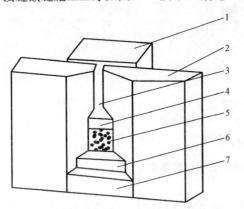
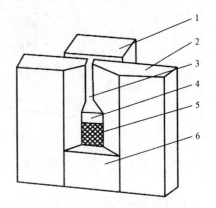

图 3-16　接缝嵌缝工序（接缝纸带）
1—龙骨；2—纸面石膏板；3—嵌缝腻子；4—黑底腻子；
5—接缝纸带；6—中层腻子；7—找平腻子

图 3-17　接缝嵌缝工序（玻纤接缝带）
1—龙骨；2—纸面石膏板；3—板缝；
4—嵌缝；5—玻纤接缝带；6—腻子

（2）采用 WKF 腻子，接缝嵌缝按如下操作施工。

1）平缝可按以下程序处理：

①纸面石膏板安装时，其接缝处应适当留缝（一般3～6 mm），且必须坡口与坡口相接。接缝内浮土清除干净后，刷一道50%的108胶水溶液。

②用小刮刀把 WKF 接缝腻子嵌入板缝，板缝要嵌满嵌实，与坡口刮平。待腻子干透后，检查嵌缝处是否有裂纹产生；如产生裂纹，要分析原因并重新嵌缝。

③在接缝坡口处刮约1 mm厚的 WKF 腻子，然后粘贴玻纤带，压实刮平。

④当腻子开始凝固又尚处于潮湿状态时，再刮一道 WKF 腻子，将玻纤带埋入腻子中，并将板缝填满刮平。

阴角的接缝处理方法同平缝。

2）阳角可按以下方法处理（图3-18）：

①阳角粘贴两层玻纤布条，角两边均拐过100 mm，粘贴方法同平缝处理，表面亦用WKF 腻子刮平。

②当设计要求做金属护角条时，按设计要求的部位、高度，先刮一层腻子，随即用镀锌钉固定金属护角条，并用腻子刮平。

待板缝腻子干燥后，检查板缝是否有裂缝产生。如发现裂纹，必须分析原因，并采取有效措施加以克服，否则不能进入板面装饰施工。

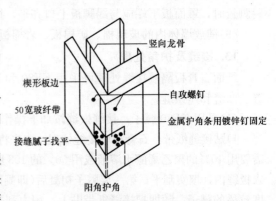

图 3-18　墙面接缝及阳角做法

3.3.4 成品保护措施

(1)轻钢龙骨隔墙施工中,工种间应保证已装项目不受损坏,墙内电线管及设备不得碰动错位及损伤。

(2)轻钢骨架及纸面石膏板入场、存放和使用过程中应妥善保管,保证不变形、不受潮、不污染、无损坏。

(3)施工部位已安装的门窗、地面、墙面、窗台等应注意保护,防止损坏。

(4)已安装完的墙体不得碰撞,保持墙面不受损坏和污染。

(5)施工完成后要保持室内温度和湿度,并注意开窗通风,以防干燥造成墙体变形和产生裂缝。

3.3.5 质量通病及防治措施

1. 轻钢龙骨石膏板隔墙门上角开裂

在门口两个上角出现垂直裂缝,裂缝长度、宽度和出现的早晚有所不同。

防治措施:

(1)门口处龙骨安装方式符合要求,安装牢固,龙骨间搭接紧密;

(2)超宽门洞的上口要进行加固处理,增加斜支撑龙骨;

(3)门框两侧竖龙骨安装最好是一根龙骨到顶,上下口安装牢固。

2. 轻钢龙骨石膏板隔墙接缝开裂

纸面石膏板安装完成一段时间后接缝会陆续出现开裂现象,开始时有不很明显的发丝裂缝,随着时间的延续,裂缝有的可达到 $1\sim2$ mm。

防治措施:应选择合理的节点构造。

板缝节点做法为:清除缝内杂物,填嵌缝腻子,待腻子初凝时再刮一层较稀的腻子,厚度为 1 mm,随即贴穿孔纸带,纸带贴好放置一段时间。待水分蒸发后,在纸带上再刮一层腻子,将纸带压住,同时把接缝找平。

3. 轻钢龙骨石膏板隔墙与墙面、顶面接缝开裂

防治措施:

(1)根据设计放出隔墙位置线,并引测到主体结构侧面墙体及顶板上;

(2)将边框龙骨与主体结构固定,根据分格要求,在沿顶、沿地龙骨上分档画线,按分档位置安装竖龙骨,调整垂直,定位后用铆钉或射钉固定;

(3)安装门窗洞口的加强龙骨后,再安装通贯横撑龙骨和支撑卡;

(4)石膏板在安装时,两侧面的石膏板应错缝排列,石膏板与龙骨采用十字头自攻螺钉固定;

(5)在墙体顶板接缝处粘结 50 mm 宽玻璃纤维带,再分层刮腻子,以避免出现裂缝。

4. 墙体收缩变形及板面裂缝

原因:竖向龙骨紧顶上下龙骨,没留伸缩量,超过 2 m 长的墙体未做控制变形缝,造成墙面变形。

防治措施:隔墙周边应留 3 mm 的空隙,这样可以减少因温度和湿度影响产生的变形和裂缝。

5. 轻钢骨架连接不牢固

原因:局部节点不符合构造要求。

防治措施：钉固间距、位置、连接方法应符合设计要求。

6. 墙体罩面板不平

原因：一是龙骨安装横向错位；二是石膏板厚度不一致，明凹缝不均，纸面石膏板拉缝不好掌握尺寸。

防治措施：施工时注意板块分档尺寸，保证板间拉缝一致。

3.3.6 安全环保措施

(1)隔墙工程的脚手架搭设应符合建筑施工安全标准。

(2)脚手架上搭设挑板应用钢丝绑扎固定，不得有探头板。

(3)工人操作应戴安全帽，注意防火。

(4)施工现场必须工完场清，设专人洒水、打扫，不能有扬尘污染环境。

(5)有噪声的电动工具应在规定的作业时间内施工，防止噪声污染、扰民。

(6)机电器具必须安装触电保护装置，发现问题立即修理。

(7)遵守操作规程，非操作人员不准乱动机具，以防伤人。

(8)现场保持良好通风，防止粉尘被吸入人体呼吸道。

学习单元 3.4 活动隔墙工程

活动隔墙是半封闭，能移动，以分隔室内空间的一种隔墙。其功能相当于传统的屏风。它能把大空间分成小空间，又可将小空间恢复成大空间。

常用的室内活动隔墙有单侧推拉、双向推拉活动隔断；隔墙扇的铰合方式分为单对铰合和连续铰合；隔墙的存放方式有明露式和内藏式两种(图 3-19)。活动隔墙的构造如图 3-20 所示。

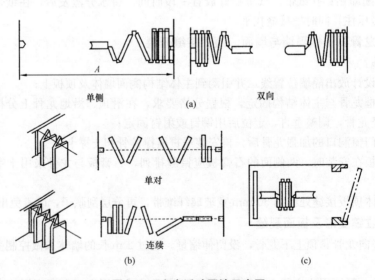

图 3-19 室内活动隔墙示意图

(a)单侧、双向推拉方式；(b)单对、连续铰合方式；(c)内藏式

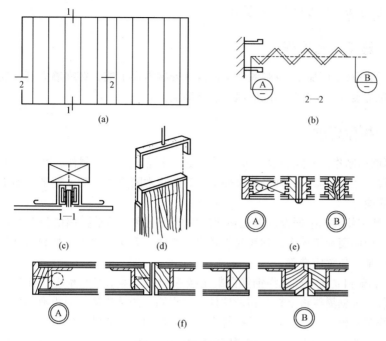

图 3-20　活动隔墙构造

(a)立面图；(b)剖面图；(c)轨道嵌入顶棚做法；
(d)吊隔扇；(e)木质隔扇节点；(f)钢木隔扇节点

3.4.1　施工准备

1. 技术准备

(1)活动隔墙所用墙板、配件等材料的品种、规格和木材含水率应符合设计要求。

(2)活动隔墙的组合方式和隔墙的制作方法符合要求已确定。

2. 材料准备

木材：活动隔墙板、品种、规格应符合设计要求(现场制作或外加工)。隔墙板的木材含水率不大于12%，人造板的甲醛含量应符合国家规定。

其他材料及五金件：上槛(轻型槽钢)、木棱、吊杆、导轨、吊轮、吊装架、回转轴及圆钉、木螺钉、合页等应符合设计要求。

3. 主要工具准备

主要工具包括冲击钻、电焊机、磨光机、电刨、电锯、螺钉旋具、锤子、手锯、手刨、三角尺、线坠、钢尺等。

4. 作业条件准备

(1)主体结构工程已完工并已通过验收。

(2)室内地面完工。

(3)室内墙面已弹好+50 cm水平基准线。

(4)室内顶棚标高已确定，但不宜先施工顶棚。

(5)按设计规定隔墙的位置，在墙体砌筑时，预理防腐木砖，非砖砌体墙安装好加强龙骨，现浇钢筋混凝土楼板的锚件(预埋钢筋或铁板)已预埋，其间距符合设计要求。

(6)材料已进场，并已验收，质量合格。

3.4.2 施工工艺流程

制作木隔墙扇(工厂加工)→弹隔墙定位线→安装沿顶上槛、钉靠墙立筋→安装吊杆、导轨、吊轮、安装架等→安装活动隔墙扇→装饰饰面。

3.4.3 操作要求

(1)木隔墙扇制作：木隔墙扇一般由工厂按设计施工图加工制作。其制作工艺与木门相同。制作扇数，加工厂派人到现场量尺确定。为防止木隔墙扇干裂、变形，加工好的隔扇应刷一道封闭底漆。

(2)弹隔墙定位线：根据设计图先在房间的地面上弹出活动隔墙的位置线，随即把位置线引至两侧结构墙面和楼板底。弹线时先弹出中心线，后接立筋或上槛料截面尺寸，弹出边线，弹线应清晰，位置应准确。

(3)固定上槛和立筋：如现浇钢筋混凝土楼板和墙体施工时已预埋铁件(或木砖)，则上槛(槽钢)就位，根据墨线将上槛与预埋铁件连接牢固。如结构施工时没有预埋铁件，楼板底沿中心线钻膨胀螺栓孔，结构墙面钻孔打木楔。上槛两端抵紧结构墙后用膨胀螺栓与顶部楼板连接，并注意调直、调平。靠结构墙的立筋上下端，应紧抵上下槛，再与结构墙上的木砖(木楔)钉牢。

(4)安装导轨：

1)在上槛上按吊杆设计间距，从上槛槽钢上钻吊轨螺栓孔。

2)导轨(一般采用轻钢成品)调直、调平后，按设计间距在导轨上焊接吊轨螺栓。其吊杆中心位置，应与上槛钻孔位置上下对应，不得错位。

3)导轨就位用吊轨螺栓与上槛螺栓孔眼对准，扭紧螺母。吊轨螺栓可装上、下螺母，便于调整导轨的水平度，保证导轨水平、顺直。

(5)安装回转螺轴、隔墙扇。

1)吊轮由导轨、包橡胶轴承轮、回转螺轴、门吊铁组成。门吊铁用木螺钉固定在活动隔墙扇的门上梃顶面上。安装时，先在扇的门上梃顶面画出中心点，固定时要确保门吊铁上的回转螺轴对准中心点，且垂直于顶面，这样，在推拉门隔扇时，才能使隔扇在合页的牵动下，绕着回转螺轴边旋转、边沿着轨道中心轴线平行滑动。

2)回转螺轴安装，可在靠结构墙1/2隔扇附近留一个豁口，由此处将装吊装架的隔墙扇逐块装入导轨中，并推拉至指定位置。

3)将各片隔扇连接起来，每对相邻隔扇用三副合页连接。连接好的活动隔扇在推拉时，总能使每一片隔扇保持与地面垂直，这样才能折叠自如。如活动隔墙在拉开隔扇时不平，产生翘曲或折叠时也不平伏，推拉时很吃力，此时，就必须返工重装。

(6)装饰饰面：当隔墙扇的芯板在工厂尚未安装时，此项工序应由工厂按设计图在现场完成。活动隔墙扇安装后的油漆，也可在现场完成。

3.4.4 成品保护措施

(1)活动隔墙作业中，不得损坏和污染室内其他成品或半成品。

(2)隔墙扇在搬运中，应轻拉轻放，不得野蛮作业。

(3)隔墙扇应堆放在室内，码放时，其下应垫垫木，垫木面要摆平，码放应平整，以防隔扇翘曲变形。

(4)隔墙扇安装后,要有专人覆盖保护,以防后继施工人员损坏或污染隔墙扇。

3.4.5 常见的质量问题

(1)靠结构墙面的立筋,在立筋距地面150 mm处应设置60 mm长的橡胶门挡,使隔墙扇与立筋相碰时得到缓冲而不致损坏隔墙扇边框。

(2)楼板底上槛和导轨吊杆的连接点,应在同一垂直线上且应重合;用吊杆螺栓调整导轨的水平度,并应反复校中、校平,以确保安装质量。

(3)吊轮安装架的回转轴,必须与隔墙扇上槛的中心点垂直且应重合。隔墙扇上槛的中心点距上槛两端应距离相等,距两侧的距离也必须相等,以确保回转轴归中,使隔墙扇使用折叠自如。

3.4.6 安全措施

(1)安装人员必须戴安全帽。

(2)活动隔墙安装中,应搭设脚手架。脚手架搭好后,应经专职安全员检查合格后方可使用。

(3)脚手板严禁铺设探头板。

(4)安装上槛时,楼板底钻膨胀螺栓孔的掌钻工应戴防护目镜,以防灰尘落入眼睛内。

(5)安装人员应背工具袋,以防工具落下伤人。

学习单元3.5 玻璃隔墙工程

玻璃隔墙主要作用就是使用玻璃作为隔墙将空间根据需求划分,更加合理地利用好空间,满足各种家装和工装用途。玻璃隔墙通常采用钢化玻璃,具有抗风压性、抗寒暑性、抗冲击性等优点,所以更加安全、牢固和耐用,而且钢化玻璃破碎后对人体的伤害比普通玻璃小很多。材质方面有三种类型:单层、双层和艺术玻璃。优质的隔断工程应该是采光好、隔声防火佳、环保、安装容易并且玻璃可重复利用。

玻璃隔墙是一种到顶的、可完全划分空间的隔断。专业型的高隔断间,不仅能实现传统的空间分隔功能,而且在采光、隔声、防火、环保、安装、可重复利用、可批量生产等方面明显优于传统隔墙。

玻璃隔墙的分类如下:

(1)根据玻璃结构:单层玻璃隔墙、双层玻璃隔墙、夹胶玻璃隔墙、真空玻璃隔墙。

(2)根据隔断材质:铝合金玻璃隔墙、不锈钢玻璃隔墙、纯钢化玻璃无框隔断、个性定制的混合主材和混合材料框架的新型玻璃隔墙、木龙骨玻璃隔墙、塑钢玻璃隔墙、钢铝结构玻璃隔墙。

(3)根据铝型材框架材料尺寸:26款玻璃隔墙、50款玻璃隔墙、80款玻璃隔墙、85款玻璃隔墙、100款玻璃隔墙等。

(4)根据轨道形式:固定玻璃隔墙、移动玻璃隔墙、折叠玻璃隔墙。

(5)根据高低尺寸:玻璃高隔断、玻璃矮隔断、屏风隔断。

(6)根据玻璃特性:安全玻璃隔墙、防火玻璃隔墙、超白玻璃隔墙、防爆玻璃隔墙、艺术玻璃隔墙等。

3.5.1 施工准备

1. 材料准备

(1)根据设计要求的各种玻璃、木龙骨(60 mm×120 mm)、玻璃胶、橡胶垫和各种压条。玻璃规格:厚度有 8 mm、10 mm、12 mm、15 mm、18 mm、22 mm 等,长宽根据工程设计要求确定。

(2)紧固材料:膨胀螺栓、射钉、自攻螺钉、木螺钉和粘贴嵌缝料,应符合设计要求。

2. 技术准备

(1)认真熟悉图纸,对生产厂家所提供的隔墙板材的施工技术要求和注意事项应仔细阅读。

(2)编制施工方案并经审查批准。按批准的施工方案进行技术交底。

(3)玻璃砖隔墙应根据砌筑玻璃砖的面积和形状,计算玻璃砖的数量和排列次序。玻璃板隔墙根据设计要求和支撑形式提出玻璃和零配件加工计划。

(4)室内空心玻璃砖隔墙基础的承载力应满足荷载的要求。

(5)隔墙工程施工前应做样板间(墙),并经有关各方确认。

3. 主要机具准备

(1)机具:电动气泵、小电锯、小台刨、手电钻、冲击钻。

(2)手动工具:扫槽刨、线刨、手锯、斧、刨、锤、螺钉旋具、直钉枪、摇钻、线坠、靠尺、钢卷尺、玻璃吸盘、胶枪等。

4. 作业条件准备

(1)主体结构完成及交接验收,并清理现场。

(2)砌墙时应根据顶棚标高在四周墙上预埋防腐木砖。

(3)木龙骨必须进行防火处理,并应符合有关防火规范的规定。直接接触结构的木龙骨应预先刷防腐漆。

(4)做隔断房间需在地面的湿作业工程前将直接接触结构的木龙骨安装完毕,并做好防腐处理。

3.5.2 玻璃隔墙的施工工艺流程及操作要求

本学习单元以玻璃砖隔墙和玻璃板隔墙为例讲解玻璃隔墙的施工。

3.5.2.1 玻璃砖隔墙施工工艺流程及操作要求

1. 施工工艺流程

定位弹线→固定周边框架→放拉结筋→排砖→挂线→玻璃砖砌筑→勾缝→饰边处理。

2. 操作要求

(1)定位弹线:在地面弹好墙位线,并将线引至侧墙面、顶面。

(2)固定周边框架:按设计要求将框架固定好,用素混凝土或垫木找平并控制好标高,骨架与结构连接牢固。固定金属型材框用的金属膨胀螺栓,直径不得小于 8 mm,间距不得大于 500 mm。

(3)放拉结筋:拉结筋的规格、数量、位置应符合设计要求。

(4)排砖:玻璃砖砌体采用十字缝立砖砌法。根据弹好的位置线,首先认真核对玻璃砖墙长度尺寸是否符合排砖模数。否则，可调整隔墙两侧的槽钢或木框的厚度及砖缝的厚度。注意隔墙两侧调整的宽度要保持一致，隔墙上部槽钢调整后的宽度也应尽量保持一致。

（5）挂线：砌筑第一层应双面挂线。如玻璃砖隔墙较长，则应在中间多设几个支线点，每层玻璃砖砌筑时均需挂水平线。

（6）玻璃砖砌筑。

1）玻璃砖宜采用白水泥：细砂＝1∶1水泥砂浆或白水泥掺建筑胶砌筑。白水泥砂浆要有一定的稠度，以不流淌为好。

2）按上、下层对缝的方式，自下而上砌筑。两玻璃砖之间的砖缝不得小于10 mm，且不得大于30 mm。

3）每层玻璃砖在砌筑之前，宜在玻璃砖上放置木垫块[图 3-21（a）]。其长度有两种：玻璃砖厚度为50 mm时，木垫块长35 mm左右；玻璃砖厚度为80 mm时，木垫块长60 mm左右。每块玻璃砖上放2块[图 3-21（b）]，卡在玻璃砖的凹槽内。

4）砌筑时，将上层玻璃砖压在下层玻璃砖上，同时使玻璃砖的中间槽卡在木垫块上，玻璃砖的间距为10～30 mm[图 3-21（c）]。

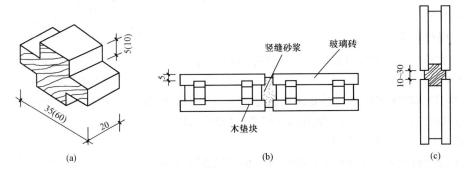

图 3-21　玻璃砖砌筑

每砌筑完一层后，用湿布将玻璃砖面上沾着的水泥浆擦去。水泥砂浆铺砌时，水泥砂浆应铺得稍厚一些，慢慢挤揉，立缝灌砂浆一定要捣实。缝中承力钢筋，伸入竖缝和横缝，并与玻璃砖上下、两侧的框体和结构体牢固连接（图 3-22）。

5）玻璃砖墙宜以1.5 m高为一个施工段，待下部施工段胶结料达到设计强度后再进行上部施工。当玻璃砖墙面积过大时，应增加支撑。

6）最上层的空心玻璃砖应深入顶部的金属型材框中，深入尺寸不得小于10 mm，且不得大于25 mm。空心玻璃砖与顶部金属型材框的腹面之间应用木楔固定。

（7）勾缝：玻璃砖墙砌筑完后，立即进行表面勾缝。勾缝要勾严，以保证砂浆饱满。先勾水平缝，再勾竖缝，缝内要平滑，缝的宽度要一致。勾缝与抹缝之后，应用布或棉纱将砖表面擦洗干净。

（8）饰边处理。

1）在与建筑结构连接时，室内空心玻璃砖隔

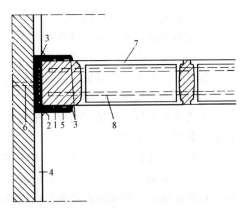

图 3-22　玻璃砖墙砌筑组合图

1—沥青毡（滑缝）；2—硬质泡沫塑料（胀缝）；
3—弹性密封胶；4—墙面抹灰层；5—金属型材框；
6—膨胀螺栓；7—空心玻璃砖；8—钢筋

95

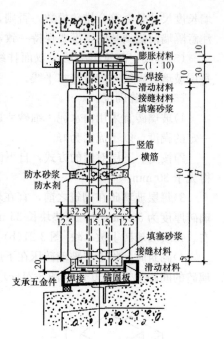

图 3-23　室内空心玻璃砖隔墙
与建筑物墙壁剖面

断与金属型材框两翼接触的部位应留有滑缝，且不得小于 4 mm。与金属型材框腹面接触的部位应留有胀缝，且不得小于 10 mm。滑缝应采用符合现行国家标准《石油沥青纸胎油毡》(GB 326—2007)规定的沥青毡填充，胀缝应用硬质泡沫塑料填充。滑缝和胀缝的位置如图 3-23 所示。

2)当玻璃砖墙没有外框时，需要进行饰边处理。饰边通常有木饰边和不锈钢饰边等。

3)金属型材与建筑墙体和顶棚的结合部，以及空心玻璃砖砌体与金属型材框翼端的结合部应用弹性密封胶密封。

3.5.2.2　玻璃板隔墙施工工艺流程及操作要求

1. 施工工艺流程

定位弹线→固定周边框架→玻璃板安装及压条固定→砌筑→勾缝。

2. 操作要求

(1)定位弹线：墙位弹线清晰、位置应准确。隔墙基层应平整、牢固。

(2)固定周边框架：按设计要求将框架固定好，用素混凝土或垫木找平并控制好标高，骨架与结构连接牢固。同时，做好防水层及保护层。固定金属型材框用的金属膨胀螺栓，直径不得小于 8 mm，间距不得大于 500 mm。

(3)玻璃板安装及压条固定：把已裁好的玻璃按部位编号，并分别竖向堆放待用。安装玻璃前，应对骨架、边框的牢固程度、变形程度进行检查。

玻璃放入框内后，与框的上部和侧边应留有 3～5 mm 的缝隙，防止玻璃由于热胀冷缩而开裂。

1)玻璃板与木基架的安装。

①用木框安装玻璃时，在木框上要裁口或挖槽，校正好木框内侧后定出玻璃安装的位置线，并固定好玻璃板靠位线条。

②把玻璃装入木框内，其两侧距木框的缝隙应相等，在缝隙中注入玻璃胶，然后钉上固定压条，固定压条宜用气钉枪钉固。

③对面积较大的玻璃板，安装时应用玻璃吸盘将玻璃提起来安装。

2)玻璃与金属框架的固定。

①玻璃与金属方框架安装时，先要安装玻璃压条，压条可以是金属角线或是金属槽线。固定压条可用自攻螺钉。

②根据金属框架的尺寸裁割玻璃，应按小于框架 3～5 mm 的尺寸裁割玻璃。

③安装玻璃前，应在框架下部的玻璃放置面上，涂一层厚 2 mm 的玻璃胶，如图 3-24 所示。玻璃安装后，玻璃的底边就压在玻璃胶层上。也可放置一层橡胶垫，玻璃安装后，底边压在橡胶垫上。

④把玻璃放入框内，并靠在压条上。如果玻璃面积较大，应用玻璃吸盘安装。玻璃板距金属框两侧的缝隙相等，并在缝隙中注入玻璃胶，然后安装封边压条。如果封边压条是金属槽条，且要求不得直接用自攻螺钉固定时，可先在金属框上固定木条，然后在木条上涂环氧

树脂胶(万能胶),把不锈钢扣槽或铝合金扣槽卡在木条上。如无特殊要求,可用自攻螺钉直接将压条固定在框架上。玻璃安装如图3-25所示。

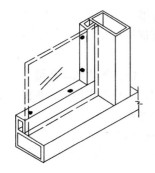

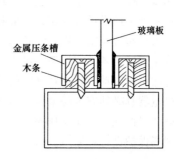

图3-24　玻璃靠位线条及底边涂玻璃胶　　　图3-25　金属框架上玻璃安装

3)玻璃板与不锈钢圆柱框的安装。

①玻璃板四周是不锈钢槽,其两边为圆柱,如图3-26(a)所示。先在内径宽度略大于玻璃厚度的不锈钢槽上画线,并在角位处开出对角口,对角口用专用剪刀剪出,并用什锦锉修边,使对角口合缝严密。

在对好角位的不锈钢槽框两侧,相隔200~300 mm的间距钻孔。钻头直径应不小于所用自攻螺钉0.8 mm。在不锈钢柱上面画出定位线和孔位线,并用同一钻头在不锈钢柱上孔位处钻孔。

用平头自攻螺钉,把不锈钢槽框固定在不锈钢柱上。

②玻璃板两侧是不锈钢槽与柱,上下是不锈钢管,且玻璃底边由不锈钢管托住,如图3-26所示。

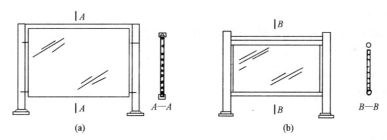

图3-26　玻璃板与不锈钢圆柱的安装

(4)勾缝。玻璃安装后,将玻璃四周清理干净,用玻璃胶进行勾缝处理。勾缝时,胶缝均匀一致,不夹气泡。用塑料片刮去多余的胶,然后用擦布清理污迹。

3.5.3　成品保护措施

(1)玻璃隔墙施工中,各工种间应确保已安装项目不受损坏,墙内电线管及附墙设备不得碰动、错位及损伤。

(2)玻璃砖入场、存放、使用过程中应妥善保管,保证不污染、无损坏。

(3)施工部位已安装的门窗、地面、墙面、窗台等应注意保护,防止损坏。已安装好的墙体不得碰撞,保证墙面不受损坏和污染。

(4)玻璃砖隔墙砌筑完后,在距玻璃砖墙两侧各100~200 mm处搭设木架,防止玻璃砖墙遭到磕碰。

3.5.4 安全环保措施

(1)隔墙工程的脚手架搭设应符合建筑施工安全标准。

(2)脚手架上搭设挑板应用铁丝绑扎固定，不得有探头板。

(3)工人操作应戴安全帽，注意防火。

(4)施工现场必须工完场清。设专人洒水、打扫，不能有扬尘污染环境。

(5)有噪声的电动工具应在规定的作业时间内施工，防止噪声污染、扰民。

(6)机电器具必须安装触电保护装置。发现问题立即修理。

(7)遵守操作规程，非操作人员不准乱动机具，以防伤人。

(8)现场保护良好，通风。

学习单元 3.6　轻质隔墙工程施工质量验收标准

3.6.1 一般规定

(1)本规定适用于板材隔墙、骨架隔墙、活动隔墙、玻璃隔墙等分项工程的质量验收。

(2)轻质隔墙工程验收时应检查下列文件和记录：

1)轻质隔墙工程的施工图、设计说明及其他设计文件。

2)材料的产品合格证书、性能检测报告、进场验收记录和复验报告。

3)隐蔽工程验收记录。

4)施工记录。

(3)轻质隔墙工程应对人造木板的甲醛含量进行复验。

(4)轻质隔墙工程应对下列隐蔽工程项目进行验收：

1)骨架隔墙中设备管线的安装及水管试压。

2)木龙骨防火、防腐处理。

3)预埋件或拉结筋。

4)龙骨安装。

5)填充材料的设置。

(5)同一品种的轻质隔墙工程每50间(大面积房间和走廊按轻质隔墙的墙面 30 m² 为一间)应划分为一个检验批，不足 50 间也应划分为一个检验批。

(6)轻质隔墙与顶棚和其他墙体的交接处应采取防开裂措施。

(7)民用建筑轻质隔墙工程的隔声性能应符合现行国家标准《民用建筑隔声设计规范》(GB 50118—2010)的规定。

3.6.2 板材隔墙工程

板材隔墙工程的检查数量应符合下列规定：每个检验批应至少抽查 10%，并不得少于 3 间；不足 3 间时应全数检查。

1. 主控项目

(1)隔墙板材的品种、规格、性能、颜色应符合设计要求。有隔声、隔热、阻燃、防潮等特殊要求的工程，板材应有相应性能等级的检测报告。

检验方法：观察；检查产品合格证书、进场验收记录和性能检测报告。

(2)安装隔墙板材所需预埋件、连接件的位置、数量及连接方法应符合设计要求。

检验方法：观察；尺量检查；检查隐蔽工程验收记录。

(3)隔墙板材安装必须牢固。现制钢丝网水泥隔墙与周边墙体的连接方法应符合设计要求，并应连接牢固。

检验方法：观察；手扳检查。

(4)隔墙板材所用接缝材料的品种及接缝方法应符合设计要求。

检验方法：观察；检查产品合格证书和施工记录。

2. 一般项目

(1)隔墙板材安装应垂直、平整、位置正确，板材不应有裂缝或缺损。

检验方法：观察；尺量检查。

(2)板材隔墙表面应平整光滑、色泽一致、洁净，接缝应均匀、顺直。

检验方法：观察；手摸检查。

(3)隔墙上的孔洞、槽、盒应位置正确、套割方正、边缘整齐。

检验方法：观察。

(4)板材隔墙安装的允许偏差和检验方法应符合表3-3的规定。

表3-3　板材隔墙安装的允许偏差和检验方法

项次	项目	允许偏差/mm				检验方法
		复合轻质墙板		石膏窄心板	钢丝网水泥板	
		金属夹芯板	其他复合板			
1	立面垂直度	2	3	3	3	用2m垂直检测尺检查
2	表面平整度	2	3	3	3	用2m靠尺和塞尺检查
3	阴阳角方正	3	3	3	4	用直角检测尺检查
4	接缝高低差	1	2	2	3	用钢直尺和塞尺检查

3.6.3　骨架隔墙工程

骨架隔墙工程的检查数量应符合下列规定：每个检验批应至少抽查10%，并不得少于3间；不足3间时应全数检查。

1. 主控项目

(1)骨架隔墙所用龙骨、配件、墙面板、填充材料及嵌缝材料的品种、规格、性能和木材的含水率应符合设计要求。有隔声、隔热、阻燃、防潮等特殊要求的工程，材料应有相应性能等级的检测报告。

检验方法：观察；检查产品合格证书、进场验收记录、性能检测报告和复验报告。

(2)骨架隔墙工程边框龙骨必须与基体结构连接牢固，并应平整、垂直、位置正确。

检验方法：手扳检查；尺量检查；检查隐蔽工程验收记录。

(3)骨架隔墙中龙骨间距和构造连接方法应符合设计要求。骨架内设备管线的安装、门窗洞口等部位加强龙骨应安装牢固、位置正确，填充材料的设置应符合设计要求。

检验方法：检查隐蔽工程验收记录。

(4)木龙骨及木墙面板的防火和防腐处理必须符合设计要求。

检验方法：检查隐蔽工程验收记录。

(5)骨架隔墙的墙面板应安装牢固，无脱层、翘曲、折裂及缺损。

检验方法：观察；手扳检查。

(6)墙面板所用接缝材料的接缝方法应符合设计要求。

检验方法：观察。

2. 一般项目

(1)骨架隔墙表面应平整光滑、色泽一致、洁净、无裂缝，接缝应均匀、顺直。

检验方法：观察；手摸检查。

(2)骨架隔墙上的孔洞、槽、盒应位置正确、套割吻合、边缘整齐。

检验方法：观察。

(3)骨架隔墙内的填充材料应干燥，填充应密实、均匀、无下坠。

检验方法：轻敲检查；检查隐蔽工程验收记录。

(4)骨架隔墙安装的允许偏差和检验方法应符合表3-4的规定。

表 3-4　骨架隔墙安装的允许偏差和检验方法

项次	项　目	允许偏差/mm		检验方法
		纸面石膏板	人造木板、水泥纤维板	
1	立面垂直度	3	4	用2m垂直检测尺检查
2	表面平整度	3	3	用2m靠尺和塞尺检查
3	阴阳角方正	3	3	用直角检测尺检查
4	接缝直线度		3	拉5m线，不足5m拉通线，用钢直尺检查
5	压条直线度		3	拉5m线，不足5m拉通线，用钢直尺检查
6	接缝高低差	1	1	用钢直尺和塞尺检查

3.6.4　活动隔墙工程

活动隔墙工程的检查数量应符合下列规定：每个检验批应至少抽查20%，并不得少于6间；不足6间时应全数检查。

1. 主控项目

(1)活动隔墙所用墙板、配件等材料的品种、规格、性能和木材的含水率应符合设计要求。有阻燃、防潮等特殊要求的工程，材料应有相应性能等级的检测报告。

检验方法：观察；检查产品合格证书、进场验收记录、性能检测报告和复验报告。

(2)活动隔墙轨道必须与基体结构连接牢固，并应位置正确。

检验方法：尺量检查；手扳检查。

(3)活动隔墙用于组装、推拉和制动的构配件必须安装牢固、位置正确，推拉必须安全、平稳、灵活。

检验方法：尺量检查；手扳检查；推拉检查。

(4)活动隔墙制作方法、组合方式应符合设计要求。

检验方法：观察。

2. 一般项目

(1)活动隔墙表面应色泽一致、平整光滑、洁净，线条应顺直、清晰。

检验方法：观察；手摸检查。

(2)活动隔墙上的孔洞、槽、盒应位置正确、套割吻合、边缘整齐。

检验方法：观察；尺量检查。

(3)活动隔墙推拉应无噪声。

检验方法：推拉检查。

(4)活动隔墙安装的允许偏差和检验方法应符合表3-5的规定。

表 3-5　活动隔墙安装的允许偏差和检验方法

项次	项目	允许偏差/mm	检验方法
1	立面垂直度	3	用2 m垂直检测尺检查
2	表面平整度	2	用2 m靠尺和塞尺检查
3	接缝直线度	3	拉5 m线，不足5 m拉通线，用钢直尺检查
4	接缝高低差	2	用钢直尺和塞尺检查
5	接缝宽度	2	用钢直尺检查

3.6.5　玻璃隔墙工程

玻璃隔墙工程的检查数量应符合下列规定：每个检验批应至少抽查20%，并不得少于6间；不足6间时应全数检查。

1. 主控项目

(1)玻璃隔墙工程所用材料的品种、规格、性能、图案和颜色应符合设计要求。玻璃板隔墙应使用安全玻璃。

检验方法：观察；检查产品合格证书、进场验收记录和性能检测报告。

(2)玻璃砖隔墙的砌筑或玻璃板隔墙的安装方法应符合设计要求。

检验方法：观察。

(3)玻璃砖隔墙砌筑中埋设的拉结筋必须与基体结构连接牢固，并应位置正确。

检验方法：手扳检查；尺量检查；检查隐蔽工程验收记录。

(4)玻璃板隔墙的安装必须牢固。玻璃板隔墙胶垫的安装应正确。

检验方法：观察；手推检查；检查施工记录。

2. 一般项目

(1)玻璃隔墙表面应色泽一致、平整洁净、清晰美观。

检验方法：观察。

(2)玻璃隔墙接缝应横平竖直，玻璃应无裂痕、缺损和划痕。

检验方法：观察。

(3)玻璃板隔墙嵌缝及玻璃砖隔墙勾缝应密实平整、均匀顺直、深浅一致。

检验方法：观察。

(4)玻璃隔墙安装的允许偏差和检验方法应符合表3-6的规定。

表 3-6　玻璃隔墙安装的允许偏差和检验方法

项次	项目	允许偏差/mm		检验方法
		玻璃砖	玻璃板	
1	立面垂直度	3	2	用 1 m 垂直检测尺检查
2	表面平整度	3		用 2 m 靠尺和塞尺检查
3	阴阳角方正		2	用直角检测尺检查
4	接缝直线度		2	拉 5 m 线，不足 5 m 拉通线，用钢直尺检查
5	接缝高低差	3	2	用钢直尺和塞尺检查
6	接缝宽度		1	用钢直尺检查

思考题

1. 轻质隔墙工程的质量要求与检验方法是什么？
2. 轻质隔墙工程中常出现的质量通病与防治措施有哪些？
3. 木板隔墙细部做法不规矩会产生什么样的后果？
4. 如何防止纤维板隔墙安装时板面空鼓、翘曲、钉帽生锈？
5. 如何安装灰板条隔墙？
6. 如何处理加气混凝土隔墙板与主体结构连接不牢固的问题？
7. 如果隔墙采用木踢脚板且不设置墙垫，如何处理？
8. 如何处理纸面石膏板隔墙的暗缝？

实训题

参观实训

分别参观正在施工和已经施工完毕的隔墙装修后完成以下作业：

1. 你所参观的隔墙采用的是哪种罩面材料？
2. 通过对已经做好隔墙的参观，根据你所掌握的知识谈谈你对它在装修效果以及质量上的看法。

学习情境 4

吊顶工程施工

任务目标

1. 了解吊顶的组成、分类和材料，熟悉吊顶工程施工工具及其使用方法。

2. 掌握明龙骨、暗龙骨吊顶工程施工操作方法。

3. 熟悉吊顶工程施工质量检验标准及检验方法，掌握吊顶工程施工常见质量通病及防治措施。

学习单元 4.1 吊顶的分类、组成和材料

吊顶又称顶棚，是室内装饰的重要组成部分，具有保温、隔热、隔声、吸声和美化空间的作用，也是区分室内空间的一种方法。

4.1.1 吊顶的分类

(1)吊顶按结构材料分有木结构吊顶、轻钢结构吊顶和铝合金结构吊顶。

1)木结构吊顶：龙骨和搁栅都采用木料，龙骨由螺栓或镀锌铁丝与楼板、大梁或屋架相连。

2)轻钢结构吊顶：龙骨和搁栅都采用轻型镀锌型钢构成，连接件为专用吊钩螺栓。

3)铝合金结构吊顶：龙骨和搁栅都采用铝合金型材，连接方式同轻钢结构吊顶。

(2)吊顶按结构形式分有明龙骨吊顶、暗龙骨吊顶。

1)明龙骨吊顶，一般为活动式吊顶，与铝合金龙骨、轻钢龙骨或其他类型龙骨配套使用。将饰面板明摆浮搁在龙骨上，以便于更换。龙骨可以是外露的，也可以是半露的。由于这种吊顶一般不上人，所以吊顶的悬吊体系比较简单，采用镀锌铁丝或伸缩式悬吊即可，如图4-1所示。

2)暗龙骨吊顶，又称隐蔽式吊顶。主要是指龙骨不外露，是一种用饰面板体现整体装修效果的吊顶形式。饰面板与龙骨的连接有三种方式：企口暗缝连接、胶粘剂连接、自攻螺钉连接。吊顶由主龙骨、次龙骨、吊杆、饰面板组成，如图4-2所示。

承重龙骨由螺栓、镀锌铁丝或特制铁件悬吊，连接铁件的长度根据结构需要而定，以适应设置空调通道、安装管道、上人修理等需要。

(3)吊顶按饰面板材料分有实木板吊顶、木制材料板吊顶、板条抹灰吊顶、石膏板吊顶、

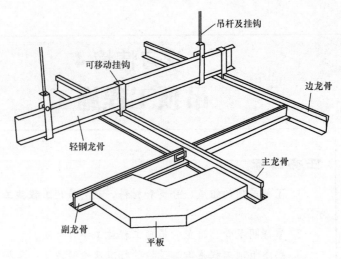

图 4-1 明龙骨吊顶示意图

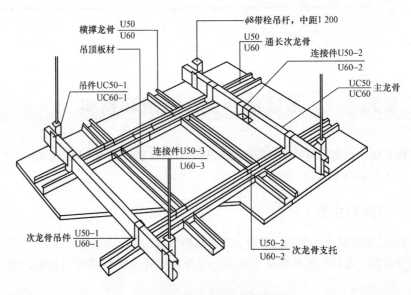

图 4-2 暗龙骨吊顶示意图

矿棉水泥板吊顶、金属吊顶、塑料吊顶和玻璃吊顶等。

（4）吊顶按技术要求分有保温吊顶、音响吊顶、通风吊顶和发光吊顶。

1）保温吊顶：在面板里侧铺玻璃纤维棉、聚氯乙烯泡沫塑料，使吊顶具有保温、隔热作用。

2）音响吊顶：面板采用多孔吸声材料，如木丝板、矿物纤维板等，使吊顶具有吸收声波、反射声波的功能。

3）通风吊顶：在吊顶面板上开孔，连接通风管道，将新鲜空气由空间向下压送。

4）发光吊顶：在吊顶内装有照明设施，通常为反光灯槽照明、吊顶内照明和吊顶外照明等表现形式。

（5）吊顶按外观分有平滑式吊顶、井格式吊顶、分层式吊顶、折板式吊顶、悬浮式吊顶。

1）平滑式吊顶：吊顶表面呈较大的平面或曲面，常给人一种博大感。这类吊顶对于中小型民用建筑，可直接利用原有结构吊顶加以简单装修形成；对于大面积室内空间，也可以做悬吊式吊顶，即离开结构层一定距离再做一层吊顶，灯具、通风口及扩声系统就布置在其中。

2）井格式吊顶：一般是楼盖或屋盖采用井格式经抹灰或其他装修而成，灯具、通风口或石膏花饰可以布置在格子中间或交叉点。

3）分层式吊顶：将吊顶分成不同标高的两层或几层，即成为分层式吊顶。在室内空间有时为了取得均匀柔和的光线和良好的声学效果，可采用高低不同的吊顶形成暗灯槽；有时为了强调和突出室内空间某一部分的高大，则降低另外一部分吊顶来形成对比和衬托，使主要部分显得庞大，次要部分亲切宜人，在这些情况下都可以采用分层式吊顶。分层式吊顶简洁大方，并可与音响、照明、通风等要求自然结合，使室内空间丰富而有变化，重点突出。

4）折板式吊顶：对于一些声学、照明设计有一定要求的使用空间，如影剧院、观众厅，可采用各种形式的折板作为吊顶。

5）悬浮式吊顶：将吊顶的面层采用悬吊物装饰，如织物、葡萄架等各种金属或塑料格片。

4.1.2　吊顶的组成

吊顶是由支承部分、基层部分、面层部分组成的。

1. 支承部分

支承部分又称为承载部分，它要承受饰面材料的重量和其他荷载（顶面灯具、消防设施、各种饰物、上人检查和自重等），并通过吊筋传递给屋架或楼板等主体结构。

组成支承部分的主要骨架构件是承载龙骨，又称为主龙骨或大龙骨，有木制和轻金属两种，一般设置在垂直于桁架（悬挂在屋架下的吊顶）方向，间距在 1.5 m 左右。主龙骨与吊筋（吊杆）相连接，吊筋可以是光圆的普通碳钢、小截面的型钢，也可以用方木。与主龙骨的连接可以用螺栓拧固、焊接、钩挂或钉固。一些古建筑或老式房间的吊顶工程中，主龙骨有时直接用檩条代替，次龙骨则用吊筋悬挂在檩条下方。

（1）木龙骨吊顶的支承部分。木龙骨吊顶支承多是在木屋架下面，现代建筑物都在钢筋混凝土楼板下面吊顶。如以木龙骨作为吊顶的支承部分，其做法是：先在混凝土楼板内预埋的钢筋圆钩上穿 8 号镀锌低碳钢丝，吊顶时用它将主龙骨拧牢；或用 $\phi 8 \sim 10$ mm 的吊筋螺栓与楼板缝内的预埋钢筋焊牢，下面穿过主龙骨拧紧并保持水平，但楼板缝内的预埋钢筋必须与主龙骨的位置一致；也可以采用光圆的普通碳钢作吊杆，上端与预埋件焊接牢固，下端与主龙骨用螺栓连接；轻型吊顶，又无保温、隔声要求时，还可以采用干燥的木杆，端头与方木主梁及木屋架用木钉子钉固。

木龙骨金属网吊顶的主龙骨一般用 80 mm×100 mm 的方木与吊筋绑扎牢固。木屋架下面做板条吊顶时，主龙骨的截面尺寸和间距大小要根据设计要求确定，无设计要求时，主龙骨可以采用 50 mm×70 mm 的方木，间距为 1 m 左右；楼板下面做板条吊顶时，主龙骨的固定方法是：在楼板缝上垂直于拼缝的方向按主龙骨的间距摆放短钢筋，在每根钢筋处用 $\phi 4$ 的镀锌钢丝绕过钢筋从板缝中穿下，将主龙骨置于楼板下方，摆好间距及位置，逐个用镀锌钢丝绑扎牢固。

（2）金属龙骨吊顶的支承部分。金属龙骨包括轻钢龙骨与铝合金龙骨，吊顶的支承部分同样由主龙骨与吊筋（吊杆）组成。承载主龙骨的截面形状有 U 形、C 形、L 形和 T 形等，截面尺寸的大小取决于承受荷载的大小，间距一般为 1～1.5 m。主龙骨与楼板结构或屋顶结构的连接一般是通过吊筋，吊筋数量要科学、合理，考虑到龙骨的跨度和龙骨的截面尺寸，以1～2 m设置一根较为合适。吊筋可以使用光圆的普通碳钢、型钢或吊顶型材的配套吊件。吊筋与主龙骨的连接一般使用专门加工的吊挂件或套件；与屋顶楼板或其他结构固定的方法，要看是上人还是不上人的吊顶，可分别采取在楼板中预埋或焊接。

2. 基层部分

悬吊式吊顶的基层部分由中龙骨(次龙骨)和小龙骨(间距龙骨)构成。

(1)木龙骨吊顶的基层部分。木龙骨吊顶的中龙骨一般选用40 mm×45 mm或50 mm×50 mm的方木，间距为400～500 mm。需要选定一面预先刨平、刨光，以保证基层平顺，饰面层质量好。中龙骨的接头及较大节疤的断裂处要用双面夹板夹住，并要错开使用。刨平、刨光面的中龙骨一般作为底面，并位于同一标高，与主龙骨呈垂直布置。钉固中间部分的中龙骨时要适当起拱，房间跨度为7～10 m时，按3/1 000起拱；房间跨度为10～15 m时，按5/1 000起拱。起拱高度拉通线检查一处时，其允许偏差为±10 mm。小龙骨的规格也可以是40 mm×45 mm或50 mm×50 mm的方木，其间距为300～400 mm，用3英寸(1英寸＝25.4 mm)木钉与中龙骨钉固。中龙骨与主龙骨的连接可用80～90 mm的圆钉穿过中龙骨钉入主龙骨。

对于木龙骨金属网吊顶，为增加金属网的刚度，可以先在中龙骨上钉固4.5 mm的圆钢，间距为200 mm。然后，在与圆钢的垂直方向钉固金属网，并用22号镀锌低碳钢丝将金属网与圆钢绑扎牢固。金属网在平面上必须绷紧，相互间的搭接宽度应不小于200 mm，搭接口下面的金属网应与中龙骨及圆钢绑牢或钉固，不准悬空。

(2)轻金属龙骨吊顶的基层部分。轻钢龙骨或铝合金龙骨因为它们的自重轻，加工成型比较方便，故可以直接用镀锌低碳钢丝绑扎或用配套连接件将主龙骨、中龙骨和小龙骨连接在一起，形成吊顶的基层部分。吊顶的基层部分施工时，应按设计要求留出灯具、风扇或中央空调送风口的位置，并做好预留孔洞及吊挂措施等方面的工作。若吊顶内尚有管道、电线及其他设施，应同时安装完毕；若管道外有保温要求，应在完成保温工作后，并统一经过验收合格，才准许做吊顶的面层。

3. 面层部分

(1)木龙骨吊顶的面层部分。木龙骨吊顶所用的面层多为人造板材，如刨花板、纤维板、胶合板、纸面石膏板以及金属网与板条抹灰等。人造板材铺钉前，要锯割成长方形或正方形等，顶面上排板是采用留缝钉固还是镶钉压条，要按设计要求确定。罩面板的安装一般是由中间向四周对称排列。所以，安装前应按分块尺寸弹线，保证墙面与吊顶交接处接缝交圈一致。面板铺钉完毕，必须保证连接牢固，表面不准出现翘曲、脱层、缺棱掉角和折裂等缺陷。

板面上若布设电器底座，应嵌装牢固，底座的下表面应与面板的底面平齐。面板与龙骨的固定方法多为钉固，圆钉的长度应不短于30 mm，钉距控制在80～150 mm。钉固前应先用打钉机将钉帽砸扁，要顺木纹钉入，钉帽应入板面1～1.5 mm，然后用油性腻子腻眼、找平。面板若是硬质纤维板时，板子应先用水浸透，待晾干后才能安装；用刨花板、木丝板作面板时，钉固所用钉子的长度要超过板厚的2倍，还要加用镀锌薄钢板垫圈。

木屋架下的木龙骨板条吊顶，板条排列应与中龙骨垂直，所有板条的接头应枕在中龙骨上，不准悬空，且板条之间的间隙应为7～10 mm，板条端部间隙为3～5 mm，接头要分段交错布置，以加强龙骨架的整体刚度，不致造成抹灰后饰面层开裂。板条的厚度应为7～10 mm，宽度不超过35 mm。铺钉时，板条的纯棱应向里侧钉固，不准使用厚度相差太多的板条。板条钉固完毕，板面应平整，没有翘曲和松动的现象。抹灰时要将板缝填满灰浆。罩面灰抹完后，应不显板缝和板条接头的痕迹。

（2）轻金属龙骨吊顶的面层部分。轻金属龙骨吊顶的面层属于预制拼装的吊顶装饰施工。这种吊顶的面层都是选用质量小、吸声性能及装饰功能好的新型板材，如矿棉吸声板、石膏纤维装饰吸声板、钙塑泡沫装饰吸声板和聚苯乙烯泡沫装饰吸声板等。龙骨的布置，尤其是小龙骨的布置，应与饰面板材的规格尺寸相适应。预制饰面板材与吊顶龙骨的构造关系一般有两种：一种是龙骨外露，如图4-3所示；另一种是龙骨不外露，如图4-4所示。前者是将饰面板搁在龙骨的翼缘上，龙骨以框格的形式裸露在外，如常见的外露铝合金明龙骨吊顶等；后者是指龙骨被饰面板遮盖，龙骨框格不显露，龙骨与板材的连接采用气钉钉固或自攻螺钉拧固，如图4-4（a）所示；若饰面板为企口形状，则可以采取嵌装连接，如图4-4（b）所示。大面积的吊顶装饰工程还可以采用开敞式单体组合吊顶，如使用塑料片、不锈钢片等成格布置组装成吊顶饰面，使室内上部光线透过格片而形成柔和、均匀的光色效果；也有利用高效能的吸声体，重复组合地悬挂在室内顶部，起装饰和吸声的作用。

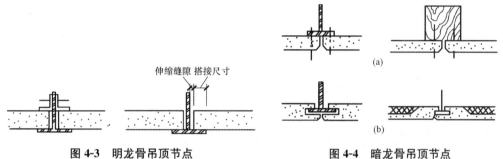

图 4-3　明龙骨吊顶节点

图 4-4　暗龙骨吊顶节点
（a）龙骨与饰面板钉固；（b）企口板嵌装

4.1.3　吊顶的材料

吊顶的材料主要包括吊顶龙骨材料和吊顶罩面材料两部分。

4.1.3.1　吊顶龙骨材料

吊顶龙骨材料是吊顶工程中用于组装成吊顶龙骨骨架的最基本材料，其性能和质量的优劣将直接影响吊顶的实用性能（如防火、刚性等）。

吊顶用龙骨主要包括木骨架龙骨、轻钢龙骨、铝合金龙骨和型钢骨架龙骨等。其中，木骨架龙骨是最传统的龙骨材料，由于其防水性能、耐腐蚀性、耐火性、施工制作等方面的不足，已基本被新型建材所取代，仅用于简易吊顶或临时吊顶工程；而型钢骨架龙骨适用于一些重量较大的吊顶，在住宅工程中不常用。

下面主要介绍轻钢龙骨。

（1）特性。轻钢龙骨是采用镀锌钢板或薄钢板，经剪裁冷弯辊轧冲压而成，可分为若干型号。它与传统的木骨架龙骨相比，具有防水、防蛀、自重轻、施工方便、灵活等优点。轻钢龙骨配装不同材质、色彩和质感的罩面板，不仅改善了建筑物的声学、力学性能，也直接造就了不同的艺术风格，是室内设计的重要手段。

（2）品种。国内市场目前使用的轻钢龙骨包括三大种类：U形、C形、L形轻钢龙骨，T形、L形吊顶轻钢龙骨，H形、T形、L形轻钢龙骨。其中，U形、C形、L形轻钢龙骨在国内应用最为成熟。

（3）U形、C形、L形龙骨规格。U形、C形、L形轻钢龙骨按承载龙骨的规格分为四种：D38（38系列）、D45（45系列）、D50（50系列）和D4.50（4.50系列），参见表4-1。此外，未列入国家标准的还有近几年国内有的厂家生产的 D25(25 系列)。

表 4-1　U 形、C 形、L 形轻钢龙骨规格 mm

名称	横截面形状类别	规格							
		D38		D45		D50		D4.50	
		尺寸 A	尺寸 B	尺寸 A	尺寸 B	尺寸 A	尺寸 B	尺寸 A	尺寸 B
承载龙骨	U 形	38		45		50		4.50	
覆面龙骨	C 形	38		45		50		4.50	
边龙骨	L 形								

注：(1)规格之所以用承载龙骨的尺寸来划分，主要原因是承载龙骨是决定吊顶荷载大小的关键。UC38 系列适用于不上人的吊顶，UC50 系列适用于偶尔上人的吊顶，UC4.50 系列适用于常上人的及有重型荷载的吊顶。
　　(2)不同规格尺寸的承载龙骨、覆面龙骨、边龙骨可以根据需要配合使用。
　　(3)承载龙骨、覆面龙骨的尺寸 B 没有明确规定。
　　(4)边龙骨的尺寸 A、B 均没有明确规定。

(4)技术指标。U 形、C 形、L 形轻钢龙骨的技术指标如表 4-2～表 4-8 所示。

表 4-2　U 形、C 形、L 形轻钢龙骨平直度要求 mm

品种	检测部位	优等品	一等品	合格品
承载龙骨、覆面龙骨	侧面和底面	1.0	1.5	2.0

表 4-3　U 形、C 形、L 形轻钢龙骨的弯曲内角半径要求 mm

钢板厚度	≤0.75	≤0.80	≤1.00	≤1.20	≤1.50
弯曲内角半径 R	1.25	1.50	1.75	2.00	2.25

表 4-4　U 形、C 形、L 形轻钢龙骨尺寸要求 mm

项目			允许偏差		
			优等品	一等品	合格品
长度 L			$+30$ -10		
覆面龙骨	尺寸 A	A≤30	$+1.0$		
		A>30	-1.5		
	尺寸 B		±0.3	±0.4	±0.5
其他龙骨	尺寸 A		±0.3	±0.4	±0.5
	尺寸 B	B≤30	±1.0		
		B>30	±1.5		

表 4-5　U 形、C 形、L 形轻钢龙骨角度偏差要求

成形角的最短边尺寸/mm	优等品	一等品	合格品
10～18	±1°15′	±1°30′	±2°00′
>18	±1°00′	±1°15′	±1°30′

表 4-6　U 形、C 形、L 形轻钢龙骨力学性能

项目		要求
静载试验	覆面龙骨	最大挠度≤10.0 mm，残余变形≤2.0 mm
	承载龙骨	最大挠度≤5.0 mm，残余变形≤2.0 mm

表 4-7　U 形、C 形、L 形轻钢龙骨表面镀锌量的要求　　g/m²

项目	优等品	一等品	合格品
双面镀锌	120	100	80

表 4-8　U 形、C 形、L 形轻钢龙骨外观质量要求

缺陷种类	优等品	一等品	合格品
腐蚀、损伤、黑斑、麻点	不允许	无较严重的腐蚀、损伤、麻点，面积不大于 1 cm² 的黑斑每米长度内不多于 5 处	

4.1.3.2　吊顶罩面材料

吊顶罩面材料品种很多，包括纸面石膏板、装饰石膏板、嵌装装饰石膏板、玻璃棉及矿棉装饰吸声板、珍珠岩及膨胀珍珠岩装饰板、PVC 塑料扣板、纤维水泥加压板、软木装饰板、玻璃及金属装饰板等。同时，吊顶的罩面材料不断推陈出新，向着多功能、复合性、装配化方面发展。

1. 纸面石膏板

(1)特性：纸面石膏板具有轻质、耐火、耐热、隔热、隔声、低收缩和较高的强度等优良综合物理性能，还具有自动微调室内湿度的功能，又具有良好的可加工性能。

(2)品种：纸面石膏板按性能可分为四种：普通纸面石膏板、耐火纸面石膏板、耐水纸面石膏板、耐水耐火纸面石膏板。

(3)技术性能：

1)外观质量。纸面石膏板板面平整，不应有影响使用的波纹、沟槽、亏料、漏料和划伤、破损、污痕等缺陷。

2)尺寸偏差。纸面石膏板的尺寸偏差应符合表 4-9 的规定。

表 4-9　纸面石膏板尺寸偏差　　mm

项目	长度	宽度	厚度	
			9.5	≤12.0
尺寸偏差	−6~0	−5~0	±0.5	±0.6

3)对角线长度差。板材应切割成矩形，两对角线长度差不大于 5 mm。

4)楔形棱边断面尺寸。对于棱边形状为楔形的板材，楔形棱边宽度应为 30~80 mm，楔形棱边深度应为 0.6~1.9 mm。

5)面密度。纸面石膏板的面密度应不大于表 4-10 的规定。

表 4-10　纸面石膏板的面密度

板材厚度/mm	面密度/(kg·m⁻²)
9.5	9.5
12.0	12.0
15.0	15.0
18.0	18.0
21.0	21.0
25.0	25.0

6)断裂荷载。纸面石膏板的断裂荷载应不小于表 4-11 的规定。

表 4-11　纸面石膏板的断裂荷载

板材厚度/mm	断裂荷载/N			
	纵向		横向	
	平均值	最小值	平均值	最小值
9.5	400	360	160	140
12.0	520	460	200	180
15.0	650	580	250	220
18.0	770	700	300	270
21.0	900	810	350	320
25.0	1 100	970	420	380

7)硬度。纸面石膏板的棱边硬度和端头硬度应不小于 70 N。

8)抗冲击性。经冲击后，板材背面应无径向裂纹。

9)护面纸与芯材粘结性。护面纸与芯材应不剥离。

2. 装饰石膏板

(1)特性。装饰石膏板是一种具有良好防水性能和一定保温及隔声性能的吊顶板材，该板材是以建筑石膏为主要原料，掺入适量纤维增强材料和外加剂浇注成型，它不但可以制成平面，还可以制成有浮雕图案、风格独特的板材，具有良好的装饰效果，适用于住宅门厅、起居室等部位的吊顶。

(2)规格。装饰石膏板一般为方板，其常用规格有两种：500 mm×500 mm×9 mm 和 600 mm×600 mm×11 mm。

(3)品种。装饰石膏板按其防潮性能可分为两种：普通装饰石膏板和防潮装饰石膏板。根据板材正面形状和防潮性能的不同，其分类及代号见表 4-12。按石膏板棱边断面形状来分有两种：直角形装饰石膏板和倒角形装饰石膏板。

表 4-12　装饰石膏板板材分类及代号

分类	普通板			防潮板		
	平板	孔板	浮雕板	平板	孔板	浮雕板
代号	P	K	D	FP	FK	FD

(4)技术性能。

1)外观质量。装饰石膏板正面不应有影响装饰效果的气孔、污痕、裂纹、缺角、色彩不均匀和图案不完整等缺陷。

2）板材尺寸允许偏差、不平整度和直角偏离度。板材尺寸允许偏差、不平整度和直角偏离度应不大于表4-13的规定。

表4-13　板材尺寸允许偏差、不平整度和直角偏离度　　　　　mm

项目	指标
边长	+1 −2
厚度	±1.0
不平度	2.0
直角偏离度	2

3）物理力学性能。产品物理力学性能应符合表4-14的要求。

表4-14 物理力学性能

序号	项目		指标					
			P、K、FP、FK			D、FD		
			平均值	最大值	最小值	平均值	最大值	最小值
1	单位面积质量/ $(kg \cdot m^{-2}) \leqslant$	厚度 9 mm	10.0	11.0	—	13.0	14.0	—
		厚度 11 mm	12.0	13.0	—	—	—	—
2	含水率/%		2.5	3.0	—	2.5	3.0	—
3	吸水率/%		8.0	9.0	—	8.0	9.0	—
4	断裂荷载/N		147	—	132	167	—	150
5	受潮挠度/mm		10	12	—	10	12	—
注：D 和 FD 的厚度系指棱边厚度。								

3. PVC 塑料扣板

（1）特点：PVC 塑料扣板以聚氯乙烯（PVC）为主要原料，加入稳定剂、加工改性剂、色料等助剂，经捏合、混炼、造粒、挤出定型制成。产品具有表面光滑、硬度高、防水、防腐、隔声、不变形、不热胀冷缩、色泽绚丽、富有真实感等特点。PVC 塑料扣板在住宅工程的厨房、卫生间及公用部位中使用相当普遍。

（2）品种：PVC 塑料扣板以颜色、图案划分有较多品种，可供选择的花色品种有乳白、米黄、湖蓝等，图案有昙花、熊竹、云龙、格花、拼花等。

（3）规格：PVC 塑料扣板包括方板和条板两种，方板一般规格为 500 mm×500 mm，厚度一般为 4 mm。

（4）技术指标：PVC 塑料扣板技术指标见表4-14。

表 4-14　PVC 塑料扣板技术指标

表观密度/$(kg \cdot m^{-3})$	13.0～14.50	导热系数/$[W \cdot (m \cdot K)^{-1}]$	0.174
抗拉强度/MPa	28	耐热性(不变性)/℃	4.50
吸水性/$(kg \cdot m^{-2})$	<0.2	阻热性	氧指数>30

4. 金属装饰板

（1）特点：金属装饰板是目前比较流行的一种吊顶装饰材料，它由薄壁金属板经过冲压成型、表面处理而成，用于住宅室内装饰，不仅安装方便，而且装饰效果非常理想。金属材料是难燃材料，用于室内可以满足防火方面的要求，而且金属板经过穿孔处理，填充声学材料，能够很好地解决声学问题，因此金属装饰板是一种多功能的装配化程度高的吊顶材料。

（2）品种：金属装饰板按材质分有铝合金装饰板、镀锌钢装饰板、不锈钢装饰板、铜装饰板等；按性能分有一般装饰板和吸声装饰板；按几何形状分有长条形、方形、圆形、异形等；按表面处理分有阳极氧化、镀漆复合膜等；按孔心分有圆孔、方孔、长圆孔、长方孔、三角孔等；按颜色分有铝本色、金黄色、古铜色、茶色、淡蓝色等。从饰面处理、加工及造价角度考虑，目前流行的是铝合金装饰板，在一般住宅装饰中较符合人们的购物心理，物美价廉。

（3）规格：铝合金装饰板规格方面变化较多，就住宅装饰而言，一般有长条形、方形两种。长条形长度一般不超过 4.5 m，宽度一般为 100 mm，铝板厚度为 0.5～1.5 mm；小于 0.5 mm 厚度的板条，因刚度差、易变形而用得较少，大于 1.5 mm 的厚板用得也比较少。而方形板的规格一般为 500 mm×500 mm，厚度一般为 0.5 mm。

（4）技术指标：铝合金装饰板延伸率为 5%，抗拉强度为 90.0 MPa，腐蚀率为 0.0015 mm/年，镀膜厚度一般不小于 4.5 μm。

5. 铝扣板

铝扣板是 20 世纪 90 年代出现的一种新型家装吊顶材料，主要用于厨房和卫生间的吊顶工程。由于铝扣板的整个工程使用全金属打造，在使用寿命和环保能力上更优越于 PVC 材料和塑钢材料，目前，铝扣板已经成为家装工程中不可缺少的材料之一。人们往往把铝扣板比喻为"厨卫的帽子"，就是因为它对厨房和卫生间具有更好的保护性能和美化装饰作用。目前，铝扣板行业已经在全国各大、中型城市全面普及，并已经成熟化、全面化。

家装铝扣板在国内按照表面处理工艺主要分为喷涂铝扣板、滚涂铝扣板、覆膜铝扣板三种大类，使用寿命依次增大，性能依次增高。喷涂铝扣板正常的使用年限为 5～10 年，滚涂铝扣板为 7～15 年，覆膜铝扣板为 10～30 年。

铝扣板的规格有长条形、方块形、长方形等多种，颜色也较多，因此在厨卫吊顶中有很多的选择余地。目前，常用的长条形规格有 5 cm、10 cm、15 cm 和 20 cm 等几种；方块形的常用规格有 300 mm×300 mm、4 500 mm×4 500 mm 等多种，小面积多采用 300 mm×300 mm，大面积多采用 4 500 mm×4 500 mm。为使吊顶看起来更美观，可以将宽窄搭配，两种颜色组合搭配。铝扣板的厚度有 0.4 mm、0.45 mm、0.8 mm 等多种，越厚的铝扣板越平整，使用年限也就越长。

6. 铝塑板

铝塑板是由薄铝层和塑料层构成，分单面铝塑板和双面铝塑板，厚度一般为 3～5 mm。它是一种易于加工、成型性好的材料，一般用于餐厅、浴室、形象墙、展柜、暖气罩、厨卫吊顶、隔断等造型上。选购铝塑板时应用游标卡尺测量一下厚度是否达到要求，再准备磁铁检验是铁还是铝。

4.1.4 集成吊顶

集成吊顶（又称整体吊顶、组合吊顶、智能吊顶）是整体浴室和整体厨房出现后，厨卫上层空间吊顶装饰的最新产品，它代表着当今厨卫吊顶装饰的最顶尖技术。集成吊顶打破了原有传统吊顶的一成不变，真正将原有产品做到了模块化、组件化，让用户自由选择吊顶材料、换气照明及取暖模块，效果一目了然，购物一步到位。

集成吊顶的特点如下：

(1)板面款式多。方矩搭配，灵动组合，色彩鲜艳，覆膜、表面处理漆面坚固，持久耐用。而普通板面不易清洗，安装后易变形、老化的缺点都会排除。

(2)高热低耗，加倍温暖。

(3)整合方式好。将原浴霸产品拆分成若干模块，自由组合，集成取暖、换气、照明和吊顶为一体的全托式吊顶。

(4)性能优化。选择空间和生活情趣多样；均光受热，避免了头热脚凉；扩展进气，避免了无效空转；照面换气结合，避免了高温和灯光死角的影响；板块灵动组合，安装一体设计，避免了耗力耗材。

(5)安全性能好。板材韧性好，顶面平整度高，板面是采用阳极氧化板，表面坚固，耐用，自然隔离，整齐且绝缘性好，不易变形、老化、短路，拆装简便、擦洗方便，减少二次浪费，方便升级换代。

学习单元4.2 明龙骨吊顶工程施工

4.2.1 施工准备

1. 技术准备

明龙骨吊顶施工前技术准备包括具有完整的施工图等设计文件；符合城市规划、消防、环保、节能等方面的有关规定。施工图设计文件应规定：

(1)明龙骨的基本做法、大样、尺寸及说明；

(2)材料品种、规格、颜色和相应的性能要求；

(3)所用材料必须符合国家现行标准的规定，严禁使用国家明令淘汰的材料。

2. 材料准备

(1)饰面板材料：吊顶所使用饰面板的品种、规格和颜色应符合设计要求；应检查材料的产品合格证、性能检测报告、出厂日期及使用说明书、进场验收记录和复验报告；应优先选用绿色环保材料和通过 ISO 14001 环保体系认证的产品；木材或人造板还应检查甲醛含量；饰面板表面应平整，边缘应整齐，颜色应一致；穿孔板的孔距应排列整齐，胶合板、木质纤维板、大芯板不应脱胶、变色；造型木板和木饰面板应进行防腐、防火、防蛀处理，并且应干燥；搁置式轻质饰面板，应按照设计要求设置压卡装置。

(2)龙骨材料：吊顶所使用龙骨的品种、规格和颜色应符合设计要求；应优先选用绿色环保材料和通过 ISO 14001 环保体系认证的产品；应检查材料的产品合格证、性能检测报告、出厂日期及使用说明书、进场验收记录和复验报告。

(3)防火涂料：防火涂料应有产品合格证书及使用说明书；采用绿色环保涂料和通过 ISO 14001 环保体系认证的产品；应检查材料的产品合格证、性能检测报告、出厂日期及使用说明书、进场验收记录和复验报告。

(4)胶粘剂：胶粘剂的类型应按照所用饰面的品种配套使用；选用绿色环保胶粘材料和通过 ISO 14001 环保体系认证的产品；应检查材料的产品合格证、性能检测报告、出厂日期及使用说明书、进场验收记录和复验报告。

3. 施工工具与机具准备

(1)施工工具：锤子、水平尺、靠尺、手锯、刮刀、曲线锯、方尺、卷尺、直尺。

(2)施工机具：射钉枪、铝合金打孔机、手持式电钻、铆钉枪、板材弯曲机、电动圆盘锯、冲击钻、电焊机、空压机。

4. 作业条件准备

(1)吊顶工程施工前，应熟悉施工图纸及设计说明书，并应熟悉施工现场情况。

(2)屋面或楼面的防水层施工完成，并且验收合格；门窗安装完成，并且验收合格；墙面抹灰完成。

(3)按照设计要求对房间的净高、洞口标高和吊顶内的管道、设备支架的标高进行了交接检验。

(4)吊顶内各种管线及通风管道安装完成，试压成功。

(5)吊顶内其他作业项目已经完成。

(6)墙面体预埋木砖及吊筋的数量和质量，经检查验收符合规范要求。

(7)供吊顶用的电源已经接通，并且提供到施工现场。

(8)供吊顶用的脚手架已搭设完成，经检查符合要求。

(9)供吊顶用的材料和工具已到现场或按现场要求加工成型。

(10)板安装时室内湿度控制在70%以下。

4.2.2 施工工艺流程

弹线找平→安装吊杆→安装边龙骨→安装主龙骨→安装次龙骨和横撑龙骨→安装饰面板。

4.2.3 施工操作要点

1. 弹线

在吊顶的区域内，根据吊顶设计标高，沿墙面四周弹出安装吊顶的下口标高定位控制线，再根据大样图在吊顶上弹出吊点位置和复核吊点间距。弹线应清晰，位置应准确无误。同时，按吊顶平面图，在混凝土顶板弹出主龙骨的位置。主龙骨应从吊顶中心向两边分，最大间距为1 000 mm，并标出吊杆的固定点，吊杆的固定点间距900~1 000 mm。如遇到梁和管道固定点大于设计和规程要求，应增加吊杆的固定点。

2. 安装吊杆

不上人的吊顶，吊杆长度小于1 000 mm，可以采用ϕ4.5 mm的吊杆，如果大于1 000 mm，应采用ϕ8 mm的吊杆。上人的吊顶，吊杆长度小于1 000 mm，可以采用ϕ8 mm的吊杆，如果大于1 000 mm，应采用ϕ10 mm的吊杆。吊杆的一端与角码焊接(角码的孔径应根据吊杆和膨胀螺栓的直径确定)，另一端为攻丝套出大于100 mm的丝杆，或与成品丝杆焊接。制作好的吊杆应做防锈处理，吊杆用膨胀螺栓固定在楼板上。

吊杆应通直，吊杆距主龙骨端部的距离不得大于300 mm。当大于300 mm时，应增加吊杆。当吊杆与设备相遇时，应调整并增设吊杆。吊顶灯具、风口及检修口等应设附加吊杆。

3. 安装边龙骨

边龙骨的安装应按设计要求弹线，沿墙(柱)上的水平龙骨线把L形镀锌轻钢条(或铝材)用自攻螺钉固定在预埋木砖上；如为混凝土墙(柱)，可用射钉固定，射钉间距不应大于吊顶次龙骨的间距。

4. 安装主龙骨

一般情况下，主龙骨应吊挂在吊杆上，主龙骨间距900～1 000 mm。如为大型的造型吊顶，造型部分应用角钢或扁钢焊接成框架，并应与楼板连接牢固。

龙骨间距及断面尺寸应符合设计要求。主龙骨分为轻钢龙骨和T形龙骨。上人吊顶一般采用TC50和UC50中龙骨，吊点间距900～1 200 mm；不上人吊顶一般采用TC38和UC38小龙骨，吊点间距900～1 200 mm。主龙骨应平行于房间长向安装，同时应起拱，起拱高度为房间跨度的1/200～1/300。主龙骨的悬臂段不应大于300 mm，否则应增加吊杆。主龙骨的接长应采用对接，相邻龙骨的对接接头要相互错开。主龙骨安装完毕后应进行调平，全面校正主龙骨的位置及平整度，连接件应错位安装。待平整度满足设计与规范的相应要求后，方可进行次龙骨安装。

5. 安装次龙骨和横撑龙骨

次龙骨应紧贴主龙骨安装。次龙骨间距应根据罩面板规格而定。用T形镀锌铁片连接件把次龙骨固定在主龙骨上时，次龙骨的两端应搭在L形边龙骨的水平翼缘上。横撑龙骨应用连接件将其两端连接在通长龙骨上。龙骨之间的连接一般采用连接件连接，有些部位可用抽芯铆钉连接。全面校正次龙骨的位置及平整度，连接件应错位安装。

6. 安装饰面板

罩面板安装应确保企口的相互咬接及图案花纹的吻合。饰面板与龙骨嵌装时，应防止相互挤压过紧或脱落。采用搁置法安装时应留有板材安装缝，每边缝隙不宜大于1 mm。玻璃吊顶龙骨上的玻璃搭接宽度应符合设计要求，并应采用软连接。

(1)装饰石膏板安装：装饰石膏板一般采用铝合金T形龙骨，龙骨安装完成合格后，取出装饰石膏板放入搁栅中，用橡皮小锤轻轻敲击装饰石膏板边缘，使石膏板在铝合金龙骨中搁置牢固、平稳。

(2)矿棉装饰吸声板安装：规格一般分为4 500 mm×4 500 mm、4 500 mm×1 200 mm两种。面板直接搁于龙骨上。安装时应有定位措施，应注意板背面的箭头方向和白线方向一致，以保证花样、图案的整体性。

(3)硅钙板、塑料板安装：规格一般为4 500 mm×4 500 mm，直接搁置于龙骨上即可。安装时，应注意板背面的箭头方向和白线方向一致，以保证花样、图案的整体性。

4.2.4　成品保护措施

(1)吊顶龙骨材料、饰面板及其他吊顶材料在入场存放和使用过程中要严格管理，保证不变形、不受潮和不生锈。

(2)吊顶工程施工时应充分检查隐蔽工程和重型灯具、电扇及其他设备安装，吊顶工程安装完成后，不得再破坏饰面板。

(3)保护饰面板的颜色不受粉尘、水、潮的影响，及时清理饰面板上的灰尘。

(4)饰面板严禁受撞击、冲击，以免造成损坏。

(5)检修口处应做好加固处理，检修时应小心，不可损坏检修口或其他部位吊顶。

(6)安装重型灯具、电扇及其他设备时应注意成品保护，不得污染或损坏吊顶。

(7)吊顶完毕后，进行其他后续作业时应注意保护吊顶，不得污染或破坏吊顶。

(8)吊顶的施工顺序应安排在楼面或屋面防水工程完工后进行，罩面板安装必须在吊顶内管道、试水、保温等一切工序全部验收后进行。

(9)安装饰面板时，施工人员应戴线手套，防止污染饰面板。

4.2.5　安全环保措施

(1)用电应由专业人员负责施工，并负责管理。

(2)吊顶用脚手架应为满堂脚手架，搭设完毕后应经检查合格后方可使用。

(3)施工用工、机具不可从吊顶往下抛，应装入泥桶，用绳子系着，慢慢向下放。

(4)施工用材料上下时应握紧、握好，以免滑落伤人。

(5)在吊顶内作业时，应搭设马道，非上人吊顶严禁上人。

(6)注意防火、防毒处理。

(7)按照操作规程施工。

(8)有噪声的电动工具应在规定的作业时间内施工，防止噪声扰民。

(9)施工现场必须工完场清，清扫时应设专人洒水，不得扬尘污染环境。

(10)废弃物应按照环保要求分类堆放和处理。

4.2.6　质量通病及防治措施

1. 吊顶局部下沉

(1)原因分析：

1)吊点与建筑基体固定不牢；

2)吊杆连接不牢产生松脱；

3)吊杆强度不够产生拉伸变形。

(2)防治措施：

1)吊点分布要均匀，在龙骨接口和重载部位应增加吊点；

2)吊点与基体连接必须牢固，不能产生松动现象，膨胀螺栓和射钉的埋入（打入）深度应符合要求；

3)不得有虚焊脱落现象；吊杆必须通直不弯曲，上人吊顶吊筋不小于 $\phi 4.5$ mm，不上人吊顶吊筋不小于 $\phi 4$ mm。

2. 外露龙骨线路不直、不平

(1)原因分析：

1)安装龙骨时未放线校正或水平标高线控制不好，误差过大；

2)安装后未及时调平，产生局部塌陷；先安装板条，后进行调平，使板条受力不均而产生波浪形状；

3)龙骨上直接悬吊重物，承受不住而局部变形；

4)板条变形，未加矫正就安装。

(2)防治措施：

1)安装时应提前放线控制，设置龙骨调平工艺和装置，边装边调；

2)跨度较大时，应在中间适当位置加设标高控制点；

3)安装时应对龙骨刚度进行选择，保证其有足够的刚度，以防变形；

4)在龙骨上不能直接悬吊设备，重物应直接与结构固定。

3. 接缝明显

(1)原因分析：

1)下料尺寸不准，板条切割时切割角度控制不好、切口部位未经修整；

2)在接缝处接口露新槎，肉眼可见；

3)在接缝处产生错位。

(2)防治措施：

1)应根据放样尺寸精确下料；

2)切割板条时，控制好切割角度，下料后用锉刀修平，打去毛边及毛刺；

3)用同色硅胶对接口部位修补，可对切口白边进行遮盖。

学习单元4.3 暗龙骨吊顶工程施工

4.3.1 施工准备

同前述"明龙骨吊顶工程施工"施工准备。

4.3.2 施工工艺流程

弹线找平→安装吊杆→安装主龙骨→安装次龙骨及横撑龙骨→安装饰面板。

4.3.3 施工操作要求

1. 弹线

在吊顶的区域内，根据吊顶设计标高，沿墙面四周弹出安装吊顶的下口标高定位控制线，再根据大样图在吊顶上弹出吊点位置和复核吊点间距。弹线应清晰，位置应准确无误。同时，按吊顶平面图在混凝土顶板弹出主龙骨的位置。主龙骨应从吊顶中心向两边分，最大间距为1 000 mm，并标出吊杆的固定点，吊杆的固定点间距900～1 000 mm。如遇到梁和管道固定点大于设计和规程要求，应增加吊杆的固定点。

2. 安装吊杆

不上人的吊顶，吊杆长度小于1 000 mm，可以采用 ϕ4.5 mm的吊杆，如果大于1 000 mm，应采用 ϕ8 mm的吊杆。上人的吊顶，吊杆长度小于1 000 mm，可以采用 ϕ8 mm的吊杆，如果大于1 000 mm，应采用 ϕ10 mm的吊杆。吊杆的一端与角码焊接（角码的孔径应根据吊杆和膨胀螺栓的直径确定）；另一端为攻丝套出大于100 mm的丝杆，或与成品丝杆焊接。制作好的吊杆应做防锈处理，吊杆用膨胀螺栓固定在楼板上。

吊杆应通直，吊杆距主龙骨端部的距离不得大于300 mm。当大于300 mm时，应增加吊杆。当吊杆与设备相遇时，应调整并增设吊杆。吊顶灯具、风口及检修口等应设附加吊杆。

3. 安装主龙骨

一般情况下，主龙骨应吊挂在吊杆上，主龙骨间距900～1 000 mm。如为大型的造型吊顶，造型部分应用角钢或扁钢焊接成框架，并应与楼板连接牢固。

龙骨间距及断面尺寸应符合设计要求。主龙骨分为轻钢龙骨。上人吊顶一般采用UC50中龙骨，吊点间距900～1 200 mm；不上人吊顶一般采用UC38小龙骨，吊点间距900～1 200 mm。主龙骨应平行于房间长向安装，同时应起拱，起拱高度为房间跨度的1/300～1/200。主龙骨的悬臂段不应大于300 mm，否则应增加吊杆。主龙骨的接长应采用对接，相邻龙骨的对接接头要相互错开。主龙骨安装完毕后应调平，全面校正主龙骨的位置及平整度，连接件应错位安装。待平整度满足设计与规范的相应要求后，方可进行次龙骨安装。

4. 安装次龙骨和横撑龙骨

次龙骨应紧贴主龙骨安装。次龙骨间距 400 mm×4 500 mm。用连接件把次龙骨固定在主龙骨上。墙上应预先标出次龙骨中心线的位置，以便安装罩面板时找到次龙骨的位置。当用自攻螺钉安装板材时，板材接缝处必须安装在宽度不小于 40 mm 的次龙骨上。次龙骨不得搭接。在通风、水电等洞口周围应设附加龙骨，附加龙骨的连接用抽芯铆钉锚固。横撑龙骨应用连接件将其两端连接在通长龙骨上。龙骨之间的连接一般采用连接件连接，有些部位可采用抽芯铆钉连接。吊顶灯具、风口及检修口等应设附加吊杆和补强龙骨。全面校正次龙骨的位置及平整度，连接件应错位安装。

5. 安装饰面板

(1)一般规定。

1)以轻钢龙骨、铝合金龙骨为骨架，采用钉固法安装时应使用沉头自攻钉固定；

2)以木龙骨为骨架，采用钉固法安装时应使用木螺钉固定，胶合板可用铁钉固定；

3)金属饰面板采用吊挂连接件、插接件固定时应按产品说明书的规定放置；

4)采用复合粘贴法安装时，胶粘剂未完全固化前板材不得有强烈振动。

饰面板上的灯具、烟感器、喷淋头、风口算子等设备的位置应合理、美观，与饰面板的交接应吻合、严密，并做好检修口的预留，使用材料宜与母体相同，安装时应严格控制整体性、刚度和承载力。

(2)纸面石膏板安装。固定时应在自由状态下固定，防止出现弯棱、凸鼓现象；应在吊顶四周封闭的情况下安装固定，防止板面受潮变形。纸面石膏板的长边(即包封边)应沿纵向次龙骨铺设；自攻螺钉至纸面石膏板边的距离，用面纸包封的板边以 10~15 mm 为宜；切割的板边以 15~20 mm 为宜。自攻螺钉的间距以 150~170 mm 为宜，板中螺钉间距不得大于 200 mm。螺钉应与板面垂直，已弯曲、变形的螺钉应剔除，并在相隔 50 mm 的部位另安螺钉。纸面石膏板与龙骨固定，应从一块板的中间向板的四边进行固定，不得多点同时作业。安装双层石膏板时，面层板与基层板的接缝应错开，不得在一根龙骨上接缝。石膏板的接缝，应按设计要求进行板缝处理。螺钉头宜略埋入板面，但不得损坏纸面，钉眼应做防锈处理并用石膏腻子抹平。拌制石膏腻子时，必须用清洁水和清洁容器。

(3)纤维水泥加压板(埃特板)安装。龙骨间距、螺钉与板边的距离及螺钉间距等应满足设计要求和有关产品的要求。纤维水泥加压板与龙骨固定时，所用手电钻钻头的直径应比选用螺钉直径小 0.5~1.0 mm；固定后，钉帽应做防锈处理，并用油性腻子嵌平。用密封膏、石膏腻子或掺界面剂胶的水泥砂浆嵌涂板缝并刮平，硬化后用砂纸磨光，板缝宽度应小于 50 mm。板材的开孔和切割，应按产品的有关要求进行。

(4)石膏板、钙塑板安装。当采用钉固法安装时，螺钉至板边距离不得小于 15 mm，螺钉间距宜为 150~170 mm，均匀布置并应与板面垂直，钉帽应进行防锈处理，并应用与板面颜色相同涂料涂饰或用石膏腻子抹平。当采用粘结法安装时，胶粘剂应涂抹均匀，不得漏涂。

(5)矿棉装饰吸声板安装。房间内湿度过大时不宜安装。安装前应预先排板，保证花样、图案的整体性。安装时，吸声板上不得放置其他材料，防止板材受压变形。

(6)铝塑板安装。一般采用单面铝塑板，根据设计要求裁成需要的形状，用胶粘在事先封好的底板上，根据设计要求留出适当的胶缝。胶粘剂粘贴时，涂胶应均匀。粘贴时，应采用临时固定措施，并应及时擦去挤出的胶液。在打封闭胶时，应先用美纹纸带将饰面板保护好，待封闭胶打好后撕去美纹纸带，清理板面。

(7)单铝板或铝塑板安装。将板材加工折边，在折边上加上铝角，再将板材用拉铆钉固定在龙骨上。根据设计要求留出适当的胶缝，在胶缝中填充泡沫胶棒。在打封闭胶时，应先用美纹纸带将饰面板保护好，待封闭胶打好后，撕去美纹纸带，清理板面。

（8）金属（条、方）扣板安装。条板式吊顶龙骨一般可直接吊挂，也可以增加主龙骨，主龙骨间距不大于1 000 mm，条板式吊顶龙骨形式与条板配套。金属板吊顶与四周墙面所留空隙，用金属压缝条与吊顶找齐，金属压缝条的材质宜与金属板面相同。

4.3.4　成品保护措施

同前述"明龙骨吊顶工程施工"成品保护措施。

4.3.5　安全环保措施

同前述"明龙骨吊顶工程施工"安全环保措施。

学习单元4.4　吊顶工程施工质量验收标准

4.4.1　一般规定

（1）吊顶工程验收时应检查下列文件和记录：

1）吊顶工程的施工图、设计说明及其他设计文件。

2）材料的产品合格证书、性能检测报告、进场验收记录和复验报告。

3）隐蔽工程验收记录。

4）施工记录。

（2）吊顶工程应对人造木板的甲醛含量进行复验。

（3）吊顶工程应对下列隐蔽工程项目进行验收：

1）吊顶内管道、设备的安装及水管试压。

2）木龙骨防火、防腐处理。

3）预埋件或拉结筋。

4）吊杆安装。

5）龙骨安装。

6）填充材料的设置。

（4）各分项工程的检验批应按下列规定划分：同一品种的吊顶工程每50间（大面积房间和走廊按吊顶面积30 m²为一间）应划分为一个检验批，不足50间也应划分为一个检验批。

（5）检查数量应符合下列规定：每个检验批应至少抽查10%，并不得少于3间；不足3间时应全数检查。

（6）安装龙骨前，应按设计要求对房间净高、洞口标高和吊顶内管道、设备及其支架的标高进行交接检验。

（7）吊顶工程的木吊杆、木龙骨和木饰面板必须进行防火处理，并应符合有关设计防火规范的规定。

（8）吊顶工程中的预埋件、钢筋吊杆和型钢吊杆应进行防锈处理。

（9）安装饰面板前应完成吊顶内管道和设备的调试及验收。

（10）吊杆距主龙骨端部距离不得大于300 mm。当大于300 mm时，应增加吊杆。当吊杆长度大于 1.5 m 时，应设置反支撑。当吊杆与设备相遇时，应调整并增设吊杆。

(11)重型灯具、电扇及其他重型设备严禁安装在吊顶工程的龙骨上。

4.4.2 主控项目

(1)吊顶标高、尺寸、起拱和造型应符合设计要求。

检验方法：观察；尺量检查。

(2)饰面材料的材质、品种、规格、图案和颜色应符合设计要求。当饰面材料为玻璃板时，应使用安全玻璃或采取可靠的安全措施。

检验方法：观察；检查产品合格证书、性能检测报告和进场验收记录。

(3)饰面材料的安装应稳固严密。饰面材料与龙骨的搭接宽度应不大于龙骨受力面宽度的 2/3。

检验方法：观察；手扳检查；尺量检查。

(4)吊杆和龙骨的材质、规格、安装间距及连接方式应符合设计要求。金属吊杆、龙骨应经过表面防腐处理；木吊杆、龙骨应进行防腐、防火处理。

检验方法：观察；尺量检查；检查产品合格证书、性能检测报告、进场验收记录和隐蔽工程验收记录。

(5)石膏板的接缝应按其施工工艺标准进行板缝防裂处理。安装双层石膏板时，面层板与基层板的接缝应错开，并不得在同一根龙骨上接缝。

检验方法：观察。

4.4.3 一般项目

1. 明龙骨吊顶工程

(1)饰面材料表面应洁净、色泽一致，不得有翘曲、裂缝及缺损。饰面板与明龙骨的搭接应平整、吻合，压条应平直、宽窄一致。

检验方法：观察；尺量检查。

(2)饰面板上的灯具、烟感器、喷淋头、风口箅子等设备的位置应合理、美观，与饰面板的交接应吻合、严密。

检验方法：观察。

(3)金属龙骨的接缝应平整、吻合、颜色一致，不得有划伤、擦伤等表面缺陷。木质龙骨应平整、顺直，无劈裂。

检验方法：观察。

(4)吊顶内填充吸声材料的品种和铺设厚度应符合设计要求，并应有防散落措施。

检验方法：检查隐蔽工程验收记录和施工记录。

(5)明龙骨吊顶工程安装的允许偏差和检验方法应符合表 4-15 的规定。

表 4-15　明龙骨吊顶工程安装的允许偏差和检验方法

项次	项目	允许偏差/mm				检验方法
		石膏板	金属板	矿棉板	塑料板、玻璃板	
1	表面平整度	3	2	3	2	用 2 m 靠尺和塞尺检查
2	接缝直线度	3	2	3	3	拉 5 m 线，不足 5 m 拉通线，用钢直尺检查
3	接缝高低差	1	1	2	1	用钢直尺和塞尺检查

2. 暗龙骨吊顶工程

(1)饰面材料表面应洁净、色泽一致，不得有翘曲、裂缝及缺损。压条应平直、宽窄一致。

检验方法：观察；尺量检查。

(2)饰面板上的灯具、烟感器、喷淋头、风口箅子等设备的位置应合理、美观，与饰面板的交接应吻合、严密。

检验方法：观察。

(3)金属吊杆、龙骨的接缝应均匀一致，角缝应吻合，表面应平整，无翘曲、锤印。木质吊杆、龙骨应顺直，无劈裂、变形。

检验方法：检查隐蔽工程验收记录和施工记录。

(4)吊顶内填充吸声材料的品种和铺设厚度应符合设计要求，并应有防散落措施。

检验方法：检查隐蔽工程验收记录和施工记录。

(5)暗龙骨吊顶工程安装的允许偏差和检验方法应符合表4-16的规定。

表4-16　暗龙骨吊顶工程安装的允许偏差和检验方法

项次	项目	允许偏差/mm				检验方法
		纸面石膏板	金属板	矿棉板	木板、塑料板、搁栅	
1	表面平整度	3	2	2	2	用2m靠尺和塞尺检查
2	接缝直线度	3	1.5	3	3	拉5m线，不足5m拉通线，用钢直尺检查
3	接缝高低差	1	1	1.5	1	用钢直尺和塞尺检查

思考题

1. 吊顶由哪几部分组成？它们各起什么作用？
2. 试述木龙骨吊顶的施工过程。
3. 轻钢龙骨的特性是什么？
4. 常用的吊顶罩面板有哪几种？它们的特点是什么？
5. 明龙骨吊顶施工的操作要点有哪些？
6. 暗龙骨的成品保护措施有哪些？
7. 吊顶工程施工质量验收标准的一般规定有哪些？

实训题

参观实训

题目： 掌握实际工作中明龙骨吊顶和暗龙骨吊顶的组成。

目的： 通过本次训练，能掌握明龙骨吊顶和暗龙骨吊顶的组成。

作业条件： 某正在进行装饰工程施工的房屋，有明龙骨吊顶也有暗龙骨吊顶。

操作过程： 分班分组进行参观实训。

标准要求： 能熟练地将理论与实际相结合。

注意事项： 施工现场的安全。

学习情境 5
楼地面装饰工程施工

任务目标 〉〉

1. 掌握基土、灰土垫层、砂石层和砂石垫层、碎石垫层和三合土垫层、水泥混凝土垫层的操作方法。

2. 掌握水泥混凝土面层、水泥砂浆面层、水磨石面层、自流平面层的整体面层装饰施工操作方法。

3. 掌握砖面层、大理石面层、料石面层等板块面层的施工操作方法。

4. 掌握实木地板、竹地板面层等的施工操作方法。

5. 了解楼地面装饰施工在施工过程中的质量检查项目和质量验收检验项目，熟悉楼地面工程施工质量检验标准及检验方法，掌握楼地面常见的施工质量问题及防治措施。

>> 学习单元 5.1 楼地面装饰工程概述

楼地面是楼层地面和底层地面以及室外散水、明沟、踏步和坡道等附属工程。

5.1.1 楼地面的构造层次及其作用

(1)结构层(基层)：承受并传递荷载。楼层为楼板，底层为混凝土垫层(刚性和非刚性)。包括填充层、隔离层、找平层、垫层和基土等。

(2)中间层：具有一定功能(防潮、防水、管线敷设等)，包括功能层、找平层、结合层等。

(3)面层：具有舒适、美观、装饰作用，同时承受各种化学、物理作用。

5.1.2 楼地面饰面的功能

1. 保护楼板或地坪

建筑楼地面的饰面层在一般情况下是不承担保护地面主体材料这一功能的，但在类似加气混凝土楼板以及较为简单的首层地坪做法等情况下，因构成楼地面主体材料的强度比较低，此时就有必要依靠面层来解决诸如耐磨损、防磕碰以及防止水渗漏而引起楼板内钢筋锈蚀等问题。

2. 满足正常使用要求

(1)基本要求：具有必要的强度、耐磨损、耐磕碰且表面平整光洁、便于清扫等。对于楼面来说，还要有能够防止生活用水渗漏的性能；而对于首层地坪而言，一定的防潮性能也是最基本的要求。当然，上述这些基本要求，因建筑的使用性质、部位不同等会有很大的差异。

（2）隔声要求：包括隔绝空气声和隔绝撞击声两个方面。当楼地面的质量比较好时，空气声的隔绝效果较好，且有助于防止因发生共振现象而在低频时产生的吻合效应等。撞击声的隔绝，其途径主要有三个：一是采用浮筑或所谓夹心楼地面的做法；二是脱开面层的做法；三是采用弹性楼地面。前两种做法构造施工都比较复杂，而且效果也不如弹性楼地面。

（3）吸声要求：这一要求对于在标准较高、使用人数较多的公共建筑中有效地控制室内噪声具有积极的功能意义。一般来说，表面致密光滑、刚性较大的楼地面做法，如大理石地面，对于声波的反射能力较强，基本上没有吸声能力。而各种软质楼地面做法可以起比较大的吸声作用，如化纤地毯的平均吸声系数达到55%。

（4）保温性能要求：这一要求涉及材料的热传导性能及人的心理感受两个方面。从材料特性的角度考虑，要注意人会以某种楼地面的导热性能的认识来评价整个建筑空间的保温特性这一问题。对于楼地面做法的保温性能的要求，宜结合材料的导热性能、暖气负载与冷气负载相对份额的大小、人的感受以及人在这一空间的活动特性等因素来综合考虑。

（5）弹性要求：当一个不太大的力作用于一个刚性较大的物体，如混凝土楼板时，根据作用力与反作用力原理可知，此时楼板将作用于它上面的力全部反作用于施加这个力的物体之上。与此相反，如果是有一定弹性的物体，如橡胶板，则反作用力要小于原来所施加的力。因此，一些装饰标准较高的建筑的室内地面应尽可能采用具有一定弹性的材料作为楼地面的装饰面层。

3. 满足装饰要求

地面的装饰是整个装饰工程的重要组成部分，要结合空间的形态、家具饰品等的布置、人的活动状况及心理感受、色彩环境、图案要求、质感效果和该建筑的使用性质等诸因素予以综合考虑，妥善处理好楼地面的装饰效果和功能要求之间的关系。楼地面因使用上的需要一般不做凹凸质感或线型，铺陶瓷马赛克、水磨石、拼花木地板楼的楼地面或其他软地面，表面光滑平整且都有独特的质感。

5.1.3　楼地面饰面的分类

（1）按面层材料分：水泥砂浆、水磨石、大理石、地砖、木地板、地毯等。

（2）按构造和施工方式分：整体式、块材式、木地面、人造软质制品、铺贴式。

建筑楼地面的构造层次名称及作用见表5-1。

表5-1　建筑楼地面的构造层次名称及作用

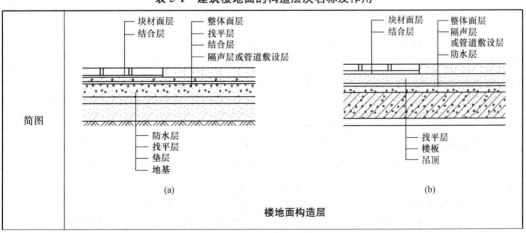

楼地面构造层

构造层次	面层：直接承受各种物理和化学作用的表面层；按其面层名称而定。 结合层：面层与下一构造层相连接的中间层，亦可作为面层的弹性基层。 找平层：在垫层上、楼板上或填充层上起整平、找坡或加强作用的构造层。 隔离层：防止建筑地面上各种液体(指水、油、非腐蚀性和腐蚀性液体)浸湿和作用，或防止地下水和潮气渗透地面作用的构造层。仅为防止地下潮气透过地面时，可称为防潮层。 填充层：当面层、垫层和基土尚不能满足使用上或构造上的要求而增设的，在建筑地面上起隔声、保温、找坡或敷设暗管等作用的构造层。 垫层：承受并传递地面荷载于基土上的构造层，分刚性和柔性两类垫层。 基土：地面垫层下的土层，包括因软弱土质的利用和处理，以及按设计要求进行的地基加固

地面子分部工程、分项工程划分见表 5-2。

表 5-2　地面子分部工程、分项工程划分

分部工程	子分部工程		分项工程
装饰装修工程	地面	基层	基土、灰土垫层、砂垫层和砂石垫层、碎石垫层和碎砖垫层、三合土垫层、炉渣垫层、水泥混凝土垫层、找平层、隔离层、填充层
		整体面层	水泥混凝土面层、水泥砂浆面层、水磨石面层、水泥钢(铁)屑面层、防油渗面层、不发火(防爆的)面层
		板块面层	砖面层(陶瓷马赛克、缸砖、陶瓷地砖和水泥花砖面层)、大理石面层和花岗石面层、预制板块面层(水泥混凝土板块、水磨石板块面层)、料石面层(条石、块石面层)、塑料板面层、活动地板面层、地毯面层
		竹、木面层	实木地板面层(条材、块材面层)、实木复合地板面层(条材、块材面层)、中密度(强化)复合地板面层(条材面层)、竹地板面层

地面工程的质量，实际是包括了楼地面面层及其以下各层的总质量。

为全面提升装饰装修工程的施工质量，以下主要叙述整体面层，板块面层和竹、木面层等分部工程中分项工程以及上述面层下各类基层的施工工艺标准及施工质量检验标准。

5.1.4　地面工程施工应遵循的基本规定

(1)地面工程施工企业，特别是基层单位，应有质量管理体系并遵守相应的施工工艺标准。

(2)地面工程采用的材料应按设计要求和国家规范的规定选用，并应符合国家现行标准的规定；进场材料应有中文质量合格证明文件及规格、型号及性能检测报告，对不能进场的保温材料其导热系数、密度、抗压强度或压缩强度、燃烧性能应见证取样复验。

(3)地面采用的大理石、花岗石等天然石材必须符合《建筑材料放射性核素限量》(GB 6566—2010)和《民用建筑工程室内环境污染控制规范》(GB 50325—2010)(2013年版)中有关材料有害物质限量的规定。进场材料必须具有近期检测报告。

(4)胶粘剂、沥青胶结材料和涂料等材料应按设计要求选用，并应符合《民用建筑工程室内环境污染控制规范》(GB 50325—2010)(2013年版)的规定。

(5)厕浴间和有防滑要求的建筑地面的板块材料应符合设计要求。

(6)建筑地面下的沟槽、暗管等沟槽完工后，经检验合格并做隐蔽验收记录，方可进行建筑地面工程的施工。

(7)地面工程基层(各构造层)和面层的铺设,均应有专人养护,使其充分硬化,待其下一层检验合格后方可施工上一层。地面工程各层铺设前与相关专业的分部分项工程以及设备管道安装工程之间,应进行交接验收。

(8)地面工程基层(各构造层)和面层的铺设,均应待其下一层检验合格后方可施工上一层。地面工程各层铺设前与相关专业的分部(子分部)工程、分项工程以及设备管道安装工程之间,应进行交接检验。

(9)地面工程施工时,各层环境温度的控制应符合下列规定:

1)采用掺有水泥、石灰的拌合料铺设以及用石油沥青胶结料铺贴时,不应低于 5 ℃;

2)采用有机胶粘剂粘贴时,不应低于 10 ℃;

3)采用砂、石材料铺设时,不应低于 0 ℃。

(10)铺设有坡度的地面应采用基土高差达到设计要求的坡度;铺设有坡度的楼面(或架空地面)应采用在钢筋混凝土板上变更填充层(或找平层)铺设的厚度或以结构起坡达到设计要求的坡度。

(11)室外散水、明沟、踏步、台阶和坡道等附属工程,其面层和基层(各构造层)均应符合设计要求。施工时应按基层铺设中基土和相应垫层以及面层的规定执行。

(12)水泥混凝土散水、明沟,应设置伸缩缝,其延米间距不得大于 10 m;房屋转角处应做 45°缝。水泥混凝土散水、明沟和台阶等与建筑物连接处应设缝处理。上述缝宽度为 15～20 mm,缝内填嵌柔性密封材料。

(13)地面的变形缝应按设计要求设置,并应符合下列规定:

1)地面的沉降缝、伸缩缝和防震缝,应与结构相应缝的位置一致,且应贯通地面的各构造层;

2)沉降缝和防震缝的宽度应符合设计要求,缝内清理干净,以柔性密封材料填嵌后用板封盖,并应与面层齐平。

(14)地面镶边,当设计无要求时,应符合下列规定:

1)有强烈机械作用下的水泥类整体面层与其他类型的面层邻接处,应设置金属镶边构件;

2)采用水磨石整体面层时,应用同类材料以分格条设置镶边;

3)条石面层和砖面层与其他面层邻接处,应用顶铺的同类材料镶边;

4)采用竹、木面层和塑料板面层时,应用同类材料镶边;

5)地面面层与管沟、孔洞、检查井等邻接处,均应设置镶边;

6)管沟、变形缝等处的地面面层的镶边构件,应在面层铺设前装设。

(15)厕浴间、厨房和有排水(或其他液体)要求的地面面层与相连接各类面层的标高差应符合设计要求。

(16)检验水泥混凝土和水泥砂浆强度试块的组数,按每一层(或检验批)地面工程不应小于 1 组。当每一层(或检验批)地面工程面积大于 1 000 m² 时,每增加 1 000 m²,应增做 1 组试块;小于 1 000 m² 按 1 000 m² 计算。当改变配合比时,亦应相应地制作试块组。

(17)各类面层的铺设宜在室内装饰工程基本完工后进行。竹、木面层以及活动地板、塑料板、地毯面层的铺设,应待抹灰工程或管道试压等施工完工后进行。

(18)地面工程施工质量的检验,应符合下列规定:

1)基层(各构造层)和各类面层的分项工程的施工质量验收应按每一层次或每层施工段(或变形缝)作为检验批,高层建筑的标准层可按每三层(不足三层按三层计)作为检验批。

2)每检验批应以各子分部工程的基层(各构造层)和各类面层所划分的分项工程按自然间

（或标准间）检验，抽查数量应随机检验不应少于三间；不足三间，应全数检查；其中走廊（过道）应以10延长米为一间，工业厂房（按单跨计）、礼堂、门厅应以两个轴线为一间计算；

3）有防水要求的地面工程的分项工程施工质量每检验批抽查数量应按其房间总数随机检验不应少于四间；不足四间，应全数检查。

（19）地面工程的分项工程施工质量检验的主控项目，必须达到规范规定的质量标准，认定为合格；一般项目80％以上的检查点（处）符合规范规定的质量要求，其他检查点（处）不得有明显影响使用，并不得大于允许偏差值的50％为合格。凡达不到质量标准时，应按《建筑工程施工质量验收统一标准》（GB 50300—2013）的规定处理。

（20）地面工程完工后，施工质量验收应在施工企业自检合格的基础上，由监理单位组织有关单位对分项工程、子分部工程进行检验。

（21）检验方法应符合下列规定：

1）检查允许偏差的工具应采用钢尺、2 m靠尺、楔形塞尺、坡度尺和水准仪；

2）检查空鼓应采用敲击的方法；

3）检查有防水要求建筑地面的基层（各构造层）和面层，应采用泼水或蓄水方法，蓄水时间不得少于24 h；

4）检查各类面层（含不需铺设部分或局部面层）表面的裂纹、脱皮、麻面和起砂等缺陷，应采用观感的方法。

（22）地面工程完工后，应对面层采取保护措施。

地面施工前的准备工作：

（1）按照设计要求对基层进行处理。

（2）依据统一标高施工前在四周墙身弹好500 mm水平线，各单元的地面标高除根据地面建筑设计要求对室内与走道、走道与卫生间等标高的不同要求来控制基层标高外，还要根据每个单元所采用的面层材料的不同来控制基层标高和垫层厚度，如室内和走道高差20 mm，而不同室内单元面层采用条木地板、花岗石或地毯，则垫层上标高就各不相同。

（3）地漏周围用水泥砂浆或细石混凝土稳固、堵严。

（4）穿过地面的立管加钢套管，并用膨胀性水泥砂浆或细石混凝土将套管四周填塞。

（5）地面垫层中各种预埋管线已完成，检查各种管线重叠交叉部位、对于管线重叠造成的叠层局部较薄的部位，应采取防裂措施，如铺设钢筋网片等，再用细石混凝土稳牢。

（6）各种地插座安放位置应准确，并用1∶3水泥砂浆窝牢。

（7）检查预埋件、预留孔洞的位置和尺寸是否符合设计要求。

（8）门框已立好，再一次检查找正。

（9）对于弹簧门、金属转门及微波自动门在垫层施工时，要根据门的工艺要求埋设地弹簧、设备箱盒及轨道等。

（10）墙、顶抹灰已做完，屋顶防水工作已完成。

》》》学习单元5.2　基层铺设

5.2.1　基层施工

建筑物首层地面的基层多为土壤，应分层填筑，分层夯实。淤泥、腐殖土、冻土、耕植土、膨胀土和有机物含量大于8％的土，均不得用作地面的回填土，以免引起地面的不均匀沉陷，继而引起面层开裂。回填土的含水率应按最佳含水率控制，以便得到最佳密实度。

地基土经夯实后表面应平整，用2 m靠尺检查，土表面的凹凸不平度不大于10 mm，标高应符合设计要求，水平偏差不大于20 mm。

楼面的基层是楼板，应做好板缝灌浆嵌缝堵塞工作，并将楼面清扫干净。

基土（回填土）应分层夯实，填土的质量应符合现行国家标准《建筑地基基础工程施工质量验收规范》（GB 50202—2002）的要求。填土时应为最优含水量，重要工程或大面积地面填土前，应采取土样，按击实试验确定最优含水量与相应的最大干密度。

1. 主控项目

（1）基土严禁用淤泥、腐殖土、耕植土、膨胀土和含有有机物质大于8％的土作为填土。

（2）基土应该均匀密实，压实系数应符合设计要求，设计无要求时不应小于0.90。遇到软弱土层应按设计要求进行处理。

2. 一般项目

基层表面的允许偏差和检验方法见表5-3。

表 5-3　基层表面的允许偏差和检验方法　　　　　　　　　　　　　　mm

项次	项目	允许偏差 基土（土）	允许偏差 垫层·灰土、三合土、四合土、炉渣、水泥混凝土、陶粒混凝土	允许偏差 垫层·木搁栅	允许偏差 垫层底板·拼花实木地板、拼花实木复合地板面层、软木类地板面层	允许偏差 垫层底板·其他种类面层	允许偏差 找平层·用胶结料做结合层铺设板块面层	允许偏差 找平层·用水泥砂浆做结合层铺设板块面层	允许偏差 找平层·用胶粘剂做结合层铺设拼花木板、浸渍纸层压木质地板、实木复合地板面层、竹地板面层、软木地板面层	允许偏差 找平层·金属板面层	允许偏差 填充层·松散材料	允许偏差 填充层·板块材料	允许偏差 隔离层·防水、防潮、防油渗	允许偏差 绝热层·板块材料、浇筑材料、喷涂材料	检验方法
1	表面平整度	15	15	10	3	5	3	5	2	3	7	5	3	4	用2 m靠尺和楔形塞尺检查
2	标高	0，−50	±20	±10	±5	±5	±8	±5	±8	±4	±4	±4	±4	±4	用水准仪检查
3	坡度	不大于房间相应尺寸的2/1 000，且不大于30													用坡度尺检查
4	厚度	在个别地方不大于设计厚度的1/10，且不大于20													用钢尺检查

5.2.2　垫层施工

垫层包括灰土垫层、砂垫层和砂石垫层、碎石垫层和碎砖垫层、三合土垫层、炉渣垫层、水泥混凝土垫层等。

5.2.2.1 灰土垫层

灰土垫层是承受并传递地面荷载于基土上的构造层。

1. 施工准备

(1)技术准备。

1)进行技术复核,基土层标高、管道敷设复核设计要求,并经验收合格。

2)施工前应有施工方案,有详细的技术交底,并交至施工操作人员。

3)各种进场原材料规格、品种、材质等符合设计要求,进场后进行相应验收,并有相应施工配比通知单。

4)通过压实试验确定垫层每层虚铺厚度和压实遍数。

(2)材料准备。

1)土料:优先选用黏土、粉质黏土或粉土,不得含有有机杂物,使用前应先过筛,其粒径不大于 15 mm。

2)石灰:石灰应用块灰,使用前应充分熟化过筛,不得含有粒径大于 5 mm 的生石灰块,也不得含有过多的水分。也可采用磨细生石灰,或用粉煤灰、电石渣代替。

(3)机具准备。机具包括:蛙式打夯机、机动翻斗车、手扶式振动压路机、筛子(孔径 6~10 mm 和 16~20 mm 两种)、标准斗、靠尺、铁耙、铁锹、水桶、喷壶、手推胶轮车等。

(4)作业条件准备。

1)基土表面干净、无积水,已检验合格并办理隐检手续。

2)基础墙体、垫层内暗管埋设完毕,并按设计要求予以稳固,检查合格,并办理中间交接验收手续。

3)在室内墙面已弹好控制地面垫层标高和排水坡度的水平控制线或标志。

4)施工机具设备已备齐,经维修试用,可满足施工要求,水、电已接通。

2. 施工工艺流程

清理基土→弹线、设标志→灰土拌合→分层铺灰土与夯实→垫层接缝→找平与验收。

3. 施工操作要求

(1)清理基土:铺设灰土前先检验基土土质,清除松散土、积水、污泥、杂质,并打底夯两遍,使表土密实。

(2)弹线、设标志:在墙面弹线,在地面设标桩,找好标高、挂线,作控制铺填灰土厚度的标准。

(3)灰土拌合。

1)灰土垫层应采用熟化石灰与黏土(或粉质黏土、粉土)的拌合料铺设,其厚度不应小于 100 mm。黏土含水率应符合规定。土的配合比应用体积比,除设计有特殊要求外,一般为石灰:黏土=2:8 或 3:7。通过标准斗,控制配合比。拌合时必须均匀一致,至少翻拌两次,灰土拌合料应拌合均匀,颜色一致,并保持一定的湿度,加水量宜为拌合料总质量的 16%。工地检验方法是:以手握成团,两指轻捏即碎为宜。如土料水分过大或不足,应晾干或洒水湿润。

(4)分层铺灰土与夯实。

1)灰土垫层应铺设在不受地下水浸泡的基土上。施工后应有防止水浸泡的措施。

2)灰土垫层应分层夯实,经湿润养护、晾干后方可进行下一道工序施工。

3)灰土摊铺虚铺厚度一般为 150~250 mm(夯实后 100~150 mm 厚),垫层厚度超过 150

mm应由一端向另一端分段分层铺设，分层夯实。各层厚度钉标桩控制，夯实采用蛙式打夯机或木夯，大面积宜采用小型手扶振动压路机，夯打遍数一般不少于三遍，碾压遍数不少于六遍；人工打夯应一夯压半夯，夯夯相接，行行相接，纵横交错。灰土最小干密度（g/cm³）：对黏土为1.45；粉质黏土1.50；粉土1.55。灰土夯实后，质量标准可按压实系数（λ_c）进行鉴定，一般为0.93~0.95。每层夯实厚度应符合设计要求，在现场试验确定。

4）质量控制：灰土回填每层夯（压）实后，应根据规范规定进行环刀取样，测出灰土的质量密度。也可用贯入度仪检查灰土质量，但应先进行现场试验确定贯入度的具体要求，以达到控制压实系数所对应的贯入度。环刀取样检验灰土干密度的检验点数，对大面积每50~100 m²应不少于1个，房间每间不少于1个。并注意要绘制每层的取样点图。

（5）垫层接缝：灰土分段施工时，上下两层灰土的接槎距离不得小于500 mm。当灰土垫层标高不同时，应做成阶梯形。接槎时应将柱子垂直切齐。接缝不要留在地面荷载较大的部位。

（6）找平与验收：灰土最上一层完成后，应拉线或用靠尺检查标高和平整度，超高处用铁锹铲平；低洼处应及时补打灰土。

4. 成品保护措施

（1）垫层铺设完毕，应尽快进行面层施工，防止长期曝晒。

（2）搞好垫层周围排水措施，刚施工完的垫层，雨天应做临时覆盖，3 d内不得受雨水浸泡。

（3）冬期应采取保温措施，防止受冻。

（4）已铺好的垫层不得随意挖掘，不得在其上行驶车辆或堆放重物。

5. 安全环保措施

（1）灰土铺设、粉化石灰和石灰过筛，操作人员应戴口罩、风镜、手套、套袖等劳动保护用品，并站在上风头作业。

（2）施工机械用电必须采用三级配电两级保护，使用三相五线制，严禁乱拉乱接。

（3）夯填灰土前，应先检查打夯机电线绝缘是否完好，接地线、开关是否符合要求；使用打夯机应由两人操作，其中一人负责移动打夯机胶皮电线。

（4）打夯机操作人员必须戴绝缘手套和穿绝缘鞋，防止漏电伤人。两台打夯机在同一作业面夯实时，前后距离不得小于5 m，夯打时严禁夯打电线，以防触电。

（5）配备洒水车，对干土、石灰粉等洒水或覆盖，防止扬尘。

（6）现场噪声控制应符合有关规定。

（7）车辆运输应加以覆盖，防止遗撒。

（8）开挖出的污泥等应排放至垃圾堆放点。

（9）防止机械漏油污染土地。

（10）夜间施工时，要采用定向灯罩防止光污染。

5.2.2.2 砂垫层和砂石垫层

砂垫层和砂石垫层是地面面层以下的地基垫层。其作用是加固和改善地基受力性能，提高基础和地面工程下部的地基强度，以减少基础变形，同时施工工艺简单，可缩短工期，降低工程造价等。砂和砂砾石（或碎石）混合、分层夯实后，可作为地基的持力层。

砂垫层厚度不应小于60 mm；砂石垫层厚度不应小于100 mm。

1. 施工准备

（1）材料准备。砂：宜用颗粒级配良好、质地坚硬的中砂或粗砂，当用细砂、粉砂时，应掺加粒径 20～50 mm 的卵石(或碎石)，但要分布均匀。砂中不得含有杂草、树根等有机杂质，含泥量应小于 5%。

砂砾石：自然级配的砂砾石(或卵石、碎石)混合物，粒级应在 50 mm 以下，其含量应在 50% 以内(宜为 30%)，不得含有植物残体、垃圾等杂物，含泥量小于 5%。

(2)主要机具准备。

1)机械设备：轮胎式装载机；塔吊装载机；机动翻斗车；木夯；平板振动器；小型压路机(6～10 t)。

2)主要工具：铁锹、铁耙、喷水胶管、洒水壶、铁筛、手推胶轮车、2 m 靠尺等。

(3)作业条件准备。

1)地基基坑(槽)土质已办理验收手续，其质量符合设计要求。

2)确定配合比：对级配砂石进行检验，人工级配砂石应通过试验确定配合比例，使符合设计要求(推荐配合比：卵石∶粗砂∶中砂∶细砂＝2.5∶2.5∶4∶1)。

3)坑(槽)底清理验收：对基坑(槽)和基底土质、地基处理进行检验；并检查轴线尺寸、水平标高以及有无积水等情况，办完验槽隐蔽验收手续。

4)设置标高桩：在边坡及适当部位设置控制铺填厚度的水平木桩或标高桩，在边墙上弹好水平控制线。

5)降、排水：可在开挖后的基坑内设置集水井，用水泵抽水排水或采取其他降水措施。

2. 施工工艺流程

清理基土→材料拌合→铺设和压(夯)实→找平与验收。

3. 施工操作要求

(1)清理基土。铺设垫层前应将基底表面浮土、淤泥、杂物清除干净，原有地基应进行平整。

(2)材料拌合。人工级配的砂砾石，应用装载机先将砂、卵石拌合均匀(一般要拌合 3 次)后，再铺夯压实。在夯实、碾压前，应根据其干湿程度和气候情况，适当洒水，使达到最优含水量，以利压(夯)实。

(3)铺设和压(夯)实。分层铺设的垫层应分层压实或夯实。基坑内预先安好 5 m×5 m 网格标桩，控制每层砂垫层的铺设厚度。每层铺设厚度、砂石最优含水量及施工要点参见表 5-4。

表 5-4　砂垫层和砂石垫层每层铺设厚度、砂石最优含水量及施工要点

捣实方法	每层铺设厚度/mm	施工时最优含水量/%	施工要点	备注
平振法	200～250	15～20	(1)用平板式振捣器往复振捣，往复次数以简易测定密实度合格为准； (2)振捣器移动时，每行应搭接 1/3，以防振动面积不搭接	不宜使用干细砂或含泥量较大的砂铺筑砂垫层
插振法	振动器插入深度	饱和	(1)用插入式振捣器； (2)插入间距可根据机械振动大小决定； (3)不用插至下卧黏性土层； (4)插入振捣完毕所留的孔洞应用砂填实； (5)应有控制地注水和排水	不宜使用干细砂或含泥量较大的砂铺筑砂垫层

捣实方法	每层铺设厚度/mm	施工时最优含水量/%	施工要点	备注
水撼法	250	饱和	(1)注水高度略超过铺设面层； (2)用钢叉摇撼捣实，插入点间距100 mm左右； (3)有控制地注水和排水； (4)钢叉分四齿，齿的间距30 mm，长300 mm，木柄长900 mm	湿陷性黄土、膨胀土、细砂地基上不得使用
夯实法	150～200	8～12	(1)用木夯或机械夯； (2)木夯质量40 kg，落距400～500 mm； (3)一夯压半夯，全面夯实	适用于砂石垫层
碾压法	150～350	8～12	6～10 t压路机往复碾压；碾压次数以达到要求密实度为准，一般不少于4遍，用振动压实机械，振动3～5 min	适用于大面积的砂石垫层，不宜用于地下水位以下的砂垫层

(4)找平与验收：砂垫层和砂石垫层每层夯（振）实后，经贯入测试或设纯砂检查点，用200 cm³的环刀取样，测定砂的干密度（$D_{实测}>D_{设计}$为合格）。在下层密实度经检验合格后，方可进行上层施工。

4. 成品保护措施

(1)铺设垫层时，应注意保护好现场的轴线桩、水准基点桩，并应经常复测。

(2)垫层周边如无拦挡，应先支模后铺设垫层夯实。

(3)垫层施工完成后，宜尽快施工面层，以防损坏垫层。

(4)做好垫层周围排水设施，防止施工期间垫层被水浸泡。

(5)门框要安装护条。

5. 安全环保措施

(1)施工中应使边坡有一定坡度，保持稳定，不得直接在坡顶用汽车卸料，以防失稳。

(2)其他同"灰土垫层"安全环保措施的有关规定。

5.2.2.3 水泥混凝土垫层

水泥混凝土垫层适用于工业与民用建筑楼地面和室外台阶、散水等附属工程下垫层以及现浇整体面层和以胶粘剂或砂浆结合的块板料面层下的垫层。它坚实度高，用途较多。

1. 施工准备

(1)技术准备。

1)进行技术复核，基层标高、管道埋设符合设计要求，并经验收合格。

2)施工前应有施工方案，有详细的技术交底，并交至施工操作人员。

3)各种进场原材料进行进场验收，材料规格、品种、材质等符合设计要求，同时现场抽样进行复试，有相应施工配比通知单。

(2)材料准备。

1)水泥采用42.5级的硅酸盐水泥、普通硅酸盐水泥或32.5级的矿渣硅酸盐水泥，安定性试验必须合格，无结块。

2)砂宜采用中砂或粗砂，含泥量不应大于3%。不得含有草根、树叶、碎树枝等有机杂质。

3)石采用碎石或卵石，粗集料的级配要适宜，其最大粒径不应大于垫层厚度的 2/3，含泥量不应大于 2%。一般粒径为 5～31.5 mm。当垫层的厚度大于 150 mm 时，其粒径不得超过 40 mm。

4)水宜采用饮用水。

5)外加剂：混凝土中掺用外加剂的质量应符合现行国家标准《混凝土外加剂》(GB 8076—2008)的规定。

(3)主要机具准备。混凝土搅拌机、翻斗车、手推车、平板振捣器、磅秤、筛子、铁锹、小线、木拍板、刮杠、木抹子等。

(4)作业条件准备。

1)楼地面基层施工完毕，暗敷管线、预留孔洞等已经验收合格，并做好记录。

2)垫层混凝土配合比已经确认，混凝土搅拌后对混凝土强度等级、配合比、搅拌制度、操作规程等进行挂牌。如果采用的是商品混凝土，其混凝土供应合同已经签订。合同内容包括混凝土的强度等级、原材料的质量要求、物料搅拌时间、物料的干硬度、混凝土的坍落度及供应量等。

3)水平标高控制线已弹完。弹好墙面+50 cm 基准线，垫层标高已经测定。

4)水、电布线到位，施工机具、材料已准备就绪。

5)在首层地面浇筑混凝土垫层前，穿过室内的暖气沟及沟内暖气管已做完，排水管道做完并办完验收手续，室内回填土已进行分项质量检验评定。

2. 施工工艺流程

基层处理→找标高、弹水平控制线→铺设混凝土→振捣→养护。

3. 施工操作要求

(1)基层处理。

1)首层基土如有软弱土层或冻土，应全部挖去，分层夯实；表面杂物清除后，人工或机械夯打两遍。

2)把粘结在混凝土基层上的浮浆、松动混凝土、砂浆等用錾子剔掉，用钢丝刷刷掉水泥浆皮，然后用扫帚扫净。

3)在预制的钢筋混凝土板上铺设水泥混凝土垫层时，其板缝宽大于 40 mm 时，应吊模，并按设计要求配制钢筋。嵌缝时，板缝内灰渣应清理干净，洒水湿润，用 C20 细石混凝土填缝，振捣密实，随后浇水养护。楼板纵横缝和横头缝，应铺钉抗裂钢丝网或粘贴玻璃纤维布。

(2)找标高、弹水平控制线。根据墙上的+50 cm 水平标高线，往下量测出垫层标高，有条件时可弹在四周墙上。

(3)混凝土搅拌。

1)根据配合比(其强度等级不宜低于 C15)，核对后台原材料，检查磅秤的精确性，做好搅拌前的一切准备工作。后台操作人员认真按混凝土的配合比投料，每盘投料顺序为石子→水泥→砂→水。应严格控制用水量，搅拌要均匀，搅拌时间不少于 90 s。

2)按《建筑地面工程施工质量验收规范》(GB 50209—2010)的要求制作试块。试块组数，按每一楼层地面工程不应少于一组。当每层地面工程面积超过 1 000 m² 时，每增加 1 000 m² 各增做一组试块，不足 1 000 m² 按 1 000 m² 计算。

(4)铺设混凝土。混凝土垫层厚度不应小于 60 mm。为了控制垫层的平整度，首层地面可在填土中打入小木桩(30 mm×30 mm×200 mm)，拉水平标高线在木桩上做垫层上平的标记(间距 2 m 左右)。在楼层混凝土基层上可抹 100 mm×100 mm 找平墩(用细石混凝土),墩上平为垫层的上标高。

大面积地面垫层应分区段进行浇筑。分区段应结合变形缝位置、不同材料的地面面层的连接处和设备基础位置等进行划分。

室内地面的水泥混凝土垫层,应设置纵向缩缝和横向缩缝;纵向缩缝间距不得大于 6 m,横向缩缝间距不得大于 12 m。

垫层的纵向缩缝应做平头缝或加肋板平头缝。当垫层厚度大于 150 mm 时,可做企口缝。横向缩缝应做假缝。

平头缝和企口缝的缝间不得放置隔离材料,浇筑时应互相紧贴。企口缝的尺寸应符合设计要求。假缝宽度为 5~20 mm,深度为垫层厚度的 1/3,缝内填水泥砂浆。

铺设混凝土前先在基层上洒水湿润,刷一层素水泥浆(水灰比为 0.4~0.5),然后从一端开始铺设,由室内向外退着操作。

(5)振捣。用铁锹铺混凝土,厚度略高于找平墩,随即用平板振捣器振捣。厚度超过 20 cm 时,应采用插入式振捣器,其移动距离不大于作用半径的 1.5 倍,做到不漏振,确保混凝土密实。

(6)找平。混凝土振捣密实后,以墙上水平标高线及找平墩为准检查平整度,高的铲掉,凹处补平。用水平木刮杠刮平,表面再用木抹子搓平。有坡度要求的地面,应按设计要求的坡度做。

(7)养护。已浇筑完的混土垫层,应在 12 h 左右覆盖和浇水,一般养护不得少于 7 d。

4. 成品保护措施

(1)在已浇筑的垫层混凝土强度达到 12 MPa 以后,才可允许人员在其上走动和进行其他工序。

(2)在施工操作过程中,注意运混凝土的小车不要碰动门框(应预先有保护措施),并在铺设混凝土时要保护好电气等设备等。

(3)混凝土垫层浇筑完满足养护时间后,可继续进行面层施工,如继续施工时,应对垫层加以覆盖保护,并避免在垫层上搅拌砂浆、存放油漆桶等物以免污染垫层,影响面层与垫层的粘结力,而造成面层空鼓。

5. 安全环保措施

(1)混凝土搅拌机械必须符合《建筑机械使用安全技术规程》(JGJ 33—2012)及《施工现场临时用电安全技术规范》(JGJ 46—2005)的有关规定,施工中应定期对其进行检查、维修,保证机械使用安全。

(2)原材料及混凝土在运输过程中,应避免扬尘、撒漏、沾带,必要时应采取遮盖、封闭、洒水、冲洗等措施。

(3)落地混凝土应在初凝前及时回收,回收的混凝土不得夹有杂物,并应及时运至拌合地点,掺入新混凝土中拌合使用。

5.2.3 找平层施工

找平层指地面以下在垫层、楼板上或填充层(轻质、松散材料)上起整平、找坡或加强作用的构造层。

5.2.3.1 施工准备

(1)材料准备。

1)水泥:硅酸盐水泥、普通硅酸盐水泥,其强度等级不应低于 42.5 级,矿渣硅酸盐水泥不应低于 32.5 级,并严禁混用不同品种、不同强度等级的水泥。安定性合格,无结块。

2)砂:应采用中砂或粗砂,过筛,含泥量不应大于 3%。

3)石子:碎石或卵石的颗粒粒径不得大于找平层厚度的 2/3,含泥量不得大于 2%,不得含有杂质。

4)防水剂:一般为氯化物金属盐类防水剂(淡黄色液)和金属皂类防水剂(乳白色浆状液体)。

(2)主要机具准备。搅拌机、手推车、木刮杠、木抹子、铁抹子、劈缝溜子、喷壶、铁锹、小水桶、长把刷子、扫帚、钢丝刷、粉线包、錾子、锤子。

(3)作业条件准备。

1)地面(或楼面)的垫层以及预埋在地面内各种管线已做完。穿过楼面的竖管已安完,管洞已堵塞密实。有地漏房间应找好泛水。

2)墙面的+50 cm 水平标高线已弹在四周墙上。

3)门框已立好,并在框内侧做好保护,防止手推车碰坏。

4)墙、顶抹灰已做完,屋面防水做完。

5.2.3.2 施工工艺流程

基层处理→找平标记→配料、铺设、找平→养护。

5.2.3.3 施工操作要求

(1)基层处理。

1)将基层上的灰尘扫掉,用钢丝刷和錾子刷净、剔掉灰浆皮和灰渣层,用 10% 的火碱水溶液刷掉基层上的油污,并用清水及时将碱液冲净。

2)预制的钢筋混凝土板缝,清理干净后,冲洗灰渣,在板缝底吊模板;板缝宽度大于 40 mm 以及楼板搁置在梁上的端部,应按设计要求配制钢筋和做防裂的构造措施。填嵌时,板缝先洒水湿润刷一层素水泥浆,浇筑 C20 的细石混凝土并插捣密实,填缝高度应低于板面 10~20 mm,专人浇水养护。

3)有防水要求的地面工程,铺设前必须对立管、套管和地漏与楼板节点之间进行密封处理;排水坡度应符合设计要求。

说明:本条为强制性条文。针对有防水要求的地面工程规定,以保证施工质量要求,以免出现渗漏和积水等缺陷。

4)阳台排水管,应低于找平层。

(2)找平标记。

1)根据水平标准线和设计厚度,在四周墙、柱上弹出垫层的上标高控制线。按线拉水平线抹找平墩(60 mm×60 mm 见方,与垫层完成面同高,用细石混凝土或同种砂浆),间距双向不大于 2 m。有坡度要求的房间应按设计坡度要求拉线,抹出坡度墩。

2)用砂浆做找平层时,还应冲筋。当有排水要求的地面,其基层所做的灰饼后冲筋,应按照设计要求找坡,使排水顺畅。

3)地面防水水泥砂浆找平层,在地面与墙的转角处,找平层应延伸至墙面不少于 500 mm,小便池和污水池等处应延伸至墙面不少于 2 m。

(3)配料、铺设、找平。

1)配料。找平层水泥砂浆或水泥混凝土其原材料用按设计规定的配合比计算配料。砂浆体积比不得低于 1:3,混凝土的强度等级不得低于 C15。

配料时,宜尽量减少加水量,拌合成干硬性或半干硬性的水泥砂浆或水泥混凝土。物料内如果水分太多,施工时产生大量的泌水,一时无法压实收平,相应降低了找平层的强度。

对于防水地面的找平层，水泥砂浆或水泥混凝土中应加入适量的防水剂。防水剂的掺量：在水泥砂浆中加入水泥用量的1.5%～5%；在水泥混凝土中加入水泥用量的0.5%～2%。

不同品种的水泥不能混用。

2)铺设、找平。铺设前干燥基层上应洒水湿润，但不得有积水。基层表面上刷一道素水泥浆或界面结合剂，随涂刷随铺砂浆，将搅拌均匀的混凝土从房间内退着往外铺设。

用铁锹铺混凝土，厚度略高于找平墩，随即用平板振捣器振捣。厚度超过200 mm时，应采用插入式振捣器，其移动距离不大于作用半径的1.5倍，做到不漏振，确保混凝土密实。

以墙柱上的水平控制线和找平墩为标志，检查平整度，高的铲掉，凹处补平。用水平刮杠刮平，然后表面用木抹子搓平，有坡度要求的，应按设计要求的坡度做。

(4)养护。找平层应在施工完成后12 h左右覆盖和洒水养护，严禁上人，一般养护期不得少于7 h。

防水水泥砂浆和防水混凝土，水泥终凝后应立即覆盖养护，3 d内每天浇水3～6次，3 d后每天浇水2～3次，浇水养护的时间不少于14 d，以防干缩裂缝。

5.2.3.4　成品保护措施

(1)施工时应注意对定位定高的标准杆、尺的保护，不得触动、移位；

(2)对所覆盖的隐蔽工程要有可靠的保护措施，不得因浇筑混凝土造成漏水、堵塞、破坏或降低等级。

(3)完工后在养护过程中应进行遮盖和拦挡，避免受侵害。

5.2.3.5　常见的质量问题及原因

(1)混凝土不密实。

1)基层未清理干净，未能洒水湿润透，影响基层与垫层的粘结力；

2)振捣时漏振或振捣不够；

3)配合比掌握不准。

(2)混凝土砂浆表面不平整。主要是混凝土铺设后，未按线找平，待水泥初凝后再进行抹平，比较困难。因此要严格按照工艺标准操作，铺设过程中随时拉线找平。

(3)不规则裂缝。

1)垫层面积过大，未分层分段进行浇筑；

2)首层地面回填土不均匀下沉；

3)厚度不足60 mm或垫层内管线过多。

(4)砂浆空鼓、起砂。

1)基层未清理干净，未能洒水湿润透，影响基层与垫层的粘结力；

2)配合比掌握不准，缺乏必要的养护。

⟫⟫ 学习单元5.3　整体楼地面铺设

整体楼地面主要是指抹灰楼地面(如水泥砂浆楼地面)、细石混凝土楼地面、现浇水磨石楼地面、塑料卷材楼地面、涂料涂布楼地面等。其结构层、中间层的做法基本相同，仅面层材料的做法不同。

5.3.1 抹灰楼地面

抹灰楼地面是指直接将抹灰材料抹在中间层上的一种传统楼地面做法，一般由底层灰、中层灰与面层抹灰构成。其具有构造简单，强度高，耐磨性、耐久性、防水性好，施工简便，造价低等优点，一般适用于一般民用和工业建筑工程的楼地面面层。现以水泥砂浆面层楼地面为例介绍其操作过程。

5.3.1.1 施工准备

1. 材料准备

(1)水泥：一般用≥32.5级的硅酸盐水泥或42.5级的普通水泥；若用粒径为3～6 mm的石屑代替砂子或采用矿渣硅酸盐水泥时，所用水泥≥42.5级；要求水泥安定性合格且无结块。

(2)砂：用中粗砂配制，含泥量≤3%且过筛。

(3)水：用自来水或饮用水即可。

(4)水泥砂浆配合比：水泥∶砂＝1∶(2～2.5)，砂浆稠度≤35 mm，厚度≥20 mm。

2. 主要机具准备

主要机具包括搅拌机、手推车、木刮杠、木抹子、铁抹子、劈缝溜子、喷壶、铁锹、小水桶、长把刷子、扫帚、钢丝刷、粉线包、钎子、锤子。

3. 作业条件准备

(1)地面(或楼面)的垫层以及预埋在地面内各种管线已做完。穿过楼面的竖管已安完，管洞已堵塞密实。有地漏房间应找好泛水。

(2)墙面的水平标高线已弹在四周墙上。

(3)门框已立好，并在框内侧做好保护，防止手推车碰坏。

(4)墙、顶抹灰已做完，屋面防水做完。

5.3.1.2 施工工艺流程

基层处理→洒水湿润→做垫层→找平层→做防水层或防潮层→做找坡层→抹踢脚板→弹线、做灰饼、冲筋→铺抹水泥浆结合层→铺抹水泥砂浆面层→刮尺刮平→木抹子槎平压实→铁抹子分三遍压光→养护。

5.3.1.3 施工操作要求

(1)基层处理。面层施工前应先清除灰尘、灰疤等，清扫后用水洗净晾干；若基层表面较光滑，应进行凿毛；抹灰前一天应洒水湿润基层；若是预制钢筋混凝土板，应用细石混凝土填实板缝；若为素土基层应分层夯实，每层虚铺土厚≤300 mm。

(2)弹线、做灰饼、冲筋。以室内+50 cm水平控制线在四周墙体上弹出楼地面标高的控制基准线，并校正门框等，以此从墙角开始在楼地面上用1∶3的水泥砂浆做间距为1.2～1.5 m的灰饼，待灰饼砂浆硬化后，再用1∶3的水泥砂浆做出纵横方向通长的冲筋来控制抹灰层的厚度和表面的平整度。弹线时应注意室内地面与走廊高度的关系。

(3)找平层及防水层。水泥砂浆找平层四周与管根部位应抹成小八字角；若有地漏和坡度，应按设计要求做泛水和坡度。一般地漏四周应做出≥5%的泛水。若需做防水层，应按设计要求进行。

(4)铺面层砂浆。铺设前应对门框再次进行校核找正，使其与地面的间隙符合规定要求。抹前应先刷水灰比为0.4～0.5的素水泥浆一遍，或加5%的108胶水泥浆一遍，随刷随铺抹水泥砂浆面层。随后用刮尺在室内由里向外至门口按标筋标高赶铺刮平，木抹子压实搓平；在初凝后终凝前，用铁抹子分三遍压光，逐遍加大压力，应控制好每遍的压光时间，也可用抹光机抹平。

对于楼梯踏步，应先抹踢板后抹踏板，踢板跟部应比齿角内倾 10～15 mm，切忌外倾，踏板应分层抹压，三遍成活。若要做防滑条，刻槽应填水泥铁屑砂浆拍平压实，防滑条宽度为 30～40 mm，距齿角 30 mm。

(5)分格楼地面。当施工面积大时，面层应按分格要求进行分格弹线，用留缝条留缝，施工完后经处理达到要求。

(6)面层处理。砂浆过稠，可略洒水或水泥浆；过湿可均匀地撒补 1∶1 的干水泥砂子面，静放 10～20 min 后收水拍实、搓平压光，用直尺检查其平整度；切忌撒干水泥灰。若面层出现裂缝应立即修补，可用水泥浆或加 108 胶的水泥浆等进行。

(7)养护。面层压光 1 d 后，应用草袋、锯末覆盖洒水养护，每天洒水不少于 3 次，保证足够的温度与湿度，养护时间不少于 7 d；有条件的也可作蓄水养护；一般待面层强度达 5 MPa 后方可。

5.3.1.4 成品保护措施

(1)操作过程中注意对其他专业设备的保护。
(2)面层做完以后养护期内严禁进人。
(3)严禁在面层上拌合砂浆和储存砂浆。
(4)冬期施工的水泥砂浆地面操作环境不能低＋5 ℃。

5.3.1.5 安全环保措施

(1)水泥砂浆随用随搅拌，不得随地乱甩。
(2)废砂浆要及时清理出现场，能进行废物利用的要进行利用。
(3)水泥要进库保存，搅拌砂浆时不能让粉尘飞扬。

5.3.1.6 常见的质量问题及原因

1. 空鼓、裂缝

(1)基层清理不彻底、不认真：在抹水泥砂浆之前必须将基层上的粘结物、灰尘、油污彻底处理干净，并认真进行清洗湿润，这是保证面层与基层结合牢固、防止空鼓裂缝的一道关键性工序，如果不仔细认真清除，面层与基层之间形成一层隔离层，致使上下结合不牢，就会造成面层空鼓、裂缝。

(2)涂刷水泥浆结合层不符合要求：在已处理洁净的基层上刷一遍水泥浆，目的是增强面层与基层的粘结力，这是一项重要的工序，涂刷水泥浆调度要适宜(一般 0.4～0.5 的水灰比)，涂刷时要均匀不得漏刷，面积不要过大，砂浆铺多少刷多少。往往是先涂刷一大片，而铺砂浆速度较慢，已刷上去的水泥浆很快干燥，这样不但不起粘结作用，相反起到隔离作用。

另外，一定要用刷子涂刷已拌好的水泥浆，不能采用干撒水泥面后，再浇水用扫帚来回扫的办法，否则由于浇水不匀，水泥浆干稀不匀，也会影响面层与基层的粘结质量。

(3)在预制混凝土楼板上及首层暖气沟盖上做水泥砂浆面层也易产生空鼓、裂缝，预制板的横、竖缝必须按结构设计要求用 C20 细石混凝土填塞振捣、密实，由于预制楼板安装完之后，上表面标高不能完全平整一致，高差较大，铺设水泥砂浆时厚薄不均，容易产生裂缝，因此一般是采用细石混凝土面层。

(4)首层暖气沟盖板与地面混凝土垫层之间由于沉降不匀，也易造成此处裂缝，因此要采取防裂措施。

2. 地面起砂

(1)养护时间不够，过早上人：水泥硬化初期，在水中或潮湿环境中养护，能使水泥颗粒充分水化，提高水泥砂浆面层强度。如果在养护时间短、强度很低的情况下，过早上人使用，就会对刚刚硬化的表面层造成损伤和破坏，致使面层起砂、出现麻坑。因此，水泥地面完工后，养护工作的好坏对地面质量的影响很大，必须要重视，当面层抗压强度达 5 MPa 时才能上人操作。

(2)使用过期、强度等级不够的水泥，水泥砂浆搅拌不均匀，操作过程中抹压遍数不够等，都造成起砂现象。

(3)有水等泄漏的房间倒泛水：在铺设面层砂浆时先检查垫层的坡度是否符合要求。设有垫层的地面，在铺设砂浆前抹灰饼和标筋时，按设计要求抹好坡度。

(4)面层不光、有抹纹：必须认真按前面所述的操作工艺要求，用铁抹子按抹压的遍数去操作，最后在水泥终凝前用力抹压不得漏压，直到将前遍的抹纹压平、压光为止。

5.3.2　细石混凝土楼地面

细石混凝土楼地面是指直接将细石混凝土铺抹在中间层上的一种传统楼地面做法，具有强度高、抗裂性、耐磨性、耐久性好、施工简便，造价低等优点。细石混凝土楼地面属于分层构造层次类，一般由底层、中层与面层构成；主要适用于一般耐磨性、抗裂性要求较高的厂房车间或公用与民用住宅建筑楼地面面层。

5.3.2.1　施工准备

1. 材料准备

(1)水泥：一般用强度等级不低于 42.5 级的硅酸盐水泥、普通水泥或矿渣水泥，安定性合格且无结块。

(2)砂：用中粗砂配制，含泥量不大于 3％且过筛。

(3)石子：用坚硬耐磨、级配良好的碎石或卵石，石子粒径不应大于 15 mm。面层厚度大于 100 mm 时，粒径不应超过 40 mm，含泥量不大于 2％，粒径不大于 15 mm 和面层厚度的 2/3。

(4)水：用自来水或饮用水即可。

(5)混凝土配合比：强度等级不低于 C20，水泥用量不少于 300 kg/m³，坍落度 10～30 mm；C20 混凝土的配合比：水泥∶砂∶石子∶水＝1∶2∶3.8∶0.6；C30 混凝土的配合比：水泥∶砂∶石子∶水＝1∶1.4∶3∶0.5，砂浆稠度不大于 35 mm，厚度不小于 20 mm。

2. 主要机具准备

主要机具包括混凝土搅拌机、平板振捣器、机动翻斗车、大小平锹、铁滚筒、木抹子、铁抹子、钢皮抹子、2 m 长木杠、水平尺、小桶、筛孔为 5 mm 筛子、钢丝刷、笤帚、手推胶轮车等。

3. 作业条件准备

(1)地面或楼面的混凝土垫层(基层)已按设计要求完成，混凝土强度已达到 1.2 MPa 以上。

(2)室内门框、预埋件、各种管道及地漏等已安装完毕，经检查合格，地漏口已遮盖，并办理预检手续。

(3)各种立管和套管通过面层孔洞已用细石混凝土灌好修严。

(4)顶棚、墙面抹灰施工完备，已弹出或设置控制面层标高和排水坡度的水平线或标志。分格缝已按要求设置，地漏处已找好泛水及标高。

(5)屋面已做好防水层，或有防雨措施。

5.3.2.2　施工工艺流程

基层处理→洒水湿润→找平层、防水层或防潮层→做找坡层→抹踢脚板→做灰饼、冲筋→铺混凝土结合层→铺混凝土面层→振捣刮平→铁抹子分三遍压光→养护。

5.3.2.3　施工操作要求

(1)基层处理、弹线、做灰饼、冲筋：施工操作方法同水泥砂浆楼地面。混凝土应采用机械搅拌且搅拌均匀。

(2)分格、铺设：面层铺抹时，应先用木板隔成宽不大于 3 m 的区段，再刷一遍水灰比为 0.4～0.5 的素水泥浆，或加 5%的 108 胶水泥浆，最后分段由里向门口铺设混凝土，随铺随用长木杠刮平拍实。

(3)振捣刮平：在混凝土初凝前，用平板振捣器振实或用 30 kg 的滚筒纵横交错来回滚压 3～5 遍至表面出浆，用木抹子搓平。

对于厕浴间，应顺设计规定的排水坡向抹压，使地面水能顺畅地流入地漏。

对于踢脚线，一般应用水泥砂浆，为保证其高度一致，出墙厚度均匀，应在面层混凝土施工前在四周墙体上弹出踢脚线的上口线，随线粘贴与出墙厚度平齐的条材，作为控制踢脚线施工用。

(4)收光：一般应在混凝土终凝前压光。均匀撒 1∶1 的干水泥砂压实抹光，隔 2～3 h，待混凝土稍收水后用木抹子搓平，铁抹子压光不少于 3 遍，或用抹光机抹光，直到表面平整光滑。不得漏压，切忌撒干水泥。

(5)养护：面层压光 1 d 后，应用草袋、湿锯屑覆盖洒水养护，每天洒水不少于 2 次，保证足够的温度与湿度，养护时间不少于 7 d；有条件的也可蓄水养护。一般待面层强度达 5 MPa后方可上人。

5.3.2.4　成品保护措施

(1)地面上铺设的电线管、暖卫立管应有保护措施。地漏、出水口等部位要安放临时堵头保护，以防进入杂物造成堵塞。

(2)混凝土面层养护期间不得在其上行人、运输材料。

(3)运输材料用手推胶轮车不得碰撞门框、墙面和已完工的楼地面面层。

(4)不得在已做好的混凝土面层上拌合混凝土或砂浆。

(5)门窗油漆不得沾污已完工的地面面层、墙面和明露的管线。

5.3.2.5　安全环保措施

(1)清理基层时，不允许从窗口、洞口向外乱扔垃圾、杂物，以免伤人。

(2)剔凿地面时要戴防护镜。

(3)夜间施工或在光线不足的地方施工时，应采用 36 V 低压照明设备，地下室照明用电不超过 12 V。

(4)非机电人员不准乱动机电设备。

(5)室内推手推车拐弯时，要注意防止车把挤手。

(6)用卷扬机垂直运输时，要注意联络信号，待吊笼平层稳定后再进行装卸操作。

5.3.2.6　施工注意事项

(1)施工温度不应低于 5 ℃，否则应按冬期施工要求采取措施。

(2)面层振捣或滚压出浆，应注意不得在其上撒干水泥，必须撒水泥砂子干面灰刮平抹压，以免造成面层起皮和裂纹。

（3）面层施工应注意不得使用强度等级不够或过期水泥；配制混凝土应严格控制水灰比，坍落度不得过大，铺抹时不得漏压或欠压，养护要认真和及时，以免造成地面起砂。

（4）为了防止面层出现空鼓、开裂，施工中应注意使用的砂子不能过细，基层必须清理干净，认真洒水湿润；刷水泥浆层必须均匀；铺灰间隔时间不能过长，抹压必须密实，不得漏压，并掌握好时间；养护应及时等。

（5）厕浴间、厨房等有地漏的房间要在冲筋时找好泛水，避免地面积水或倒流水。

（6）细石混凝土面层不应留置施工缝。当施工间歇超过允许时间规定，再继续浇筑混凝土时，应对已凝结的混凝土接槎处进行处理，刷一层素水泥浆，其水灰比为 0.4～0.5，再浇筑混凝土，并捣实压平，不显接头槎。

5.3.2.7　常见的质量问题及原因

（1）面层起砂、起皮：由于水泥强度等级不够或使用过期水泥、水灰比过大、抹压遍数不够、养护期间过早进行其他工序操作，都易造成起砂现象。

（2）面层空鼓、有裂缝：由于铺细石混凝土之前基层不干净，如有水泥浆皮及油污，或刷水泥浆结合层时面积过大用扫帚扫、甩浆等都易导致面层空鼓。由于混凝土的坍落度过大滚压后面层水分过多，撒干拌合料后终凝前尚未完成抹压工序，造成面层结构不紧密易开裂。

5.3.3　现浇水磨石楼地面

现浇水磨石楼地面是指将水泥石粒浆铺设在水泥砂浆或混凝土垫层上，待水泥石粒浆硬化后经打磨上蜡而成。

现浇水磨石楼地面具有光洁美观，耐磨、防水、防尘、防爆，施工质量容易控制等优点。水磨石楼地面属于分层构造层次类，一般由底层、结合层与水泥石粒浆面层构成；主要适用于作防水、耐磨、防尘、防爆，清洁要求较高的仪表车间、卫生间、配电室、化验室、火药库等楼地面面层。

5.3.3.1　施工准备

1. 材料准备

（1）水泥：一般用强度等级不低于 42.5 级的硅酸盐水泥、普通水泥或矿渣水泥，安定性合格且无结块；白色或浅色水磨石应采用白水泥，其强度等级不低于 32.5。

（2）砂、水：其选用同细石混凝土楼地面。

（3）石粒：采用坚硬可磨的白云石、大理石、方解石、花岗石等岩石破碎筛分而成，粒径为 2～20 mm，一般用粒径为 4～15 mm 的石粒，采用石粒的最大粒径应比面层厚度小 2 mm；石粒应颜色、粗细均匀一致、不得含有风化、裂纹的颗粒，且洁净无杂物；使用前应洗净过筛、分门别类装袋贴签。

（4）颜料：应采用耐光、耐碱、耐潮湿、无结块的矿物颜料，不得使用酸性颜料。

（5）草酸：草酸采用无色、透明晶体的工业用块状或粉末状物。

（6）蜡：用川蜡（蜂蜡或虫蜡）或地板蜡成品，颜色应符合磨面颜色。

（7）分格条：常用铜条、玻璃条、塑料条，其宽度铜条为 1～1.5 mm、玻璃条为 3 mm、塑料条为 2～3 mm，其高度据面层厚度确定，其长度可取 1 000～1 200 mm。

（8）配合比：石粒浆的配合比采用体积比为（水泥＋颜料）∶石粒＝1∶（1～3），石粒浆稠度约 60 mm，厚度不小于 10 mm；若作带色水磨石需掺入颜料，颜料掺入量一般为水泥用量的 5％～10％，最大不大于 12％，配色用料按所配色彩具体确定；蜡液的配合比采用质量比

为川蜡：煤油：松香水：鱼油＝1：4：0.6：0.1，先将川蜡与煤油放入铁桶内，加热到130
℃熬成蜡液，使用时再加入松香水与鱼油调匀即可用。

3. 主要机具准备

主要机具包括水磨石机、滚筒(直径一般为200～250 mm，长600～700 mm，混凝土或
铁制)、木抹子、毛刷子、铁簸箕、靠尺、手推车、平锹、5 mm孔径筛子、油石(规格按粗、
中、细)、胶皮水管、大小水桶、扫帚、钢丝刷、铁器等。

4. 作业条件准备

(1)顶棚、墙面抹灰已完成并已验收，屋面已做完防水层。

(2)安装好门框并加防护，与地面有关的水、电管线已安装就位，穿过地面的管洞已堵
严、堵实。

(3)做完地面垫层，按标高留出磨石层厚度(至少3 cm)。

(4)石粒应分别过筛，并洗净无杂物。

5.3.3.2 施工工艺流程

基层处理→浇水湿润→设置标筋→抹找平层→养护→弹线分格、镶分格条→找标高弹水
平线→铺抹面层石粒浆→养护→磨光(一般三遍)→涂草酸→上蜡抛光。

5.3.3.3 施工操作要求

(1)基层处理、做灰饼和冲筋：施工操作方法同水泥砂浆楼地面。

(2)抹找平层：抹前应将地漏或安装管道洞口用水泥袋临时堵塞，随后刷水灰比为0.4～
0.5的素水泥浆一遍，再用1：3的水泥砂浆10～15 mm厚打底，用木抹子搓平并拉毛。

(3)弹线分格、镶分格条：待底子灰养护12～24 h后，按设计进行弹线分格、镶分格条。
分格条一般采用玻璃条、铜条或铝条，采用铜条、铝条时应先调直备用。要求用素水泥浆在
分格条两侧与地面成30°将分格条粘稳，表面高度一致，作为铺面层的标准，待养护3 d后开
始铺面层。用小铁抹子抹稠水泥浆将分格条固定住(分格条安在分格线上)，抹成30°八字形，
高度应低于分格条条顶4～6 mm，分格条应平直(上平必须一致)、牢固、接头严密，不得有
缝隙。另外在粘贴分格条时，在分格条十字交叉接头处，为了使拌合料填塞饱满，在距交点
40～50 mm内不抹水泥浆。采用铜条时，应预先在两端头下部1/3处打眼，穿入22号铁丝，
锚固于下口八字角水泥浆内。镶条后12 h后开始浇水养护，最少2 d，在此期间房间应封闭，
禁止各工序进行。分格条的粘贴方法如图5-1所示。

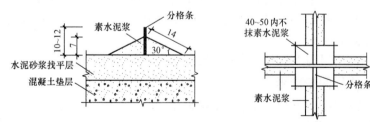

图5-1 分格条的粘贴方法

(4)铺石粒浆：面层铺抹时，扫净并刷一遍水灰比为0.4～0.5的素水泥浆，随即铺抹，
厚度应比分格条高1～2 mm，石子分布均匀，待七八成干时，用铁抹子抹压至分格条相平，
次日进行浇水养护。若是大面积施工可采用滚筒滚平压实，待表面出浆收水后，再进行二次
滚压，最后用铁抹子抹平压光至分格条相平，次日进行浇水养护。

当面层有几种图案时，应先铺深色，凝固后再铺浅色，先铺大面后镶边，待前一种色浆

凝固后再做后一种，以免混色。

(5)磨光：有机械与人工两种，人工磨光主要用于工程量小或不能使用机械的部位；开磨前应试磨，以表面石料不松动为准。一般根据气温情况确定养护天数，温度在 20～30 ℃ 时 2～3 d 即可开始机磨，过早开磨石粒易松动；过迟造成磨光困难。

第一遍(粗磨)用 60～90 号粗金刚石磨，边磨边加水，磨匀磨平至石料与分格条露出后，用水洗净，对面层的细小孔隙或凹痕用同色水泥浆或水泥石子浆嵌补，不同颜色的磨石应先补深色后补浅色，第一次补浆 0.5 h 后可开始补第二次浆，补浆后再洒水养护 2～3 d 再磨；

第二遍(细磨)用 90～180 号金刚石磨，加水磨到表面光滑为止，其他同第一遍，洒水养护 2～3 d；

第三遍(磨光)180～240 号细金刚石磨，磨至表面石子粒粒显露、平整光滑，无抹纹、砂眼、细孔，用水洗净后擦干；

第四遍用 240～300 号金刚石磨，加水磨至出白浆、表面光滑呈镜面状态，用水洗净晾干。

普通水磨石面层磨光一般采用"二浆三磨"法，高级水磨石面层磨光应适当增加磨光遍数及提高油石号数。

5.3.3.4 水磨石踢脚板施工

(1)抹底灰：与墙面抹灰厚度一致，在阴阳角处套方、量尺、拉线，确定踢脚板厚度，按底层灰的厚度冲筋，间距 1～1.5 m。然后装档用短杠刮平，木抹子搓成麻面并划毛。

(2)抹磨石踢脚板拌合料：先将底子灰用水湿润，在阴阳角及上口用靠尺按水平线找好规矩，贴好靠尺板，先涂刷一层薄水泥浆，紧跟着抹拌合料，抹平、压实。刷水两遍将水泥浆轻轻刷去，达到石子面上无浮浆。常温下养护 24 h 后，开始人工磨面。

第一遍用粗油石，先竖磨再横磨，要求把石渣磨平，阴阳角倒圆，擦第一遍素灰，将孔隙填抹密实，养护 1～2 d，再用细油石磨第二遍，用同样方法磨完第三遍，用油石出光打草酸，用清水擦洗干净。

(3)涂草酸：为了取得打蜡后显著的效果，在打蜡前磨石面层要进行一次适量限度的酸洗，一般均用草酸进行擦洗，使用时，先用水加草酸化成约 10% 浓度的溶液，用扫帚蘸后洒在地面上，再用油石轻轻磨一遍；磨出水泥及石粒本色，再用水冲洗软布擦干。此道操作必须在各工种完工后才能进行，经酸洗后的面层不得再受污染。

(4)打蜡处理：待表面干燥后，用布团蘸蜡液均匀擦于磨面上；或将蜡包在薄布内，在面层上薄薄涂一层，待干后再用钉有帆布或麻布的木块代替油石，装在磨石机的磨盘上进行研磨，直至光滑洁亮为止。

(5)养护：一般在上蜡后铺细砂或锯末浇水养护。

5.3.3.5 成品保护措施

(1)铺抹水泥砂浆找平层时，注意不得碰坏水、电管路及其他设备。

(2)运输材料时注意保护好门框。

(3)进行机磨水磨石面层时，研磨的水泥废浆应及时清除，不得流入下水口及地漏内，以防堵塞。

(4)磨石机应设罩板，防止研磨时溅污墙面及设施等，重要部位及设备应加覆盖。

5.3.3.6 常见的质量问题及原因

(1)分格条折断，显露不清晰：主要原因是分格条镶嵌不牢固(或未低于面层)，液压前未用铁抹子拍打分格条两侧，在滚筒滚压过程中，分格条被压弯或压碎。因此为防止此现象发生，必须在滚压前将分格条两边的石子轻轻拍实。

（2）分格条交接处四角无石粒：主要是粘结分格条时，稠水泥浆应粘成30°，分格条顶距水泥浆4~6 mm，同时在分格条交接处，粘结浆不得抹到端头，要留有抹拌合料的孔隙。

（3）水磨石面层有洞眼、孔隙：水磨石面层机磨后总有些洞孔发生，一般均用补浆方法，即磨光后用清水冲干净，用较浓的水泥浆（如彩色磨石面时，应用同颜色颜料加水泥擦抹）将洞眼擦抹密实，待硬化后磨光；普通水磨石面层用"二浆三磨"法，即整个过程磨光三次擦浆二次。如果为图省事少擦抹一次，或用扫帚扫而不是擦抹或用稀浆等，都易造成面层有小孔洞（另外由于擦浆后未硬化就进行磨光，也易把洞孔中灰浆磨掉）。

（4）面层石粒不匀、不显露：主要是石子规格不好，石粒未清洗，铺拌合料用刮尺刮平时将石粒埋在灰浆内，导致石粒不匀等现象。

5.3.4　自流平地面施工

自流平为无溶剂、自流平、粒子致密的厚浆型环氧地坪涂料。自流平表面光滑、美观、达镜面效果，耐酸、碱、盐、油类腐蚀，特别是耐强碱性能好，可用于高度清洁、美观、无尘、无菌及防静电的电子、微电子行业，也可用于学校、办公室、家庭等的地坪。

自流平的技术应用首先是一个创新，液体状态下的地坪材料在铺散到地面以后自动流淌，当然这种流淌并非是任意性的，液体在地面自动找寻低洼区并将其填平，最终在将整片地面流淌成镜面般平整后静止，凝结而固化。整个过程不依赖于人力抹刮。

地坪涂料种类众多，一般的地坪涂料很难达到GMP规范中对高洁净场所的要求，所以环氧自流平地坪应运而生。环氧自流平地坪是环氧树脂地坪的一种，也是地坪漆中最好的一种，其具有表面平滑、美观、达镜面效果；耐磨防滑、洁净度非常高等众多优点。它主要适用于GMP标准制药厂、精密仪器室、无尘室、微电子厂、食品厂、仪控室。

1. 施工准备

（1）材料准备：界面剂、自流平水泥。

（2）施工机具准备：电动搅拌机、地面打磨机、空气压缩机、真空吸尘器、电动切割机、水准仪、地面拉拔强度检查仪、流动度测试仪、水管、电线电缆、照明灯（或现场灯光）、底涂辊刷、量水筒、搅拌桶、自流平专用刮板、放气辊筒、钉鞋等。

（3）人员配备：施工人员的配备应根据施工面积而定，一般应包括机械工（自流平搅拌、地面打磨、使用真空吸尘器和电动切割机等）、瓦工（修补、找平）、力工（清扫、搬运、涂刷界面剂）、管理人员（现场管理、质量控制等）

2. 施工工艺流程

基层检查与处理→抄平设置控制点→设置分格条→涂刷界面剂→自流水泥施工→地面养护→切缝、打胶→验收。

3. 施工操作要求

（1）基层检查：全面彻底检查基层，用地面拉拔强度检查仪检测地面抗拉拔强度，从而确定混凝土垫层的强度，混凝土抗拉拔的强度宜大于1.5 MPa。

（2）基层清理及处理：

1）用磨光机打磨基层地面，将尘土、不结实的混凝土表层、油脂、水泥浆或腻子以及可能影响粘结强度的杂质等清理干净，使基层密实，表面无松动、杂物。打磨后仍存在的油渍污染，须用低浓度碱液清洗干净。

2）基层打磨后所产生的浮土，必须用真空吸尘器吸干净（或用锯末彻底清扫）。

3)如基层出现软弱层或坑洼不平,必须先剔除软弱层,杂质清除干净,涂刷界面剂后,用高强度的混凝土修补平整,并达到充分的强度,方可进行下道工序。

4)清吸伸缩缝,向伸缩缝内注入发泡胶,胶表面低于伸缩缝表面约 20 mm;然后涂刷界面剂,干燥后用拌好的自流平砂浆抹平堵严。

(3)抄平设置控制点:架设水准仪对将要进行施工的地面抄平,检测其平整度;设置间距为 1 m 的地面控制点。

(4)设置分格条:在每次施工分界处先弹线,然后粘贴双面胶粘条(10 mm×10 mm);于伸缩缝处粘贴宽的海绵条,为防止错位后面可用木方或方钢顶住。

(5)涂刷界面剂:

1)涂刷界面剂的目的是对基层封闭,防止自流平砂浆过早丧失水分;增强地面基层与自流平砂浆层的粘结强度;防止气泡的产生;改善自流平材料的流动性。

2)按照界面剂使用说明要求,用软刷子将稀释后的界面剂涂刷在地面上,涂刷要均匀、不遗漏,不得让其形成局部积液;对于干燥的、吸水能力强的基底要处理两遍,第二遍要在第一遍界面剂干燥后方可涂刷。

3)一般第一遍界面剂干燥时间 1~2 h,第二遍界面剂干燥时间 3~4 h。

4)确保界面剂完全干燥,无积存后,方可进行下一步施工。

(6)自流平水泥施工:

1)应事先分区以保证一次性连续浇注完整个区域。

2)用量水筒准确称量适量清水置于干净的搅拌桶内,开动电动搅拌器,徐徐加入整包自流平材料,持续均匀地搅拌 3~5 min,使之形成稠度均匀、无结块的流态浆体,并检查浆体的流动性能。加水量必须按自流平材料的要求严格控制。

3)将搅拌好的流态自流平材料在可施工时间内倾倒在基面上,任其像水一样流平开。应倾倒成条状,并确保现浇条与上一条能流态地融合在一起。

4)浇注的条状自流平材料应达到设计厚度。如果自流平施工厚度设计小于等于 4 mm,则需要使用自流平专用刮板进行批刮,辅助流平。

5)在自流平初凝前,须穿钉鞋走入自流平地面迅速用放气辊筒滚轧浇注过的自流平地面以排出搅拌时带入的空气,避免气泡、麻面及条与条之间的接口高差。

6)用过的工具和设备应及时用水清洗。

(7)地面养护:施工完的地面需进行自然养护。一般 3~4 h 后即可上人行走,24 h 后即可开放轻载交通,并可铺设其他地面材料,如环氧树脂、聚氨酯等。

(8)切缝、打胶:

1)待自流平地面施工完成 3~4 d 后,即可在自流平地面上弹出地面分格线,分格线宜与自流平下垫层伸缩缝重合,从而避免垫层伸缩导致地面开裂;弹出的分格线应平直、清晰。

2)分格线弹好后用手提电动切割机对自流平地面切缝,切缝宽度以宽 3 mm,深 10 mm 为宜。

3)切缝用吸尘器清理干净后,用胶枪沿缝填满具有弹性的结构密封胶,最后用扁铲刮平即可。

4. 施工注意事项

施工环境应干燥,地面的温度不应低于 +10 ℃,地面相对湿度应保持在 90% 以下;无雨雪,不要有过强的穿堂风,以免造成局部过早干燥。若夏季炎热温度较高,宜选择夜间施工。

自流平地面对基层要求较高,基层不得有松散的混凝土、油脂、杂物,尘土吸净;地面上的地漏、地沟、分格缝等要先用海绵条封住;原垫层所留分格缝需用与自流平砂浆同等材质进行封闭。

刷第二道界面剂之前和自流平施工前，要求界面剂表面要干燥，以便获得更好的连接性。施工时应注意保持通风；界面剂不耐冻，低温状态下，储存和运输时应保温。

施工用水最好是洁净自来水，以免影响表面观感质量。

自流平地面必须连续施工，中间不得停歇；加水后使用时间为20～30 min，超过后自流平砂浆将逐渐凝固，产生强度而失去流动性。浇注宽度可根据泵的容量和铺摊厚度而定，通常不超过10～12 m；过宽的地面需用海绵条分隔成小块施工。对于要求特别光滑的工业地面，浇注宽度要窄。

在寒冷的情况下，要用温水(水温不超过35 ℃)搅拌。地面温度低于5 ℃不能进行自流平水泥的施工。

学习单元5.4 板块面层铺设

5.4.1 板块面层楼地面简述

板块面层楼地面主要是指采用大理石、花岗石、碎拼大理石、陶瓷马赛克、水泥花砖、预制水磨石等铺设的地面。其花色品种多样，能满足不同装饰的要求。此类地面属于刚性地面，只能铺在整体性和刚性均好的基层上。

1. 常用材料

板块面层楼地面的常用材料有大理石、花岗石、预制水磨石板、陶瓷地砖、碎块石材块、缸砖、水泥砖、水泥花砖和陶瓷马赛克等。

2. 装饰构造及分层做法

板块楼地面的构造属于分层构造类，主要以面层材料及做法的不同来进行区分类型，如地砖面层楼地面、大理石面层楼地面、花岗石面层楼地面、陶瓷马赛克面层楼地面、碎拼大理石面层楼地面等。

陶瓷马赛克楼地面的构造及分层做法如图5-2所示。

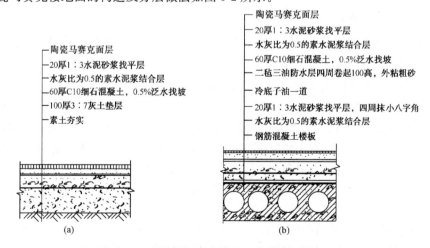

图5-2 陶瓷马赛克楼地面的构造及分层做法

(a)陶瓷马赛克地面构造做法；(b)陶瓷马赛克楼面构造做法

陶瓷地砖楼地面的构造及分层做法如图 5-3 所示。

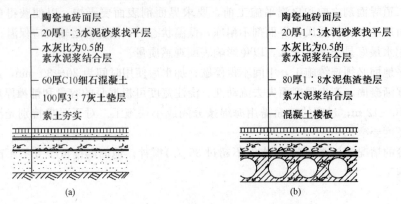

图 5-3　陶瓷地砖楼地面的构造及分层做法

(a)陶瓷地砖地面构造做法；(b)陶瓷地砖楼面构造做法

大理石、花岗石与预制水磨石板楼地面的构造及分层做法如图 5-4 所示。

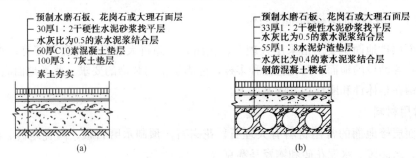

图 5-4　大理石、花岗石与预制水磨石板楼地面的构造及分层做法

(a)大理石、花岗石与预制水磨石板地面构造做法；(b)大理石、花岗石与预制水磨石板楼面构造做法

5.4.2　常用的板块面层材料介绍

5.4.2.1　天然石材

在精装修工程中天然石材板块面层主要用到大理石、砂岩、板岩、花岗岩等。

1. 大理石

大理石属于沉积岩的副变质岩，是石灰石重结晶形成后的一种变质岩，有明显的水线纹路花纹，主要成分是碳酸钙，其含量为 $50\%\sim75\%$，呈弱碱性。有的大理石含有一定量的二氧化硅，有的不含有二氧化硅。其颗粒细腻(指碳酸钙)，表面条纹分布一般较不规则，硬度较低。从商业角度来说，所有天然形成、能够进行抛光的石灰质岩石都可称为大理石。

大理石具有优良的装饰性能和加工性能，一般不含有辐射或辐射较低且色泽艳丽、色彩丰富，广泛用于室内墙、地面的装饰。大理石的耐磨性能良好，不易老化，其使用寿命一般为 $50\sim80$ 年。

(1)分类。大理石按品质分类如下：

A 类：优质的大理石，具有相同的、极好的加工品质，不含杂质和气孔。

B 类：特征接近前一类大理石，但加工品质比前者略差；有天然瑕疵；需要进行小量分离、胶粘和填充。

C类：加工品质存在一些差异；瑕疵、气孔、纹理断裂较为常见。修补这些差异的难度中等，通过分离、胶粘、填充或者加固这些方法中的一种或者多种即可实现。

D类：特征与C类大理石相似，但是它含有的天然瑕疵更多，加工品质的差异最大，需要同一种方法进行多次表面处理。

(2)命名。大理石的命名常以研磨抛光后的花纹、颜色特征或产地命名。

例如：北京房山的"汉白玉"，云南大理的"云彩""晚霞"，河北曲阳的"墨玉"，挪威的"挪威红"，山西浑源产"恒山黑"等。

(3)规格。大理石材料的规格分定型和不定型两类。

定型是由国家统一编号或企业自定规格或代号。

长方形(mm×mm×mm)：300×150×20、400×200×20、900×600×20。

正方形(mm×mm×mm)：300×300×20、400×400×20、610×610×20。

不定型板材的规格由设计部门与生产厂家共同议定。

(4)用途。大理石板材的用途如下：

大理石属于中硬石材，其颜色花色多样，色泽鲜艳，给人富丽豪华的感觉，是公共场所如大堂、客厅、走道等常用的材料。

大理石适用于室内墙面、柱面、地面、栏杆、楼梯踏步、窗台板、服务台电梯间、门脸等；也可以制造工艺品、花饰雕刻等；有少部分也用于室外装饰，但只可用于小面积，并应做适当的处理。

2. 砂岩

砂岩又称砂粒岩，属于沉积岩。其主要成分：石英成分65%以上；黏土10%左右；针铁矿13%左右；其他物质10%以上。砂岩的颗粒均匀，质地细腻，结构疏松，因此吸水率较高(在防护时的造价较高)，具有隔声，吸潮，抗破损，耐风化，褪色，水中不溶化，无放射性等特点。砂岩砂石不能磨光，属亚光型石材，不会产生因光反射而引起的光污染，又是一种天然的防滑材料。

澳洲砂岩、中国砂岩、西班牙砂岩和印度砂岩为世界的四大砂岩。砂岩是一种生态环保石材。

3. 板岩

板岩属于沉积岩。形成板岩的页岩先沉积在泥土床上，地球的运动使这些页岩床层层叠起，激烈的变质作用使页岩床折叠、收缩，最后变成板岩。板岩成分主要为二氧化硅。其特征可耐酸。

板岩的结构表现为片状或块状，颗粒细微，粒度为0.001～0.9 mm，厚度均一，硬度适中，吸水率较小。其寿命一般在100年左右，常为隐晶结构，较为密实，且大多数是定向排列，岩石劈理十分发达。

4. 花岗岩

花岗岩由长石、石英、云母等矿物质组成，主要成分是二氧化硅，其含量为65%～85%，化学性质呈弱酸性。花岗岩的相对密度为2.63～2.7。

(1)性能：具有良好的装饰性能、加工性能；耐磨性能好，比铸铁高5～10倍；弹性模量大，高于铸铁；刚性好，内阻尼系数大，比钢铁大15倍，能防震、减震；具有脆性，受损后只是局部脱落，不影响整体的平直性；化学性质稳定，不易风化，能耐酸、碱及腐蚀气体的侵蚀，其化学性能与二氧化硅的含量成正比，使用寿命可达200年左右。

(2)分类：细粒花岗岩：长石晶体的平均直径为1/16～1/8英寸；中粒花岗岩：长石晶体的平

均直径约为 1/4 英寸；粗粒花岗岩：长石晶体的平均直径为 1/2 英寸以上，相对密度较低。

（3）命名：常以研磨抛光后的花纹、颜色特征或产地命名，如河南的"菊花青""雪花青""云里梅"，山东的"济南青"，四川的"石棉红"，江西的"豆绿色"等。

（4）用途：花岗岩的质地坚硬，属于硬石材。这种地面耐擦、耐磨、经磨光处理后，光亮如镜，质感丰富，有华丽高贵的装饰效果，是高级装饰工程中常用的材料。它适用于除吊顶以外的所有部位的装饰，如室内外墙面、柱面、地面、栏杆、楼梯踏步、窗台板、服务台电梯间、门脸等；室内装修多用于门槛、窗台、橱柜台面、电视台面。

5.4.2.2 人造石材

人造石材是用各种方法加工制造的具有类似天然石材性质、纹理和质感的合成材料。例如以大理石、花岗石碎料，石英砂、石碴等为集料，树脂或水泥等为胶结料，经搅拌、成型、聚合或养护后，研磨抛光、切割而成的人造花岗岩、大理石和水磨石等。

常用的人造石材分为四大类：水泥型人造石材、烧结型人造石材、复合型人造石材、聚酯型人造石材。

1. 复合型人造石材

复合型人造石材以原石碎料为主，加入胶质与石料真空搅拌，并采用高压振动方式使之成型，制成一块块的岩块，再经过切割成为建材石板；除保留了天然纹理外，还可以经过事先的挑选统一花色、加入喜爱的色彩，或嵌入玻璃、亚克力等，丰富其色泽的多样性。

其特点是耐磨性好，色彩酷似天然石，体积密度高，强度高，无辐射，品种齐全，色泽艳丽，品质稳定，质量小，裁切和施工容易。复合型人造石材采用了大粒径的粗天然石头，节约资源。

精装修工程中，复合型人造石材主要用于厨房台面、卫生间台面、医用台面、实验台面、窗台，制作成水槽、台盆，墙柱面及地面、墙面等装饰。

2. 聚酯型人造石材

聚酯型人造石材又称人造大理石，用不饱和聚酯树脂与填料、颜料混合，加入少量引发剂，经一定的加工程序制成。在制造过程中配以不同的色料可制成色彩艳丽、光泽如玉，酷似天然大理石的制品。

其具有无毒性、无放射性、阻燃性、不粘油、不渗污、抗菌防霉、耐磨、耐冲击、易保养、拼接无缝、任意造型等优点。

5.4.2.3 陶瓷类面砖

凡用黏土及其他天然矿物原料，经配料、制坯、干燥、焙烧制得的装饰面砖，统称为陶瓷砖。

陶瓷类面砖按国家分类标准分为：瓷质砖（吸水率小于等于 0.5%）；炻瓷质（吸水率大于 0.5% 小于等于 3%）；细炻质（吸水率大于 3% 小于等于 6%）；炻质砖（吸水率大于 6% 小于等于 10%）；陶质砖（吸水率大于 10%）。按使用位置分为：外墙砖、内墙砖和地砖等。按成型工艺分为：干压成型砖、挤压成型砖、可塑成型砖。按商业品种分为：釉面砖、通体砖（同质砖）、抛光砖、玻化砖、瓷质釉面砖（仿古砖）。

（1）釉面砖：就是砖的表面经过施釉处理的砖。

1）按原材料分类。

①陶制釉面砖：由陶土烧制而成，吸水率较高，强度相对较低。其主要特征是背面颜色为红色。

②瓷制釉面砖：由瓷土烧制而成，吸水率较低，强度相对较高。其主要特征是背面颜色是灰白色。

2)按釉面光泽分类：亮光釉面砖和亚光釉面砖。

常规尺寸(mm×mm)：200×300、300×300、250×330、330×450、500×500等。

特点：色彩图案丰富，表面平整光洁、防污、清洁容易，表面耐腐蚀性能好。

(2)瓷质釉面砖(仿古砖)。仿古砖是从彩釉砖演化而来，实质上是上釉的瓷质砖。所谓仿古，指的是砖的效果，应该叫仿古效果的瓷砖。仿古砖技术含量要求相对较高，经数千吨液压机压制后，再经千度高温烧结而成。

其具有很高的强度，极强的耐磨性。经过精心研制的仿古砖兼具了防水、防滑、耐腐蚀的特性。

(3)通体砖(同质砖)。通体砖也可称为同质砖，就是砖的表面未施釉处理的砖，正反面材质、颜色等与内部相同。

1)陶制通体砖：由陶土烧制而成，吸水率较高，强度相对较低。其主要特征是背面颜色为红色。

2)瓷制通体砖：由瓷土烧制而成，吸水率较低，强度相对较高。其主要特征是背面颜色是灰白色。

常规尺寸(mm×mm)：100×100、150×150、300×300、500×500、600×600。

特点：瓷化程度高，吸水率低，强度大，耐磨性能好，防滑。

(4)抛光砖。抛光砖是通体砖坯体的表面经打磨而成的一种光亮的砖，属通体砖的一种。相对通体砖而言，抛光砖表面要光洁得多。抛光砖坚硬耐磨，适合在除洗手间、厨房以外的多数室内空间中使用。抛光砖在抛光时留下的凹凸气孔会藏污垢，以致抛光砖变色，甚至一些茶水倒在抛光砖上都会脏污，只有加防污层的抛光砖才能在一定时间内防污。

常规尺寸(mm×mm)：600×600、800×800等。

特点：色彩图案丰富、表面平整光洁、坚硬耐磨，但本身防污性差且不防滑。

(5)玻化砖(玻化抛光砖)：为了解决抛光砖出现的易脏问题，市面上出现了一种叫玻化砖的品种。玻化砖是一种强化的抛光砖，采用高温烧制而成，质地比抛光砖更硬、更耐磨。玻化砖其实就是全瓷化砖，其表面光洁但又不需要抛光，所以不存在抛光气孔的问题。

常规尺寸(mm×mm)：600×600、800×800、1 000×1 000、1 200×1 200等。

特点：色彩图案丰富，表面平整光洁，坚硬耐磨，防污性好，吸水率低，有一定的防滑性，不适用于厨房、卫生间、阳台等积水较多的区域。

瓷砖选材要求：无龟裂，无背渗，吸水率符合标准；无起拱和翘边；无破损和缺角；尺寸偏差小，符合标准；色号、批号相同。同色号不同批号的砖会存在一定色差。

(6)马赛克。马赛克已经成为精装修材料中不可缺少的一类材料的统称。

1)分类：按材质不同分为陶瓷马赛克、玻璃马赛克、金属马赛克、石材马赛克、木质马赛克、贝壳马赛克等。

2)常规尺寸(mm×mm)：300×300、317×317、330×330等。

3)特点：装饰性强、美观。

4)工程中的应用：精装修工程中主要是用于墙柱面和地面等局部装饰面；用于室外的面砖还要考虑其吸水率、抗冻性、抗腐蚀性。

5.4.3 常用板块面层的施工

5.4.3.1 大理石、花岗石与预制水磨石板面层楼地面施工

1. 施工工艺流程

基层处理→弹线→安装标志块→试拼、预排→扫浆→铺水泥砂浆结合层→铺板块→灌

缝、擦缝→养护→清理、打蜡。

2. 施工操作要求

(1)基层处理。检查基层的平整度，符合要求后将基层表面清扫干净并洒水湿润。

(2)弹线。首先对地面找好标高，然后在四周立面上弹出板块的标高控制线，在铺砌的地面上弹出十字中心线后，根据铺砌地面尺寸、板块尺寸计算纵横方向板块的排列块数，最后确定板块的排列。

对于与走廊地面相通的门口处，要与走道地面拉通线，以十字中心线为中心对称分块布置。若室内地面与走廊地面的颜色不同时，分界线应放在门口门扇中间处。但收边不应在门口处，以免出现非整砖。

对于浴室、厕所等有排水要求的地方，应在四周立面上弹出泛水标高线。

(3)安装标志块。根据弹出的十字中心线、板块的排列及设计要求在相应地面的位置上贴好分块标志块，或按标准线铺出两条干砂带，其宽度大于板块，用以控制铺砌板块时的质量。

(4)试拼、预排。根据设计图案要求、弹线与标志块确定铺砌的位置和顺序。在确定的位置上用板块按设计要求的图案、颜色及纹理进行试拼。试拼后按要求进行预排、编号，并浸水湿润阴干至表面无明水，随后按编号堆放备用。

(5)铺水泥砂浆结合层：先刷水灰比为 0.4～0.5 的素水泥浆一遍，再铺 1∶3 干硬性水泥砂浆，厚约 30 mm，用刮杠刮平、铁抹子拍平压实。然后进行试铺，铺好后用橡皮锤或木锤轻击，听其声音判断铺贴是否密实，若有空隙及时补浆。待一定时间后将板揭起，在找平层上均撒一层干水泥面，再用刷子蘸水洒一遍，同时应在板块背面也洒水一遍，将板块复位正式铺砌，或用 1∶1.5 水泥砂浆(稠度为 60～80 mm)作粘结剂，分别铺在基层上后进行镶铺，总厚度为 30 mm。

(6)铺板块。铺砌时，板块要四角同时下落，对齐缝格铺平(预制水磨石板间缝宽不大于 2 mm，大理石板间缝宽不大于 1 mm)，并用木锤或橡皮锤敲击平实，并用水平靠尺检查，如发现空隙，板凹凸不平或接缝不直，就将板块掀起加浆、减浆或理缝。铺完第一块后，再由中间向两侧和后退方向顺序铺砌。铺好一排，拉通线检查一次平直度。

(7)灌缝、擦缝并养护。铺完 24 h，用素水泥浆灌 2/3 缝高，再用与板面同色水泥浆擦缝，并用干锯末将板块擦亮，铺上湿锯末覆盖养护，3 d 内禁止上人。

(8)清理、打蜡。地面使用前扫除锯末，用磨机压麻布袋擦去表面灰尘污物，再稍打一遍蜡，直到出现反光为止。

5.4.3.2　碎拼大理石面层楼地面施工

1. 施工工艺流程

基层处理→铺找平层→铺水泥砂浆结合层→铺碎大理石块→浇石碴浆→磨光→上蜡。

2. 施工操作要求

(1)基层处理及铺贴方法与预制水磨石板的铺贴基本相同。

(2)铺贴时先刷水灰比为 0.4～0.5 的素水泥浆结合层一遍，其缝隙当为冰状块料时，可大可小，互相搭配，缝宽一般为 20～30 mm，用同色水泥石子浆嵌抹，做成平缝，也可嵌入彩色水泥石子浆，嵌抹应凸出 2 mm，待有一定强度后，再用细磨石将凸缝磨平。

(3)面层磨光、上蜡抛光操作方法同现制水磨石面层。

5.4.3.3　陶瓷马赛克面层楼地面施工

1. 施工工艺流程

基层处理→弹线做灰饼、冲筋→做找平(坡)层→做防水层→抹结合层浆→粘贴陶瓷马赛

克→洒水揭纸→调缝→擦缝→清理→养护

2. 施工操作要求

(1)基层处理。铺砖前在基层找好规矩和泛水,将基层清扫干净。

(2)做灰饼与冲筋。在墙面上弹好地面水平标高线,以此贴灰饼(厚度按要求),做冲筋(冲筋顶面比陶瓷马赛克面层顶低一个马赛克厚度),然后用1:3或1:4水泥砂浆打底找平,厚度约20 mm。

(3)铺结合层。铺时先将基层浇水湿润,刷素水泥浆一道,接着抹1:1水泥砂浆粘结层2~5 mm,随即将所铺砂浆用刮尺刮平压实,铁抹子槎平压实。

(4)粘贴陶瓷马赛克。随刷浆随铺贴,锦砖面也应刷水湿润,每铺完一张,在其上垫木板,用木锤仔细拍打一遍,使其平整密实,用靠尺靠平找正,灰缝宽度控制≤2 mm。

铺贴顺序:对连通的房间由门口中间向两边铺;单间应从里墙角开始,如有镶边,则先铺镶边部分,有图案的按图案铺贴。

面层宜整间一次铺完,当快铺完时,应提前尺量预排,做好调整;如有空隙须将接缝砌齐,余灰清理干净。

(5)洒水揭纸。贴完一段后,用喷壶洒水使纸面完全湿润,待0.5 h后即可揭开护面纸;揭纸的方法是:手扯纸边与地面平行方向揭,不可向上提揭,揭掉纸后对留有纸毛处应用拔刀清除。

(6)调缝与灌缝。揭纸后用拔刀将缝拔直拔匀,先调竖缝,后调横缝,边拔边拍实,用直尺复平,最后用1:1的水泥干砂或水泥浆扫缝嵌实、平整,并用锯末或棉纱擦洗干净。

(7)养护。铺后次日铺干锯末或砂养护4~5 d,养护期间禁止上人。

5.4.3.4 陶瓷地砖面层楼地面施工

1. 施工工艺流程

(1)有地漏或排水的室内楼地面:

基层处理→弹线做灰饼、冲筋→做找平(坡)层→(做防水层)→抹结合层浆→粘贴陶瓷地砖→勾缝(嵌缝与擦缝)→清理→养护。

(2)走廊、大厅等室内楼地面:

基层处理→弹线做灰饼、冲筋→(垫层)→(做防水层)→抹结合层浆→粘贴陶瓷地砖→勾缝(嵌缝与擦缝)→清理→养护。

2. 施工操作要求

(1)基层处理:清除基层杂物、残渣、油渍等并洒水湿润、清扫干净;若表面较光滑,则应凿毛。

(2)做灰饼与冲筋:在墙面上弹好地面水平标高线,以此贴灰饼(厚度按要求),做冲筋(冲筋顶面比陶瓷地砖面层顶低一个地砖厚度),然后用1:3或1:4水泥砂浆打底找平,厚度约20 mm找好规矩和泛水。

(3)刷结合层:铺时先将基层浇水湿润,刷素水泥浆一道。

(4)铺贴陶瓷地砖:地砖面应提前刷水湿润,随刷浆随铺贴,接着在地砖背面抹1:1水泥砂浆粘结层2~5 mm;每铺一张,应用橡皮锤或木锤仔细拍打敲实,并且一边铺贴一边用水平尺检查校正,使其平整密实、灰缝宽度控制为≤2 mm;同时即刻擦去表面的水泥砂浆。

铺贴顺序:对连通的房间由门口中间向两边铺;单间应从里墙角开始,如有镶边,则先铺镶边部分,有图案的按图案铺贴。

面层宜整间一次铺完,当快铺完时,应提前尺量预排,做好调整;如有空隙须将接缝砌齐，余灰清理干净。

（5）擦缝：铺完养护 2 d 后，用 1∶1 的水泥砂浆或白水泥浆擦缝嵌实平整，并用锯末或棉纱擦洗干净。

（6）养护：铺后次日铺干锯末或砂养护 4～5 d，养护期间禁止上人。

5.4.3.5 缸砖、水泥砖面层楼地面施工

1. 施工工艺流程

基层处理→弹线做灰饼、冲筋→做找平（坡）层→做防水层→抹结合层浆→粘贴普通黏土砖、缸砖、水泥砖→勾缝→清理→养护。

2. 施工操作要求

（1）铺砖前要检查标高，基层应夯实平整，垫层应清除杂物、清扫干净并湿润。

（2）砖应进行选择，外形尺寸要一致，使用前应洒水湿润；采用"人字形"铺砌时，应将边缘一行砖加工成 45°，并与墙面和地板边缘紧密连接。

（3）铺砖前应挂线，相邻两行的错缝应为砖长的 1/3～1/2；铺砖顺序由房间里往外，或中心线开始向两边铺，如有镶边应先铺镶边部分，每铺上一块砖用木锤敲实，用水平尺检查平整度。

（4）砂结合层上铺砖时，应稍洒水压实，并用刮尺刮平；砖应对接铺砌，砖间缝隙宽度为 2～3 mm，不宜大于 5 mm，在填缝前适当浇水，并将砖预拍实整平，用砂填缝，也可用干砂撒于砖面上，扫入缝中，用水泥砂浆填缝，应预先用砂填缝至一半高度。

（5）在水泥砂浆结合层上铺砌砖时，砖间缝隙宽度为 2～3 mm，不宜大于 5 mm，在铺砌过程中，用 1∶1 水泥细砂干拌灌缝使其密实。铺完后应清扫砖面，铺草垫、锯木屑覆盖洒水养护 5～7 d，养护期间禁止上人。

▷▷▷ 学习单元 5.5　竹、木面层铺设

竹、木楼地面是指用竹、木材料作为面层的楼地面。竹、木面层是指采用条材、块材或拼花竹木地板，以实铺、空铺或直接粘贴的方式铺装在基层上。竹楼地面与木楼地面做法基本相同，本处介绍以木楼地面为例。

5.5.1 木地板的分类

目前市场上的木地板品种很多，主要有实木地板、实木复合地板、强化地板等。

（1）实木地板：是天然木材经烘干、加工后形成的地面装饰材料。它呈现出的天然原木纹理和色彩图案，给人以自然、柔和、富有亲和力的质感，同时冬暖夏凉、触感好的特性使其成为卧室、客厅、书房等地面装修的理想材料。

实木地板分为油漆地板和素地板，目前市场上绝大多数是四面企口实木地板，平接地板、指接地板、镶嵌地板等已不多见。除少数地区还在使用素地板外，大多数地区都使用油漆地板，其优点是相对不易变形。

实木地板因材质的不同，其硬度、天然的色泽和纹理差别也较大，大致有以下一些：中等实木地板材料，如柚木、印茄（菠萝格）、娑罗双（巴劳）、香茶茱萸（芸香）；软实木地板材料，如水曲柳、桦木；浅色实木地板材料，如水青冈（山毛榉）、桦木、山榄木；中间色实木地板材料，如槲栎（柞木）、水曲柳、娑罗双、香茶茱萸；深色实木地板材料，如柚木、印

茄、重蚁木、香二翅豆、木荚豆(品卡多);粗纹实木地板材料,如柚木、槲栎、甘巴豆(康帕斯)、水曲柳;细纹实木地板材料,如水青冈、桦木。

常用规格有标准板:900(910) mm×90(91) mm×18 mm;宽板:900(910) mm×120(150) mm×18 mm。

实木地板分优等品、一等品、合格品三个等级。

(2)实木复合地板:实木复合地板是从实木地板家族中衍生出来的地板种类,以其天然木质感、容易安装维护、防腐防潮、抗菌且适用于地热取暖环境等优点受到不少家庭的青睐。其通常将不同材种的实木单板或拼板依照纵横交错叠拼组坯,用环保胶粘贴,并在高温下压制成板,这就使木材的各向异性得到控制,产品稳定性较佳。

实木复合地板由表层、芯层及底层组成。其中,表层是优质阔叶材规格板条镶拼成板,厚度一般为4 mm;芯层是由普通软杂规格木条组成,厚度一般为9 mm;底层是旋切单板,厚度为2 mm。

常用规格:900(910) mm×120(150) mm×12(15) mm。

实木复合地板有优等品、一等品、合格品三个等级。

(3)强化地板:又称复合地板,标准名称叫浸渍纸层压木质地板。该种木地板为四层结构,厚度一般为8~8.3 mm,也有6 mm的,表层为耐磨层,耐磨性能的强弱取决于耐磨层中三氧化二铝的含量;其次为装饰层,即花纹纸;基材为高密度板和中密度板,密度大于0.8 g/cm³;底层由平衡纸(防潮)或低成本的层压板组成,厚度一般为0.2~0.3 mm。

强化地板从地板的特性上来分有水晶面的、浮雕面的、锁扣的、静音的、防水的等。

1)常用规格。标准的:宽度一般为191~195 mm,长度1 200 mm左右和1 300 mm左右;宽板的:长度多为1 200 mm,宽度为295 mm左右;窄板的:长度在900~1 000 mm,宽度基本上在100 mm左右。薄板厚度8 mm以上,厚板厚度12 mm左右。

2)特点。该种地板抗静电、抗腐蚀、耐磨性强、强抗冲击能力强、稳定性好;不怕阳光晒,不怕暖气烘。面层板材的含水率一般均控制在12%以下。面层板材的底面应经防腐、防蛀处理。

5.5.2 木楼地面的常用材料

1. 面层材料

(1)普通木地板:其所用企口条形板多选用松木、杉木;宽度一般为75~120 mm,板厚为20~25 mm。

(2)硬木条形板:多选用水曲柳、柞木、柚木、榆木等硬质木材;宽度一般为50 mm,厚度为18~23 mm。

(3)拼花木地板:一般多选用水曲柳、核桃木、柞木、柚木、枫木等耐磨、纹理美观、不易变形开裂的优质木材。宽度一般≤50 mm,长度一般≤400 mm,厚度一般为18~23 mm。

2. 基层材料

(1)木搁栅、垫木及剪刀撑。一般选用红、白松,其含水率宜控制在12%以内。断面尺寸按设计要求加工,上下面应刨光,并经防腐、防蛀或防火处理。其中木搁栅所用木料断面尺寸,对于空铺式应按设计地垄墙的间距而定;对实铺式的梯形断面木龙骨一般为上50 mm、下70 mm,矩形断面为70 mm×70 mm。对于空铺式,如地垄墙间距大于2 m,应在搁栅间加设剪刀撑,其断面一般为38 mm或50 mm×50 mm方木,间距不大于2 m。

（2）毛地板。一般选用杉木，宽度应不大于 120 mm，厚为 22～25 mm，并应按设计要求加工成高低缝。板面应刨光，并经防腐、防蛀或防火处理。毛地板的含水率宜控制在 12%以内。

（3）木踢脚线。踢脚线选用的材质应与木地板面层所用材质品种相同。踢脚线一般选用规格为：长×宽×厚＝2 000 mm×（150～200）mm×（20～25）mm，其含水率不得大于12%；背面开成凹槽并满涂防腐剂，当踢脚板高 100 mm 时开一条凹槽，150 mm 时开两条凹槽，超过 150 mm 开三条凹槽，凹槽深度 3～5 mm。

（4）胶粘剂、处理剂。可选用沥青胶与胶粘剂铺贴，胶粘剂可选用专用的地板胶，也可选用聚醋酸乙烯乳液、环氧树脂胶等。木材防腐、防蛀的处理剂应符合环保要求，严禁采用沥青类处理剂。一般采用煤焦油或氟化钠水溶液作防腐剂。

（5）隔声、隔热材料。一般选用膨胀珍珠岩、矿渣棉、炉渣等，要求干燥，并有含水率的检测报告。

（6）砖与石材。用于地垄墙与砖墩的砖的强度等级不得低于 MU7.5，采用的石材不应风化；不应采用后期强度不稳定或受潮后强度降低的人造板材。

（7）其他材料。铁钉、无头钉、防锈漆、防潮材料、地板蜡等。

5.5.3　木楼地面的装饰构造

木楼地面的装饰构造有空铺、实铺和直接粘贴三种方式。

1. 空铺木楼地面

空铺木楼地面一般由搁栅、剪刀撑、毛地板与面板等组成，如图 5-5 所示。一般先在地面上做出木搁栅，然后在木搁栅上铺贴基面板，最后在基面板上拼铺面层，多用于房屋的底层和砖木结构房屋的楼层。当铺首层房间木地板时，搁栅放在基础墙上，并在搁栅放置处垫放通长的沿椽木。当搁栅跨度较大时，应加设地垄墙，地垄墙上铺油毡防潮。其构造做法如图 5-6 所示。

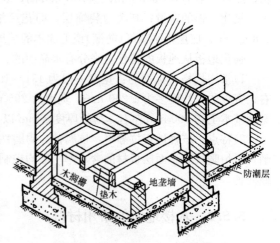

图 5-5　空铺木地面的基本组成

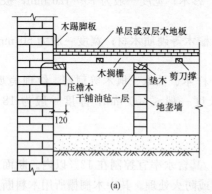

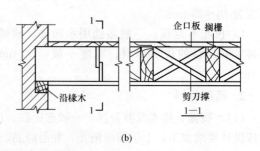

（a）　　　　　　　　　　　　（b）

图 5-6　空铺木楼地面构造

（a）空铺木地面构造做法；（b）空铺木楼面构造做法

2. 实铺木地面

实铺木楼地面是指直接拼铺在钢筋混凝土楼板或首层混凝土垫层上的木楼地面，木方及竹木地板底均应做防腐处理，其构造做法如图5-7所示。

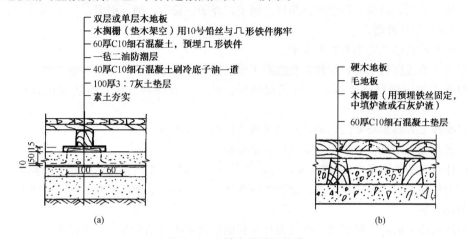

图 5-7　实铺木楼地面构造

(a)实铺木地面构造做法；(b)实铺木楼面构造做法

3. 直接粘贴木楼地面

直接粘贴木楼地面是将木地板直接粘贴在楼地面的混凝土或水泥砂浆基层上，其构造做法如图5-8所示。

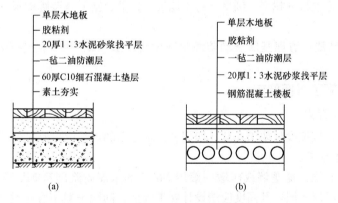

图 5-8　直接粘贴木楼地面构造

(a)直接粘贴木地面构造做法；(b)直接粘贴木楼面构造做法

5.5.4　木楼地面的施工工艺

5.5.4.1　施工准备

(1)材料准备。

1)材料主要有实木地板、胶粘剂、木方、胶合板、防潮垫。

2)实木地板面层所采用的材质和铺设时的木材含水率必须符合设计要求或不大于12%。

3)垫木及胶合板等必须做防腐、防白蚁、防火处理；胶合板甲醛释放量不大于1.5 mg/L。胶粘剂按设计要求选用或使用地板厂家提供的专用胶粘剂，容器型胶粘剂总挥发性有机物不大于 750 g/L，水基型胶粘剂总挥发性有机物不大于 50 g/L。

4)原材料产品合格证及相关检验报告齐全。

(2)机具准备。电锤、手枪钻、云石电锯机、曲线电锯、气泵、气枪、电刨、磨机、带式砂光机、手锯、刀锯、钢卷尺、角尺、锤子、斧子、扁凿、刨、钢锯。

(3)作业条件准备。

1)材料检验已经完毕并符合要求。

2)实木地板面层下的各层做法及隐蔽工程已按设计要求施工并隐蔽验收合格。

3)施工前应做好水平标志，可采用竖尺、拉线、弹线等方法，以控制铺设的高度和厚度。

4)操作工人必须经专门培训，并经考核合格后方可上岗。

5)熟悉施工图纸，对作业人员进行技术交底。

6)作业时的施工条件(工序交叉、环境状况等)应满足施工质量可达到标准的要求。

7)地板施工前，应完成吊顶、墙面的各种湿作业，粉刷干燥程度 80% 以上，并已完成门窗和玻璃安装。

8)地板施工前，水暖管道、电气设备及其他室内固定设施应安装油漆完毕。

5.5.4.2 施工工艺流程

(1)空铺法：基层清理→弹线、找平→垫防潮层→安装固定搁栅、垫木和撑木→垫保温层→弹线、钉装毛地板→找平、刨平→钉木地板、找平、刨平→装踢脚板→刨光、打磨→油漆、上蜡。

(2)实铺法：基层清理→弹线、找平→垫防潮层→安装固定搁栅、垫木和撑木→垫保温层→弹线、钉装毛地板→找平、刨平→钉木地板、找平、刨平→装踢脚板→刨光、打磨→油漆、上蜡。

(3)直接粘贴法：清理基层→刷防潮层→做找平层→刷粘结剂→粘贴木地板→安装踢脚板。

5.5.4.3 施工操作要求

1. 基层操作要求

基层施工前，应按设计要求在墙体四周弹出木地面的水平标高控制线。

(1)空铺式木地板。

1)地垄墙或砖墩：地垄墙或砖墩一般用 M2.5 的水泥砂浆砌筑 MU10 的烧结普通砖而成，顶面应铺防潮层一层，其高度应按设计要求确定，间距一般不宜超过 2 m。其基础应按设计要求施工。为通风需要，应在每条地垄墙、内横墙和暖气沟墙上预留 120 mm×120 mm 的通风洞两个。暖气沟墙的通风洞口可采用缸瓦管与外界相通。外墙在室内木地板下部的地垄墙高度范围内每隔 3~5 m 应预留不小于 180 mm×180 mm 的通风孔洞，洞口下皮距室外地坪标高不小于 200 mm，孔洞应安设箅子。凡需检修木地板的地垄墙，应预留 750 mm×750 mm 的过人洞口。

2)垫木：在木搁栅与地垄墙之间应安装按设计要求作防腐处理后的垫木，一般采用钉子将垫木与地垄墙上的预埋防腐木砖钉接或用地垄墙内预埋的 8 号铁丝将垫木绑扎连接。垫木厚度一般为 50 mm，可沿地垄墙通长布置或在地垄墙与木搁栅相交处分段布置。

3)木搁栅：应垂直于地垄墙进行安放，间距按设计要求，一般宜在 400 mm 左右。安装前核对垫木的水平标高，随后在其表面画出木搁栅搁置中线及木搁栅端头中线，然后把木搁栅对准中线依次摆好，为隔潮通风，木搁栅离墙面应留出不小于 30 mm 的缝隙。木搁栅的表面应平直，安装时要随时注意从纵横两个方向找平。用 2 m 靠尺检查并控制，尺与木搁栅间的空隙不应超过 3 mm。若超出 3 mm，应用厚度合适的垫板（不准用木模）找平，或刨平，也可对底部稍加砍削找平，但砍削深度不应超过 10 mm，砍削处应另做防腐处理。木搁栅找平后，用长 100 mm 圆钉从木搁栅两侧中部斜向呈 45°与垫木钉牢，其表面应做防腐处理。

4）剪刀撑：为了防止木搁栅与剪刀撑在钉结时移动，应在木搁栅上面临时钉些木拉条，使木搁栅互相拉接，然后在木搁栅上按剪刀撑间距弹线，依线将剪刀撑两端用圆钉与木搁栅钉牢。

5）毛地板：铺设前先清除毛地板下空间内的刨花等杂物，再按设计要求在木搁栅上满钉一层髓心向上的毛地板，缝隙应在 3 mm 内，相邻板条的接缝应错开，以免起鼓。毛地板和墙之间应留 10～20 mm 的缝隙，每块毛地板应在其下的每根木搁栅上各用两个钉固结，钉的长度应为板厚的 2.5 倍。

当采用拼花席纹或方格纹地面时，毛地板一般与木搁栅成 45°或 30°斜向铺设并钉牢；当采用拼花人字纹时，毛地板应与木搁栅垂直铺设并钉牢。

（2）实铺式木地板。

实铺式木地板施工是指先在楼板或垫层上弹出木搁栅位置线，将木搁栅安放平稳，并使其与预埋在楼板或垫层内的铅丝或预埋铁件绑牢固定。施工顺序一般为：在基层上预埋铁丝、木砖或钻孔打入木楔→做防潮层→弹线→安设木垫块和木搁栅→填保温、隔声材料→钉毛地板。

1）做预埋件：在楼地面的基层上埋设铁件或镀锌铁丝，但预制空心板需通过混凝土找平层来预埋，也可按设计要求在规定位置钻孔打入木楔。

2）弹线确定木搁栅的顶面标高：在安放垫木和木搁栅前，应根据设计标高在墙面四周弹出木搁栅的顶面标高线，以便找平。

3）固定木搁栅：木搁栅一般应加工成梯形（燕尾龙骨）并应做防腐处理。在固定木搁栅时，在铁丝绑扎处应做成凹槽，以便铁丝嵌卧。

4）设置横撑、开槽：在木搁栅之间应设置横撑，横撑间距为 800 mm 左右。搁栅上面，每隔 1 m 左右，开深不大于 10 mm，宽为 20 mm 的通风小槽。

5）做保温、隔声层：如设计有保温、隔声层时，应清除刨花杂物，填入经干燥处理的松散保温、隔声材料，铺高应低于搁栅面 20～30 mm，之后可以铺钉毛地板。

6）毛地板做法同"空铺式木地板"。

（3）直接粘贴式木地板。

1）基层处理：清理基层，要求基层表面平整、洁净、干燥、不起砂等，对不符合的应进行适当处理。

2）沥青砂浆找平层：在基层处理好后，应做 20～30 mm 厚的沥青砂浆或水泥砂浆找平层。

3）刷冷底子油：在找平层上刷冷底子油一道，并将面板浸蘸 1/4 板厚深的沥青。

4）刷粘结剂：在冷底子油面上刷粘结剂（如热沥青）一道，涂刷均匀，厚度≤2 mm。

2. 面层操作要求

木地板面层的铺设固定方法主要有钉接法和粘结法两种。钉接法铺设固定的木地板面层可用于空铺式和实铺式，其面层有条形地板和拼花地板两种形式，每种形式分为单层与双层两种。粘结法木地板面层多用于实铺式。拼花木地板粘结前，应按照设计图案与尺寸进行弹线，先进行试铺以检查拼缝的高低、平整度与对缝等情况。待符合要求后编号，施工时按编号从房间中间向四周铺贴。若有镶边设计，则应先贴镶边部分。

(1)条形木地板铺钉。

1)单层木地板面层施工操作方法如下：

①面层的铺设方向与固定：应与木搁栅垂直铺设，一般用钉子将单层木地板垂直地固定在木搁栅上。在实际工程中，铺设方向主要由铺钉牢固与美观的要求决定。对于走廊、过道等部位应顺着行走的方向铺设；对于房间应顺进门方向或光线方向进行铺设。

②铺板缝隙要求：接缝应在木搁栅中心部位并相互错开，板与板之间的缝隙宽度不得大于1 mm，如为硬木长条形地板，个别地方缝隙宽度不得大于0.5 mm。木板面层与墙之间应留10～20 mm的缝隙。

③铺钉：从一侧开始逐块排紧铺钉，其排紧方法为：在木搁栅上钉一只扒钉，在扒钉与面板之间夹一对硬木楔，打紧硬木楔就可使木板排紧。采用的圆钉长度应为木板厚的2～2.5倍，铺钉时将钉帽砸扁后从板的侧边凹角处斜向钉入，板与搁栅相交处至少钉一颗。对最后一块面板应采用明钉法钉牢，即将钉帽砸扁后，斜向钉入板面3～5 mm。采用硬木地板时，铺钉前应先钻直径为钉径0.7倍左右的引孔，然后铺钉。

④清扫、刨磨：企口板铺完后及时将表面清扫干净。若有必要，应刨磨。刨时先按垂直木纹方向粗刨一遍，再顺木纹方向细刨一遍，刨磨的总厚度不宜超过1.5 mm，刨完后磨光无痕迹。在进行其他施工前应采取防潮、防污染等保护措施并覆盖。待室内装饰施工完毕后再进行油漆和上蜡工作。

⑤留通风孔道：在地板与踢脚板相交处，若用木压条安装固定时，应在踢脚板上留通风孔道。

2)双层木地板面层施工操作方法如下：

①铺设防潮层：双层木地板面层铺钉前应在毛地板上先铺一层沥青油纸或油毡做防潮层。

②毛地板铺钉：双层木地板的下层称毛地板，其做法同空铺式木地面基层的毛地板施工方法。

③面板铺设：同单层木地板面层做法。

(2)拼花硬木地板铺钉：其做法与条形木地板面板的铺钉做法基本相同。

拼花硬木地板铺钉法一般是铺钉在毛地板上的。其面板一般采用企口拼缝后用钉固定。铺钉前应按照设计图案分格进行试铺，在经检查合格后的毛地板上方可铺钉面板，毛地板与面板间应加铺一层油毡或油纸以防潮气侵蚀。常见的拼花木地板面层图案有正方格纹、斜方格纹和人字纹等。

(3)沥青胶粘结法铺设。

1)清理基层：将基层处理平整、清理干净。

2)弹线定位、试铺编号：根据房间尺寸与拼花地板的大小尺寸计算出所需面板的块数和镶边的具体情况。依此按照设计图案弹出房间的十字中心线和四周边线。看是双数还是单数，若为单数，房间的十字中心线和中间一块拼花地板的十字拼缝线相重合；若为双数，房间的十字中心线应和中间四块拼花地板的十字拼缝线重合。然后按要求进行试铺，检查拼缝的高低、平整度与对缝等情况，待符合要求后编号。

3)刷冷底子油、涂刷热沥青：待基层清理干净后，在其上用大号鬃板刷涂刷一层薄而匀的冷底子油。隔一昼夜，将木地板背面涂刷一层薄而匀的热沥青，同时还应在已涂冷底子油的基层上涂刷热沥青一道，厚度一般为2 mm，要随涂随铺。

4)铺贴：施工时按编号从房间中间向四周铺贴。若有镶边设计，则应先贴镶边部分。贴时，木地板应水平状态就位，用力与相邻木地板压得严密无缝隙，缝隙不大于0.3 mm，两块相邻木地板的高差不应超过＋1.5～－1 mm，否则取下重铺。

5)清理、养护：表面若有溢出的热沥青，应及时刮除并擦拭干净。随后进行自然养护5～7 d，养护期间严禁上人。

6)刨平、磨光、刷漆打蜡：养护期满后，即可用电动滚刨机刨削平整，滚磨机磨平磨光，最后刷漆打蜡擦亮。

(4)胶粘剂粘结法铺设。

1)清理基层、弹线定位、试铺编号：同沥青胶粘结法铺设。

2)刷底胶及粘结剂：待基层处理好后，在其上用鬃刷涂刷一层薄而匀的原粘结剂配制的底胶。待底胶干后，按试铺编号顺序在基层上涂刷厚度约 1 mm 的胶粘剂一道，再在木地板背面涂刷一层厚度约 0.5 mm 的胶粘剂一道。

3)铺贴：待胶粘剂表面不粘手时，按编号顺序从房间中间向四周铺贴，要随涂随铺。若有镶边设计，则应先贴镶边部分。铺贴时，操作人员边铺边后退，并用力推紧压平。随后用砂袋等物压 4～6 h，质量要求及清理同沥青胶粘结法铺设。

4)清理、养护、刨平、磨光、刷漆打蜡：同沥青胶粘结法铺设。

(5)木踢脚板安装。木地板房间的四周墙脚处应设高为 100～200 mm 的木踢脚板，所用木材一般应与木地板面层所用材质品种相同。踢脚板要预先刨光，上口刨成线条。为了防潮通风，木踢脚板应每隔 1～1.5 m 设一组通风孔，一般采用直径 6 mm 的孔。在墙内每隔 400 mm 砌入一块防腐木砖，在防腐木砖与踢脚板之间再钉防腐木垫块，一般木踢脚板与地面转角处安装木压条或安装圆角成品木条，其构造做法如图 5-9 所示。

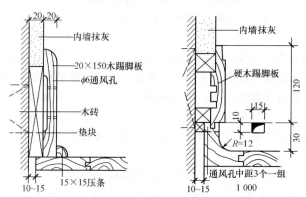

图 5-9　木踢脚板构造层次做法

木踢脚板应在木地板刨光后安装，木踢脚板接缝处应作暗榫或斜坡压槎，在 90°转角处可做成 45°斜角接缝，接缝要在防腐木块上。安装时木踢脚板与立墙贴紧，上口要平直，用明钉钉牢在防腐木块上，钉帽砸扁并冲入板内 2～3 mm。

5.5.4.4　成品保护措施

(1)硬木(复合)地板应放置在地面平整、干燥、通风的库房内；毛地板、木搁栅和整木等应捆成扎搁在平整的墩台上，不得沾潮或暴晒。

(2)施工环境温度宜为 5～30 ℃，相对湿度不大于 80%。

(3)操作人员应穿软底鞋作业，不得在地板上敲、砸。搁栅固定时，应采取防止损坏基层和基层中预理管线的措施。

(4)上、下水管和气管在地板上施工前应试压、试气，以防漏水、漏气，使地板受潮或浸泡。

（5）严禁在预制的钢筋混凝土楼板上钻孔固定搁栅，以免破坏楼板结构。

（6）刨板机作业停机时，应先将机械提起后再关电闸，以防咬坏木地面面层。

（7）木地板刨光打磨后应及时油漆和打蜡，以防板面受潮或被污染。

（8）免刨免漆产品，应边铺钉边盖塑料薄膜，以免地板受潮。

5.5.4.5　常见的质量问题及处理措施

（1）常见的质量问题：扭曲变形，地板间缝隙过大，拱起，地板间高低差过大，地板出现瓦楞形，地板出现裂缝，油漆漆膜出现剥落、裂纹、起皱，地板变色。

（2）主要原因：

1）地板扭曲变形的主要原因有：制作地板的木材材性不适合；加工工艺及取材不当；地板的含水率控制不均匀或地板含水率不适合使用地的环境要求。

2）地板间缝隙过大的原因有：地板的含水率过大；室内环境过于干燥；地板铺设质量不高，致使地板产生移动。

3）地板拱起的原因有：铺装时地板与墙基之间的预留间隙不够；房间与房间之间未做过桥处理或过桥处理时预留缝隙不够；铺设时地板的含水率过低；房间因水源漏水，地板受水浸泡；地面潮湿或龙骨木材潮湿。

4）地板间高低差过大的原因有：地面不平；龙骨铺设不平；地板厚度偏差大；地板发生了变形；地板榫槽加工不匹配。

5）地板出现瓦楞形的原因有：地板铺设时水泥地面不平，龙骨含水率过大；室内环境干燥，地板含水率太高；室内环境湿度过大，地板含水率偏低。

6）地板出现裂缝的原因有：木材性能不适合于制作木地板；木地板含水率偏高，室内环境干燥、湿度低。

7）油漆漆膜出现剥落、裂纹、起皱的原因有：油漆性能不适合该地板材种，致使漆膜与木材的附着性能不能满足使用要求，出现剥落现象；油漆漆膜的韧性不能满足木材自然湿胀干缩的变化，致使漆膜出现裂纹起皱；油漆面漆与底漆附着力差而造成面漆剥落；由于油漆工艺不科学而造成漆膜剥落、裂纹、起皱；由于地板含水率过高而造成漆膜起皱、剥落；由于地板含水率过低而造成漆膜裂纹或剥落；由于室内环境恶劣，如室内环境过于干燥或潮湿也会造成漆膜破坏。

8）地板变色的主要原因是：木材本身受到外界环境的影响而产生的变色，如阳光、室内空气环境；油漆受到外界环境的影响而产生的变化；油漆与木材之间化学反应而产生的变化。

（3）主要防治措施：

1）地板铺设时，地面、墙面、墙基要保证干燥。

2）地面要平整。

3）龙骨及使用的衬板要经过干燥，含水率不要超过当地平衡含水率。

4）龙骨平面要平整。

5）铺设地板前最好在地面上铺设一层塑料薄膜。

6）木地板的含水率要保证在标准范围内，不要超过当地平衡含水率。

7）对于生产厂家来讲，要科学地选择地板用树种，对于不适于作地板的树种，绝对不能使用。

8）由于树种不同，木材的物理、化学及力学性质均不同，所以工厂在选用油漆时应进行试验。确认油漆对该材种的适应性，科学地选用油漆，以保证油漆满足使用要求。

9）木地板铺设时，地板与墙基之间、门口等处应根据房间面积大小预留足够的伸缩缝。

10）铺设过程中，尽量不要使用水溶性胶粘剂，避免由于地板吸收水分引起膨胀、变形。

11）打龙骨时务必不能用水泥固定龙骨。

12）室内环境不要过于干燥，也不要过于潮湿，特别是北方的冬季，室内尽量保持有一定的湿度，以防木地板干裂、变形。

13）在清洁地板时，尽量不要用滴水的拖布清洁地板。

14）避免地板在强烈的阳光下曝晒，以防地板变色、变形、开裂。

学习单元5.6　楼地面装饰工程施工质量验收标准

5.6.1　基层铺设

1. 一般规定

（1）基层铺设的材料质量、密实度和强度等级（或配合比）等应符合设计要求和施工规范的规定。

（2）基层铺设前，其下一层表面应干净、无积水。

（3）垫层分段施工时，接槎处应做成阶梯形，每层接槎处的水平距离应错开 0.5～1.0 m。接槎处不应设在地面荷载较大的部位。

（4）当垫层、找平层、填充层内埋设暗管时，管道应按设计要求予以稳固。

（5）对有防静电要求的整体地面的基层，应清除残留物，将露土基层的金属物涂绝缘漆两遍晾干。

（6）基层的标高、坡度、厚度等应符合设计要求。基层表面应平整，其允许偏差和检验方法应符合表 5-3 的规定。

2. 主控项目

（1）不应用淤泥、腐殖土、冻土、耕植土、膨胀土和建筑杂物作为基土填土，填土土块的粒径不应大于 550 mm。

检验方法：观察检查和检查土质记录。

检查数量：按规定的检验批检查。

（2）水泥宜采用硅酸盐水泥、普通硅酸盐水泥；熟化石灰颗粒粒径不应大于 5 mm；砂和砂石不应含有草根等有机杂质；砂应采用中砂；石子最大粒径不应大于垫层厚度的 2/3；碎石的强度应均匀，最大粒径不应大于垫层厚度的 2/3；碎砖不应采用风化、酥松和夹有有机杂质的砖料，颗粒粒径不应大于 60 mm。

炉渣内不应含有有机杂质和未燃尽的煤块，颗粒粒径不应大于 40 mm，且颗粒粒径在 5 mm 及其以下的颗粒，不得超过总体积的 40%；熟化石灰颗粒粒径不应大于 5 mm。

检验方法：观察检查和检查质量合格证明文件。

检查数量：按规定的检验批检查。

（3）Ⅰ类建筑基土的氡浓度应符合现行国家标准《民用建筑工程室内环境污染控制规范》（GB 50325—2010）(2013 版)的规定。

检验方法：检查检测报告。

检查数量：同一工程、同一土源地点检查一组。

（4）基土应均匀密实，压实系数应符合设计要求，设计无要求时，不应小于 0.9。砂垫层和砂石垫层的干密度(或贯入度),碎石、碎砖垫层的密实度应符合设计要求。

检验方法:观察检查和检查试验记录。

检查数量:按规定的检验批检查。

(5)灰土、三合土、四合土、炉渣垫层体积比应符合设计要求。

检验方法:观察检查和检查配合比试验报告。

检查数量:同一工程、同一体积比检查一次。

(6)找平层采用碎石或卵石的粒径不应大于其厚度的2/3,含泥量不应大于2%;砂为中粗砂,其含泥量不应大于3%。

水泥混凝土垫层和陶粒混凝土垫层采用的粗集料,其最大粒径不应大于垫层厚度的2/3,含泥量不应大于3%;砂为中粗砂,其含泥量不应大于3%。陶粒中粒径小于5 mm的颗粒含量应小于10%;粉煤灰陶粒中大于15 mm的颗粒含量不应大于5%;陶粒中不得混有夹杂物或黏土块。陶粒宜选用粉煤灰陶粒、页岩陶粒等。

检验方法:观察检查和检查质量合格证明文件。

检查数量:同一工程、同一强度等级、同一配合比检查一次。

(7)隔离层材料、填充层材料、绝热层材料应符合设计要求和国家现行有关标准的规定。

检验方法:观察检查和检查型式检验报告、出厂检验报告、出厂合格证。

检查数量:同一工程、同一材料、同一生产厂家、同一型号、同一规格、同一批号检查一次。

(8)卷材类、涂料类隔离层材料进入施工现场,应对材料的主要物理性能指标进行复验。

检验方法:检查复验报告。

检查数量:执行现行国家标准《屋面工程质量验收规范》(GB 50207—2012)的有关规定。

(9)水泥砂浆体积比、水泥混凝土强度等级应符合设计要求,且水泥砂浆体积比不应小于1:3(或相应强度等级);水泥混凝土强度等级不应小于C15。

检验方法:观察检查和检查配合比试验报告、强度等级检测报告。

检查数量:配合比试验报告按同一工程、同一强度等级、同一配合比检查一次;强度等级检测报告按规定检查。

(10)绝热层材料进入施工现场时,应对材料的导热系数、表观密度、抗压强度或压缩强度、阻燃性进行复验。

检验方法:检查复验报告。

检查数量:同一工程、同一材料、同一生产厂家、同一型号、同一规格、同一批号复验一组。

(11)填充层的厚度、配合比应符合设计要求。

检验方法:用钢尺检查和检查配合比试验报告。

检查数量:按规定的检验批检查。

(12)水泥混凝土和陶粒混凝土的强度等级应符合设计要求。陶粒混凝土的密度应为800~1 400 kg/m³。

检验方法:检查配合比试验报告和强度等级检测报告。

检查数量:配合比试验报告按同一工程、同一强度等级、同一配合比检查一次;强度等级检测报告按相关规定检查。

(13)有防水要求的建筑地面工程的立管、套管、地漏处不应渗漏,坡向应正确、无积水。

检验方法:观察检查和蓄水、泼水检验及坡度尺检查。

检查数量:按规定的检验批检查。

(14)在有防静电要求的整体面层的找平层施工前,其下铺设的导电地网系统应与接地引下线和地下接地体可靠连接,经电性能检测且符合相关要求后进行隐蔽工程验收。

检验方法：观察检查和检查质量合格证明文件。

检查数量：按规定的检验批检查。

(15)厕浴间和有防水要求的建筑地面必须设置防水隔离层。楼层结构必须采用现浇混凝土或整块预制混凝土板，混凝土强度等级不应小于C20；房间的楼板四周除门洞外应做混凝土翻边，高度不应小于200 mm，宽同墙厚，混凝土强度等级不应小于C20。施工时结构层标高和预留孔洞位置应准确，严禁乱凿洞。

检验方法：观察和钢尺检查。

检查数量：按规定的检验批检查。

(16)水泥类防水隔离层的防水等级和强度等级应符合设计要求。

检验方法：观察检查和检查防水等级检测报告、强度等级检测报告。

检查数量：防水等级检测报告、强度等级检测报告均按规定检查。

(17)防水隔离层严禁渗漏，排水的坡向应正确、排水通畅。

检验方法：观察检查和蓄水、泼水检验，坡度尺检查及检查验收记录。

检查数量：按规定的检验批检查。

(18)对填充材料接缝有密闭要求的应密封良好。

检验方法：观察检查。

检查数量：按规定的检验批检查。

(19)绝热层的板块材料应采用无缝铺贴法铺设，表面应平整。

检验方法：观察检查和用楔形塞尺检查。

检查数量：按规定的检验批检查。

3. 一般项目

(1)熟化石灰颗粒粒径不应大于5 mm，黏土(或粉质黏土、粉土)内不得含有有机物质，颗粒粒径不应大于16 mm。

检验方法：观察检查和检查质量合格证明文件。

检查数量：按规定的检验批检查。

(2)砂垫层和砂石垫层表面不应有砂窝、石堆等现象。找平层表面应密实，不应有起砂、蜂窝和裂缝等缺陷。

检验方法：观察检查。

检查数量：按规定的检验批检查。

(3)炉渣垫层与其下一层结合应牢固，不应有空鼓和松散炉渣颗粒。

检验方法：观察检查和用小锤轻击检查。

检查数量：按规定的检验批检查。

(4)找平层与其下一层结合应牢固，不应有空鼓。

检验方法：用小锤轻击检查。

检查数量：按规定的检验批检查。

(5)隔离层厚度应符合设计要求。

检验方法：观察检查和用钢尺、卡尺检查。

检查数量：按规定的检验批检查。

(6)隔离层与其下一层应粘结牢固，不应有空鼓；防水涂层应平整、均匀，无脱皮、起壳、裂缝、鼓泡等缺陷。

检验方法：用小锤轻击检查和观察检查。

检查数量：按规定的检验批检查。

(7)松散材料填充层铺设应密实，板块状材料填充层应压实、无翘曲。

检验方法：观察检查。

检查数量：按规定的检验批检查。

(8)填充层的坡度应符合设计要求，不应有倒泛水和积水现象。

检验方法：观察和采用泼水或用坡度尺检查。

检查数量：按规定的检验批检查。

(9)绝热层的厚度应符合设计要求，不应出现负偏差，表面应平整。

检验方法：直尺或钢尺检查。

检查数量：按规定的检验批检查。

(10)绝热层表面应无开裂。

检验方法：观察检查。

检查数量：按规定的检验批检查。

(11)基土、灰土垫层，砂垫层和砂石垫层，碎石、碎砖垫层，三合土垫层和四合土垫层，炉渣垫层，水泥混凝土垫层和陶粒混凝土垫层，找平层，隔离层，填充层，用作隔声的填充层，绝热层与地面面层之间的水泥混凝土结合层或水泥砂浆找平层表面的允许偏差应符合规定。

5.6.2 整体面层铺设

5.6.2.1 一般规定

(1)铺设整体面层时，水泥类基层的抗压强度不得小于 1.2 MPa；表面应粗糙、洁净、湿润并不得有积水。铺设前宜凿毛或涂刷界面剂。硬化耐磨面层、自流平面层的基层处理应符合设计及产品的要求。

(2)铺设整体面层时，地面变形缝的位置应符合规定；大面积水泥类面层应设置分格缝。

(3)整体面层施工后，养护时间不应少于 7 d；抗压强度应达到 5 MPa 后方准上人行走。抗压强度应达到设计要求后，方可正常使用。

(4)当采用掺有水泥拌合料做踢脚线时，不得用石灰混合砂浆打底。

(5)水泥类整体面层的抹平工作应在水泥初凝前完成，压光工作应在水泥终凝前完成。

(6)整体面层的允许偏差和检验方法应符合表 5-5 的规定。

表 5-5　整体面层的允许偏差和检验方法

项次	项目	允许偏差/mm									检验方法
		水泥混凝土面层	水泥砂浆面层	普通水磨石面层	高级水磨石面层	硬化耐磨面层	防油渗混凝土和不发火(防爆)面层	自流平面层	涂料面层	塑胶面层	
1	表面平整度	5	4	3	2	4	5	2	2	2	用 2 m 靠尺和楔形塞尺检查
2	踢脚线上口平直	4	4	3	3	4	4	3	3	3	拉 5 m 线和用钢尺检查
3	缝格顺直	3	3	3	2	3	3	2	2	2	

5.6.2.2 主控项目

1. 水泥混凝土面层

（1）水泥混凝土采用的粗集料，最大粒径不应大于面层厚度的 2/3，细石混凝土面层采用的石子粒径不应大于 16 mm。

检验方法：观察检查和检查质量合格证明文件。

检查数量：同一工程、同一强度等级、同一配合比检查一次。

（2）防水水泥混凝土中掺入的外加剂的技术性能应符合国家现行有关标准的规定，外加剂的品种和掺量应经试验确定。

检验方法：检查外加剂合格证明文件和配合比试验报告。

检查数量：同一工程、同一品种、同一掺量检查一次。

（3）面层的强度等级应符合设计要求，且强度等级不应小于 C20。

检验方法：检查配合比试验报告和强度等级检测报告。

检查数量：配合比试验报告按同一工程、同一强度等级、同一配合比检查一次，强度等级检测报告按规定检查。

（4）面层与下一层应结合牢固，且应无空鼓和开裂。当出现空鼓时，空鼓面积不应大于 400 cm^2，且每自然间或标准间不应多于 2 处。

检验方法：观察和用小锤轻击检查。

检查数量：按规定的检验批检查。

2. 水泥砂浆面层

（1）水泥宜采用硅酸盐水泥、普通硅酸盐水泥，不同品种、不同强度等级的水泥不应混用；砂应为中粗砂，当采用石屑时，其粒径应为 1～5 mm，且含泥量不应大于 3%；防水水泥砂浆采用的砂或石屑，其含泥量不应大于 1%。

检验方法：观察检查和检查质量合格证明文件。

检查数量：同一工程、同一强度等级、同一配合比检查一次。

（2）防水水泥砂浆中掺入的外加剂的技术性能应符合国家现行有关标准的规定，外加剂的品种和掺量应经试验确定。

检验方法：观察检查和检查质量合格证明文件、配合比试验报告。

检查数量：同一工程、同一强度等级、同一配合比、同一外加剂品种、同一掺量检查一次。

（3）水泥砂浆的体积比、强度等级应符合设计要求，且体积比应为 1∶2，强度等级不应低于 M15。

检验方法：检查强度等级检测报告。

检查数量：按规定检查。

（4）有排水要求的水泥砂浆地面，坡向应正确，排水通畅；防水水泥砂浆面层不应渗漏。

检验方法：观察检查和蓄水、泼水检验或坡度尺检查及检查检验记录。

检查数量：按规定的检验批检查。

（5）面层与下一层应结合牢固，且应无空鼓和开裂。当出现空鼓时，空鼓面积不应大于 400 cm^2，且每自然间或标准间不应多于 2 处。

检验方法：观察和用小锤轻击检查。

检查数量：按规定的检验批检查。

3. 水磨石面层

（1）水磨石面层的石粒应采用白云石、大理石等岩石加工而成，石粒应洁净、无杂物，其粒径除特殊要求外应为 6～16 mm；颜料应采用耐光、耐碱的矿物原料，不得使用酸性颜料。

检验方法：观察检查和检查质量合格证明文件。

检查数量：同一工程、同一体积比检查一次。

(2)水磨石面层拌合料的体积比应符合设计要求，且水泥与石粒的比例应为 1∶1.5～1∶2.5。

检验方法：检查配合比试验报告。

检查数量：同一工程、同一体积比检查一次。

(3)防静电水磨石面层应在施工前及施工完成表面干燥后进行接地电阻和表面电阻检测，并应做好记录。

检验方法：检查施工记录和检测报告。

检查数量：按规定的检验批检查。

(4)面层与下一层结合应牢固，且应无空鼓、裂纹。当出现空鼓时，空鼓面积不应大于 400 cm²，且每自然间或标准间不应多于 2 处。

检验方法：观察和用小锤轻击检查。

检查数量：按规定的检验批检查。

4. 硬化耐磨面层

(1)硬化耐磨面层采用的材料应符合设计要求和国家现行有关标准的规定。

检验方法：观察检查和检查质量合格证明文件。

检查数量：采用拌合料铺设的，按同一工程、同一强度等级检查一次；采用撒布铺设的，按同一工程、同一材料、同一生产厂家、同一型号、同一规格、同一批号检查一次。

(2)硬化耐磨面层采用拌合料铺设时，水泥的强度不应小于 42.5 MPa。金属渣、屑、纤维不应有其他杂质，使用前应去油除锈、冲洗干净并干燥；石英砂应用中粗砂，含泥量不应大于 2%。

检验方法：观察检查和检查质量合格证明文件。

检查数量：同一工程、同一强度等级检查一次。

(3)硬化耐磨面层的厚度、强度等级、耐磨性能应符合设计要求。

检验方法：用钢尺检查和检查配合比试验报告、强度等级检测报告、耐磨性能检测报告。

检查数量：厚度按规定的检验批检查，配合比试验报告按同一工程、同一强度等级、同一配合比检查一次，强度等级检测报告按规定检查，耐磨性能检测报告按同一工程抽样检查一次。

(4)面层与基层（或下一层）结合应牢固，且应无空鼓、裂缝。当出现空鼓时，空鼓面积不应大于 400 cm²，且每自然间或标准间不应多于 2 处。

检验方法：观察和用小锤轻击检查。

检查数量：按规定的检验批检查。

5. 防油渗面层

(1)防油渗混凝土所用的水泥应采用普通硅酸盐水泥；碎石应采用花岗石或石英石，不应使用松散、多孔和吸水率大的石子，粒径为 5～16 mm，最大粒径不应大于 20 mm，含泥量不应大于 1%；砂应为中砂，且应洁净、无杂物；掺入的外加剂和防油渗剂应符合有关标准的规定。防油渗涂料应具有耐油、耐磨、耐火和粘结性能。

检验方法：观察检查和检查质量合格证明文件。

检查数量：同一工程、同一强度等级、同一配合比、同一粘结强度检查一次。

(2)防油渗混凝土的强度等级和抗渗性能应符合设计要求，且强度等级不应低于C30；防油渗涂料的粘结强度不应小于0.3 MPa。

检验方法：检查配合比试验报告、强度等级检测报告、抗拉粘结强度检测报告。

检查数量：配合比试验报告按同一工程、同一强度等级、同一配合比检查一次；强度等级检测报告按规定检查；抗拉粘结强度检测报告按同一工程、同一涂料品种、同一生产厂家、同一型号、同一规格、同一批号检查一次。

(3)防油渗混凝土面层与下一层应结合牢固、无空鼓。

检验方法：用小锤轻击检查。

检查数量：按规定的检验批检查。

(4)防油渗涂料面层与基层应粘结牢固，不应有起皮、开裂、漏涂等缺陷。

检验方法：观察检查。

检查数量：按规定的检验批检查。

6. 不发火(防爆)面层

(1)不发火(防爆)面层中碎石的不发火性必须合格；砂应质地坚硬、表面粗糙，其粒径应为0.15~5 mm，含泥量不应大于3%，有机物含量不应大于0.5%；水泥应采用硅酸盐水泥、普通硅酸盐水泥；面层分格的嵌条应采用不发生火花的材料配制。配制时应随时检查，不得混入金属或其他易发生火花的杂质。

检验方法：观察检查和检查质量合格证明文件。

检查数量：按规定检查。

(2)不发火(防爆)面层的强度等级应符合设计要求。

检验方法：检查配合比试验报告和强度等级检测报告。

检查数量：配合比试验报告按同一工程、同一强度等级、同一配合比检查一次；强度等级检测报告按规定检查。

(3)面层与下一层应结合牢固，且应无空鼓和开裂。当出现空鼓时，空鼓面积不应大于400 cm²，且每自然间或标准间不应多于2处。

检验方法：观察和用小锤轻击检查。

检查数量：按规定的检验批检查。

(4)不发火(防爆)面层的试件应检验合格。

检验方法：检查检测报告。

检查数量：同一工程、同一强度等级、同一配合比检查一次。

7. 自流平面层

(1)自流平面层的铺涂材料应符合设计要求和国家现行有关标准的规定。

检验方法：观察检查和检查型式检验报告、出厂检验报告、出厂合格证。

检查数量：同一工程、同一材料、同一生产厂家、同一型号、同一规格、同一批号检查一次。

(2)自流平面层的涂料进入施工现场时，应有以下有害物质限量合格的检测报告：

1)水性涂料中的挥发性有机化合物(VOC)和游离甲醛；

2)溶剂型涂料中的苯、甲苯+二甲苯、挥发性有机化合物(VOC)和游离甲苯二异氰酸酯(TDI)。

检验方法：检查检测报告。

检查数量：同一工程、同一材料、同一生产厂家、同一型号、同一规格、同一批号检查一次。

(3)自流平面层的基层强度等级不应低于 C20。

检验方法：检查强度等级检测报告。

检查数量：按规定检查。

(4)自流平面层的各构造层之间应粘结牢固，层与层之间不应出现分离、空鼓现象。

检验方法：用小锤轻击检查。

检查数量：按规定的检验批检查。

(5)自流平面层的表面不应有开裂、漏涂和倒泛水、积水等现象。

检验方法：观察和泼水检查。

检查数量：按规定的检验批检查。

8. 涂料面层

(1)涂料应符合设计要求和国家现行有关标准的规定。

检验方法：观察检查和检查型式检验报告、出厂检验报告、出厂合格证。

检查数量：同一工程、同一材料、同一生产厂家、同一型号、同一规格、同一批号检查一次。

(2)涂料进入施工现场时，应有苯、甲苯＋二甲苯、挥发性有机化合物(VOC)和游离甲苯二异氰酸酯(TDI)限量合格的检测报告。

检验方法：检查检测报告。

检查数量：同一材料、同一生产厂家、同一型号、同一规格、同一批号检查一次。

(3)涂料面层的表面不应有开裂、空鼓、漏涂和倒泛水、积水等现象。

检验方法：观察和泼水检查。

检查数量：按规定的检验批检查。

9. 塑胶面层

(1)塑胶面层采用的材料应符合设计要求和国家现行有关标准的规定。

检验方法：观察检查和检查型式检验报告、出厂检验报告、出厂合格证。

检查数量：现浇型塑胶材料按同一工程、同一配合比检查一次；塑胶卷材按同一工程、同一材料、同一生产厂家、同一型号、同一规格、同一批号检查一次。

(2)现浇型塑胶面层的配合比应符合设计要求，成品试件应检测合格。

检验方法：检查配合比试验报告、试件检测报告。

检查数量：同一工程、同一配合比检查一次。

(3)现浇型塑胶面层与基层应粘结牢固，面层厚度应一致，表面颗粒应均匀，不应有裂痕、分层、气泡、脱(秃)粒等现象；塑胶卷材面层的卷材与基层应粘结牢固，面层不应有断裂、起泡、起鼓、空鼓、脱胶、翘边、溢液等现象。

检验方法：观察和用敲击法检查。

检查数量：按规定的检验批检查。

10. 地面辐射供暖的整体面层

(1)地面辐射供暖的整体面层采用的材料或产品除应符合设计要求和相应面层的规定外，还应具有耐热性、热稳定性、防水、防潮、防霉变等特点。

检验方法：观察检查和检查质量合格证明文件。

检查数量：同一工程、同一材料、同一生产厂家、同一型号、同一规格、同一批号检查一次。

(2)地面辐射供暖的整体面层的分格缝应符合设计要求，面层与柱、墙之间应留不小于10 mm的空隙。

检验方法：观察和用钢尺检查。

检查数量：按规定的检验批检查。

(3)其余主控项目及检验方法、检查数量应符合有关规定。

5.6.2.3　一般项目

(1)水泥混凝土面层、水泥砂浆面层、防油渗面层表面应洁净，不应有裂纹、脱皮、麻面、起砂等缺陷。

水磨石面层表面应光滑，且应无裂纹、砂眼和磨痕；石粒应密实，显露应均匀；颜色图案应一致，不混色；分格条应牢固、顺直和清晰。

硬化耐磨面层表面应色泽一致，切缝应顺直，不应有裂纹、脱皮、麻面、起砂等缺陷。

自流平面层、涂料面层表面应光洁，色泽应均匀一致，不应有起泡、泛砂等现象。

不发火(防爆)面层表面应密实，无裂缝、蜂窝、麻面等缺陷。

塑胶面层应表面洁净，图案清晰，色泽一致；拼缝处的图案、花纹应吻合，无明显高低差及缝隙、无胶痕；与周边接缝应严密，阴阳角应方正、收边整齐。

检验方法：观察检查。

检查数量：按规定的检验批检查。

(2)水泥混凝土面层、水泥砂浆面层面层表面的坡度应符合设计要求，不应有倒泛水和积水现象。

检验方法：观察和采用泼水或用坡度尺检查。

检查数量：按规定的检验批检查。

(3)踢脚线与柱、墙面应紧密结合，踢脚线高度和出柱、墙厚度应符合设计要求且均匀一致。当出现空鼓时，局部空鼓长度不应大于300 mm，且每自然间或标准间不应多于2处。

检验方法：用小锤轻击、钢尺和观察检查。

检查数量：按规定的检验批检查。

(4)楼梯、台阶踏步的宽度、高度应符合设计要求。楼层梯段相邻踏步高度差不应大于10 mm；每踏步两端宽度差不应大于10 mm，旋转楼梯梯段的每踏步两端宽度的允许偏差不应大于5mm。踏步面层应做防滑处理，齿角应整齐，防滑条应顺直、牢固。

检验方法：观察和用钢尺检查。

检查数量：按规定的检验批检查。

(5)踢脚线与柱、墙面应紧密结合，踢脚线高度及出柱、墙厚度应符合设计要求且均匀一致。

检验方法：用小锤轻击、钢尺和观察检查。

检查数量：按规定的检验批检查。

(6)自流平面层应分层施工，面层找平施工时不应留有抹痕。

检验方法：观察检查和检查施工记录。

检查数量：按规定的检验批检查。

(7)涂料找平层应平整，不应有刮痕。

检验方法：观察检查。

检查数量：按规定的检验批检查。

(8)塑胶面层的各组合层厚度、坡度、表面平整度应符合设计要求。

检验方法：采用钢尺、坡度尺、2 m或3 m水平尺检查。

检查数量：按规定的检验批检查。

（9）塑胶卷材面层的焊缝应平整、光洁，无焦化变色、斑点、焊瘤、起鳞等缺陷，焊缝凹凸允许偏差不应大于 0.6 mm。

检验方法：观察检查。

检查数量：按规定的检验批检查。

（10）整体面层的允许偏差应符合规定。

5.6.3 板块面层铺设

1. 一般规定

（1）铺设板块面层时，其水泥类基层的抗压强度不得小于 1.2 MPa。

（2）铺设板块面层的结合层和板块间的填缝采用水泥砂浆时，应符合下列规定：

1）配制水泥砂浆应采用硅酸盐水泥、普通硅酸盐水泥或矿渣硅酸盐水泥；

2）配制水泥砂浆的砂应符合现行行业标准《普通混凝土用砂、石质量及检验方法标准》（JGJ 52—2006）的有关规定；

3）水泥砂浆的体积比（或强度等级）应符合设计要求。

（3）结合层和板块面层填缝的胶结材料应符合国家现行有关标准的规定和设计要求。

（4）铺设水泥混凝土板块、水磨石板块、人造石板块、陶瓷马赛克、陶瓷地砖、缸砖、水泥花砖、料石、大理石、花岗石等面层的结合层和填缝材料采用水泥砂浆时，在面层铺设后，表面应覆盖、湿润，养护时间不应少于 7 d。当板块面层的水泥砂浆结合层的抗压强度达到设计要求后，方可正常使用。

（5）大面积板块面层的伸缩缝及分格缝应符合设计要求。

（6）板块类踢脚线施工时，不得采用混合砂浆打底。

（7）板块面层的允许偏差和检验方法应符合表 5-6 的规定。

表 5-6　板块面层的允许偏差和检验方法

项次	项目	允许偏差/mm											检验方法
		陶瓷马赛克面层、高级水磨石板块、陶瓷地砖面层	缸砖面层	水泥花砖面层	水磨石板块面层	大理石面层、花岗石面层、人造石面层、金属板面层	塑料板面层	水泥混凝土板块面层	碎拼大理石、碎拼花岗石面层	活动地板面层	条石面层	块石面层	
1	表面平整度	2.0	4.0	3.0	3.0	1.0	2.0	4.0	3.0	2.0	10	10	用 2 m 靠尺和楔形塞尺检查
2	缝格平直	3.0	3.0	3.0	3.0	2.0	3.0	3.0	—	2.5	8.0	8.0	拉 5 m 线和用钢尺检查
3	拉缝高低差	0.5	1.5	0.5	1.0	0.5	0.5	1.5	—	0.4	2.0	—	用钢尺和楔形塞尺检查

项次	项目	允许偏差/mm											检验方法
		陶瓷马赛克面层、高级水磨石板、陶瓷地砖面层	缸砖面层	水泥花砖面层	水磨石板块面层	大理石面层、花岗石面层、人造石面层、金属板面层	塑料板面层	水泥混凝土板块面层	碎拼大理石、碎拼花岗石面层	活动地板面层	条石面层	块石面层	
4	踢脚线上口平直	3.0	4.0	—	4.0	1.0	2.0	4.0	1.0	—	—	—	拉5 m线和用钢尺检查
5	板块间隙宽度	2.0	2.0	2.0	2.0	1.0	—	6.0	—	0.3	5.0	—	用钢尺检查

2. 主控项目

(1)所用板块产品应符合设计要求和国家现行有关标准的规定；条石的强度等级应大于MU60，块石的强度等级应大于MU30。活动地板应具有耐磨、防潮、阻燃、耐污染、耐老化和导静电等性能。地面辐射供暖的板块面层采用的材料或产品还应具有耐热性、热稳定性、防水、防潮、防霉变等特点。

检验方法：观察检查和检查型式检验报告、出厂检验报告、出厂合格证。

检查数量：同一工程、同一材料、同一生产厂家、同一型号、同一规格、同一批号检查一次。

(2)所用板块产品及所采用的胶粘剂进入施工现场时，应有放射性限量合格的检测报告。

地毯面层采用的材料进入施工现场时，应有地毯、衬垫、胶粘剂中的挥发性有机化合物(VOC)和甲醛限量合格的检测报告。

检验方法：检查检测报告。

检查数量：同一工程、同一材料、同一生产厂家、同一型号、同一规格、同一批号检查一次。

(3)面层与下一层的结合(粘结)应牢固，无空鼓(单块砖边角允许有局部空鼓，但每自然间或标准间的空鼓砖不应超过总数的5%)。

检验方法：用小锤轻击检查。

检查数量：按规定的检验批检查。

(4)活动地板面层应安装牢固，无裂纹、掉角和缺棱等缺陷。

检验方法：观察和行走检查。

检查数量：按规定的检验批检查。

(5)面层与基层的固定方法、面层的接缝处理应符合设计要求。

检验方法：观察检查。

检查数量：按规定的检验批检查。

(6)面层及其附件如需焊接，焊缝质量应符合设计要求和现行国家标准《钢结构工程施工质量验收规范》(GB 50205—2001)的有关规定。

检验方法：观察检查和按现行国家标准《钢结构工程施工质量验收规范》(GB 50205—2001)规定的方法检验。

检查数量：按规定的检验批检查。

(7)面层与基层的结合应牢固，无翘边、松动、空鼓等。

检验方法：观察和用小锤轻击检查。

检查数量：按规定的检验批检查。

(8)地毯表面应平服，拼缝处应粘贴牢固、严密平整、图案吻合。

检验方法：观察检查。

检查数量：按规定的检验批检查。

(9)地面辐射供暖的板块面层的伸缩缝及分格缝应符合设计要求；面层与柱、墙之间应留不小于 10 mm 的空隙。

检验方法：观察和用钢尺检查。

检查数量：按规定的检验批检查。

3. 一般项目

(1)砖面层的表面应洁净、图案清晰，色泽应一致，接缝应平整，深浅应一致，周边应顺直。板块应无裂纹、掉角和缺棱等缺陷。

检验方法：观察检查。

检查数量：按规定的检验批检查。

(2)面层邻接处的镶边用料及尺寸应符合设计要求，边角应整齐、光滑。

检验方法：观察和用钢尺检查。

检查数量：按规定的检验批检查。

(3)踢脚线表面应洁净，与柱、墙面的结合应牢固。踢脚线高度及出柱、墙厚度应符合设计要求，且均匀一致。

检验方法：观察和用小锤轻击及钢尺检查。

检查数量：按规定的检验批检查。

(4)楼梯、台阶踏步的宽度、高度应符合设计要求。踏步板块的缝隙宽度应一致；楼层梯段相邻踏步高度差不应大于 10 mm；每踏步两端宽度差不应大于 10 mm，旋转楼梯梯段的每踏步两端宽度的允许偏差不应大于 5 mm。踏步面层应做防滑处理，齿角应整齐，防滑条应顺直、牢固。

检验方法：观察和用钢尺检查。

检查数量：按规定的检验批检查。

(5)面层表面的坡度应符合设计要求，不倒泛水、无积水；与地漏、管道结合处应严密牢固，无渗漏。

检验方法：观察、泼水或用坡度尺及蓄水检查。

检查数量：按规定的检验批检查。

(6)大理石、花岗石面层铺设前，板块的背面和侧面应进行防碱处理。

检验方法：观察检查和检查施工记录。

检查数量：按规定的检验批检查。

(7)大理石、花岗石面层的表面应洁净、平整、无磨痕，且应图案清晰、色泽一致、接缝均匀、周边顺直、镶嵌正确，板块应无裂纹、掉角、缺棱等缺陷。

检验方法：观察检查。

检查数量：按规定的检验批检查。

(8)预制板块表面应无裂缝、掉角、翘曲等明显缺陷。

检验方法：观察检查。

检查数量：按规定的检验批检查。

(9)预制板块面层应平整洁净、图案清晰、色泽一致、接缝均匀、周边顺直、镶嵌正确。

检验方法：观察检查。

检查数量：按规定的检验批检查。

(10)面层邻接处的镶边用料尺寸应符合设计要求，边角应整齐、光滑。

检验方法：观察和用钢尺检查。

检查数量：按规定的检验批检查。

(11)条石面层应组砌合理，无十字缝，铺砌方向和坡度应符合设计要求；块石面层石料缝隙应相互错开，通缝不应超过两块石料。

检验方法：观察和用坡度尺检查。

检查数量：按规定的检验批检查。

(12)塑料板面层应表面洁净，图案清晰，色泽一致，接缝应严密、美观。拼缝处的图案、花纹应吻合，无胶痕；与柱、墙边交接应严密，阴阳角收边应方正。

检验方法：观察检查。

检查数量：按规定的检验批检查。

(13)板块的焊接，焊缝应平整、光洁，无焦化变色、斑点、焊瘤和起鳞等缺陷，其凹凸允许偏差不应大于 0.6 mm。焊缝的抗拉强度应不小于塑料板强度的 75%。

检验方法：观察检查和检查检测报告。

检查数量：按规定的检验批检查。

(14)镶边用料应尺寸准确、边角整齐、拼缝严密、接缝顺直。

检验方法：观察和用钢尺检查。

检查数量：按规定的检验批检查。

(15)踢脚线宜与地面面层对缝一致，踢脚线与基层的粘合应密实。

检验方法：观察检查。

检查数量：按规定的检验批检查。

(16)活动地板面层应排列整齐、表面洁净、色泽一致、接缝均匀、周边顺直。

检验方法：观察检查。

检查数量：按规定的检验批检查。

(17)金属板表面应无裂痕、刮伤、刮痕、翘曲等外观质量缺陷。

检验方法：观察检查。

检查数量：按规定的检验批检查。

(18)面层应平整、洁净、色泽一致，接缝应均匀，周边应顺直。

检验方法：观察和用钢尺检查。

检查数量：按规定的检验批检查。

(19)镶边用料及尺寸应符合设计要求，边角应整齐。

检验方法：观察检查和用钢尺检查。

检查数量：按规定的检验批检查。

(20)地毯表面不应起鼓、起皱、翘边、卷边、显拼缝、露线和毛边，绒面毛应顺光一致，毯面应洁净、无污染和损伤。

检验方法：观察检查。

检查数量：按规定的检验批检查。

(21)地毯同其他面层连接处、收口处和墙边、柱子周围应顺直、压紧。

检验方法：观察检查。

检查数量：按规定的检验批检查。

(22)砖面层的允许偏差应符合规定。

5.6.4 竹、木面层铺设

1. 一般规定

(1)竹、木地板面层下的木搁栅、垫木、垫层地板等采用木材的树种、选材标准和铺设时木材含水率以及防腐、防蛀处理等，均应符合现行国家标准《木结构工程施工质量验收规范》(GB 50206—2012)的有关规定。所选用的材料应符合设计要求，进场时应对其断面尺寸、含水率等主要技术指标进行抽检，抽检数量应符合国家现行有关标准的规定。

(2)用于固定和加固用的金属零部件应采用不锈蚀或经过防锈处理的金属件。

(3)与厕浴间、厨房等潮湿场所相邻的竹、木面层的连接处应做防水(防潮)处理。

(4)竹、木面层铺设在水泥类基层上，其基层表面应坚硬、平整、洁净、不起砂，表面含水率不应大于8%。

(5)建筑地面工程的竹、木面层搁栅下架空结构层(或构造层)的质量检验，应符合国家相应现行标准的规定。

(6)竹、木面层的通风构造层包括室内通风沟、地面通风孔、室外通风窗等，均应符合设计要求。

(7)竹、木面层的允许偏差和检验方法应符合表5-7的规定。

表5-7　竹、木面层的允许偏差和检验方法

项次	项目	允许偏差/mm				检验方法
		实木地板、实木集成地板、竹地板面层			浸渍纸层压木质地板、实木复合地板、软木类地板面层	
		松木地板	硬木地板、竹地板	拼花地板		
1	板面缝隙宽度	1.0	0.5	0.2	0.5	用钢尺检查
2	表面平整度	3.0	2.0	2.0	2.0	用2 m靠尺和楔形塞尺检查
3	踢脚线上口平齐	3.0	3.0	3.0	3.0	拉5 m线和用钢尺检查
4	板面拼缝平直	3.0	3.0	3.0	3.0	
5	相邻板材高差	0.5	0.5	0.5	0.5	用钢尺和楔形塞尺检查
6	踢脚线与面层的接缝	1.0				用楔形塞尺检查

2. 主控项目

(1)竹、木地板面层采用的地板，铺设时的竹、木材含水率，胶粘剂等应符合设计要求和国家现行有关标准的规定。

检验方法：观察检查和检查型式检验报告、出厂检验报告、出厂合格证。

检查数量：同一工程、同一材料、同一生产厂家、同一型号、同一规格、同一批号检查

一次。

（2）竹、木地板面层采用的材料进入施工现场时，应有以下有害物质限量合格的检测报告：

1）地板中的游离甲醛（释放量或含量）；

2）溶剂型胶粘剂中的挥发性有机化合物（VOC）、苯、甲苯＋二甲苯；

3）水性胶粘剂中的挥发性有机化合物（VOC）和游离甲醛。

检验方法：检查检测报告。

检查数量：同一工程、同一材料、同一生产厂家、同一型号、同一规格、同一批号检查一次。

（3）木搁栅、垫木和垫层地板等应做防腐、防蛀处理。

检验方法：观察检查和检查验收记录。

检查数量：按规定的检验批检查。

（4）木搁栅安装应牢固、平直。

检验方法：观察、行走、钢尺测量等检查和检查验收记录。

检查数量：按规定的检验批检查。

（5）面层铺设应牢固，粘结应无空鼓、松动。

检验方法：观察、行走或用小锤轻击检查。

检查数量：按规定的检验批检查。

（6）地面辐射供暖的木板面层采用的材料或产品除应符合设计要求和相应面层的规定外，还应具有耐热性、热稳定性、防水、防潮、防霉变等特点。

检验方法：观察检查和检查质量合格证明文件。

检查数量：同一工程、同一材料、同一生产厂家、同一型号、同一规格、同一批号检查一次。

（7）地面辐射供暖的木板面层与柱、墙之间应留不小于 10 mm 的空隙。当采用无龙骨的空铺法铺设时，应在空隙内加设金属弹簧卡或木楔子，其间距宜为 200～300 mm。

检验方法：观察和用钢尺检查。

检查数量：按规定的检验批检查。

3. 一般项目

（1）实木地板、实木集成地板面层应刨平、磨光，无明显刨痕和毛刺等现象；图案应清晰，颜色应均匀一致。

检验方法：观察、手摸和行走检查。

检查数量：按规定的检验批检查。

（2）实木复合地板面层、浸渍纸层压木质地板面层、软木类地板面层的图案和颜色应符合设计要求，图案应清晰，颜色应一致，板面应无翘曲。

检验方法：观察、用 2 m 靠尺和楔形塞尺检查。

检查数量：按规定的检验批检查。

（3）竹地板面层的品种与规格应符合设计要求，板面应无翘曲。

检验方法：观察、用 2 m 靠尺和楔形塞尺检查。

检查数量：按规定的检验批检查。

（4）面层缝隙应严密，接头位置应错开，表面应平整、洁净。

检验方法：观察检查。

检查数量：按规定的检验批检查。

（5）面层采用粘、钉工艺时，接缝应对齐，粘、钉应严密；缝隙宽度应均匀一致；表面应洁净，无溢胶现象。

检验方法：观察检查。

检查数量：按规定的检验批检查。

(6)踢脚线应表面光滑、接缝严密、高度一致。

检验方法：观察和用钢尺检查。

检查数量：按规定的检验批检查。

(7)地面辐射供暖的木板面层采用无龙骨的空铺法铺设时，应在填充层上铺设一层耐热防潮纸(布)。防潮纸(布)应采用胶粘、搭接方法，搭接尺寸应合理，铺设后表面应平整、无皱褶。

检验方法：观察检查。

检查数量：按规定的检验批检查。

(8)实木地板、实木集成地板、竹地板面层的允许偏差应符合表5-6的规定。

检验方法：按表5-6中的检验方法检验。

检查数量：按规定的检验批检查。

思考题

1. 水泥混凝土垫层和陶粒混凝土垫层应铺设在基土上。当气温长期处于0 ℃以下，设计无要求时，垫层应如何设置伸缩缝？

2. 在预制钢筋混凝土板上铺设找平层前，板缝填嵌的施工应符合哪些要求？

3. 有关磨光作业中的"二浆三磨"具体如何操作？

4. 空铺式木地板面层应符合哪些要求？

5. 实铺式木地板面层应符合哪些要求？

实训题

实训1

题目：矩形(3 m×2 m 内留 d=150 mm 圆孔)楼(地)面地板砖铺贴，如图5-10所示。

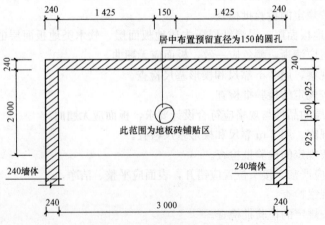

图5-10　楼(地)面平面图

完成时间：3.5 h。

操作人数：1 人(另加辅助人员 1 人)。

工具与材料准备：

(1)材料：每生 500 mm×500 mm 地板砖 27 块，1:3 水泥砂浆 0.5 m³。

(2)工具：砂轮切割机、铁抹子、橡皮锤、5 m 钢卷尺、水平尺、靠尺、塞尺、6 m 线等。

考核内容及评分标准：抽查项目的评价包括职业素养与操作规范(表 5-8)、作品(表 5-9)两个方面，总分为 100 分。其中，职业素养与操作规范占该项目总分的 50%，作品占该项目总分的 50%。职业素养与操作规范、作品两项考核均需合格，总成绩才能评定为合格(表 5-10)。

表 5-8　职业素养与操作规范评分表

考核内容	评分标准	标准分	得分	备注
职业素养与操作规范	施工前检查给定的图纸、资料是否齐全，施工材料、工具、记录表格等是否到位，戴好安全帽，做好施工前的准备工作	20		出现明显失误造成图纸、工具、安全帽和记录工具严重损坏等；严重违反考场纪律，造成恶劣影响的本大项记 0 分
	文字、图表作业应字迹工整、填写规范	20		
	严格遵守考场纪律。有良好的环境保护意识，文明施工	20		
	不浪费材料和不损坏考试仪器、工具及设施	20		
	任务完成后，整齐摆放图纸、工具书、仪器、施工工具、记录工具、凳子，整理工作台面等	20		
	总分	100		

表 5-9　作品评分表

序号	考核内容	允许偏差	评分标准	标准分	检测点 1	2	3	4	5	得分
1	地板砖选材		表面洁净、平整、质地坚硬、棱角齐全、色泽均匀、规格一致	10						
2	铺贴工艺		清除基层表面积灰、油污及杂物(2 分)	25						
			检查基层平整度并补平(5 分)							
			找标高弹线(5 分)							
			按设计要求试拼、试排并编号(5 分)							
			铺贴地板砖(5 分)							
			灌缝、擦缝(3 分)							
3	表面平整度	1 mm	超过 1 mm 每处扣 2 分，三处以上超过 1 mm 或一处超过 2 mm 本项无分	10						
4	缝格平直	2 mm	超过 2 mm 每处扣 2 分，三处以上超过 2 mm 或一处超过 4 mm 本项无分	5						

序号	考核内容	允许偏差	评分标准	标准分	检测点					得分
					1	2	3	4	5	
5	接缝高低差	0.5 mm	超过 0.5 mm 每处扣 2 分，三处以上超过 0.5 mm 或一处超过 1 mm 本项无分	5						
6	板块间隙宽度	1 mm	超过 1 mm 每处扣 2 分，三处以上超过 1 mm 或一处超过 2 mm 本项无分	5						
7	表面清洁		表面不清洁本项无分	5						
8	结合牢固		面层与下一层结合牢固，无空鼓，有空鼓每处扣 2 分	5						
9	工具使用与维护	正确使用与维护	施工前准备，施工中正确使用，完工后正确维护	10						
10	安全文明施工		不遵守安全操作规程、工完场不清或有事故本项无分	10						
11	工效		在规定时间内没有完成，此项无分	10						
			总分	100						

注：作品没有完成总工作量的 60% 以上，作品评分记 0 分。

表 5-10　评分总表

职业素养与操作规范得分（权重系数 0.5）	作品得分（权重系数 0.5）	总分

实训 2：地面砖质量检测

题目：楼（地）面地板砖已铺贴完毕，请检查其施工质量（检测项目和允许偏差考生按国家规范要求自行列出）。

完成时间：2 h。

操作人数：1 人（另加辅助人员 1 人）。

工具与材料准备：5 m 钢卷尺、水平尺、靠尺、塞尺、小锤、6 m 线等。

考核内容及评分标准：抽查项目的评价包括职业素养与操作规范（表 5-11）、作品（表 5-12）两个方面，总分为 100 分。其中，职业素养与操作规范占该项目总分的 50%，作品占该项目总分的 50%。职业素养与操作规范、作品两项考核均需合格，总成绩才能评定为合格（表 5-13）。

表 5-11　职业素养与操作规范评分表

考核内容	评分标准	标准分	得分	备注
职业素养与操作规范	施工前检查给定的图纸、资料是否齐全，施工材料、工具、记录表格等是否到位，戴好安全帽，做好施工前的准备工作	20		出现明显失误造成图纸、工具、安全帽和记录工具严重损坏等；严重违反考场纪律，造成恶劣影响的本大项记0分
	文字、图表作业应字迹工整、填写规范	20		
	严格遵守考场纪律。有良好的环境保护意识，文明施工	20		
	不浪费材料和不损坏考试仪器、工具及设施	20		
	任务完成后，整齐摆放图纸、工具书、仪器、施工工具、记录工具、凳子，整理工作台面等	20		
	总分	100		

表 5-12　作品评分表

序号	检测项目	允许偏差	评分标准	标准分	检测点 1	2	3	4	5	得分
1										
2										
3										
4										
5			检测项目齐全、检查方法正确、使用检测工具正确，每个检测项目检查5个点（检测项目分数平均分配）							
6										
7										
8										
9										
10										
11										
12										
13	安全文明施工		不遵守安全操作规程、工完场不清或有事故本项无分	10						
14	工效		在规定时间内没有完成，此项无分	10						
	总分			100						

注：作品没有完成总工作量的60%以上，作品评分记0分。

表 5-13　评分总表

职业素养与操作规范得分（权重系数0.5）	作品得分（权重系数0.5）	总分

学习情境 6
门窗工程施工

任务目标

1. 能够对门窗安装的完整施工过程有一个全面的认识。
2. 学会正确选择门窗材料及其安装施工工艺，并能合理地组织施工，以达到保证工程质量的目的，培养解决现场施工常见工程质量问题的能力。
3. 领会门窗工程质量验收标准。

学习单元 6.1 门窗概述

门窗是建筑的重要组成部分，被称为"建筑的眼睛"。随着我国房地产业的迅猛发展，建筑门窗也迎来了自己的黄金时代。20 年来，我国建筑门窗的生产规模不断扩大，已经形成多元化、多层化的产品结构体系，建成了以门窗专用材料、专用配套附件、专用工艺设备多品种协同发展的产业化生产体系。同时，我国已经成为全世界最大的门窗生产国之一。

6.1.1 门窗的功能

(1)门的功能：水平交通与疏散、围护与分隔、采光与通风、装饰。
(2)窗的功能：采光、通风、装饰。

6.1.2 门窗构造与分类

(1)按门窗的开启方式分类，如图 6-1、图 6-2 所示。

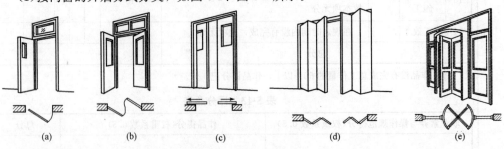

(a)　　　　(b)　　　　(c)　　　　(d)　　　　(e)

图 6-1　门的开启方式
(a)平开门；(b)弹簧门；(c)推拉门；(d)折叠门；(e)转门

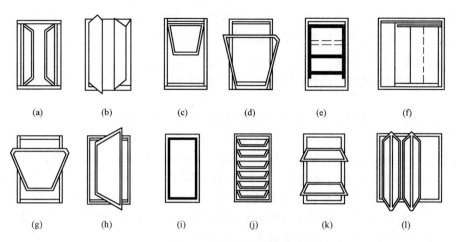

图 6-2　窗的开启方式

(a)外平开；(b)内平开；(c)上悬；(d)下悬；(e)垂直推拉；(f)水平推拉；

(g)中悬；(h)立转；(i)固定；(j)百叶；(k)滑轴；(l)折叠

1)平开门窗：门窗扇向内开或向外开。

2)推拉门窗：门窗扇启闭采用横向移动方式。

3)折叠门：开启时门扇可以折叠在一起。

4)转门窗：门窗扇以转动方式启闭。转窗包括上悬窗、下悬窗、中悬窗、立转窗等。

5)弹簧门：装有弹簧合页的门，开启后会自动关闭。

6)其他门：包括卷帘门、升降门、上翻门等。

(2)按门窗材料可分为：木门窗、塑料门窗、铝合金门窗、钢门窗、玻璃钢门窗等。

(3)按门窗的功能分为：百叶门窗、保温门、防火门、隔声门等。

(4)按门窗的位置：门分为外门和内门；窗分为侧窗(设在内外墙上)和天窗。

6.1.3　门扇的构造

(1)镶板门：门扇由骨架和门芯组成。门芯为板时可为木板、胶合板、硬质纤维板、塑料板、玻璃等。门芯为玻璃时，则为玻璃门。门芯为纱或百叶时，则为纱门或百叶门。也可以根据需要，部分采用玻璃、纱或百叶，如上部玻璃、下部百叶组合等方式。

(2)夹板门：中间为轻型骨架，两面贴胶合板、纤维板等薄板的门，一般为室内门。

(3)拼板门：用木板拼合而成的门，坚固耐用，多为大门。

6.1.4　门窗的选购

1. 塑钢门窗的选购

塑钢门窗是新一代门窗材料，因其具有抗风压强度高，气密性、水密性好，空气、雨水渗透量小，传热系数低，保温节能，隔声隔热，不易老化等优点，正在迅速取代钢窗、铝合金窗。

塑钢门窗的选购应注意以下几点：

(1)重视表面质量。门窗表面的塑料型材色泽为青白色或象牙白色，洁净、平整、光滑、大面无划痕、碰伤，焊接口无开焊、断裂。质量好的塑钢门窗表面应有保护膜，用户使用前再将保护膜撕掉。

(2)重视玻璃和五金件。玻璃应平整、无水纹；玻璃与塑料型材不直接接触，有密封压条贴紧缝隙；五金件齐全，位置正确，安装牢固，使用灵活。

2. 铝合金门窗的选购

铝合金门窗具有质轻、高强，密封性能好，造型美观，耐腐蚀性强等优点。其选购应注意以下几点：

(1)看用料。优质的铝合金门窗所用的铝型材，厚度、强度和氧化膜等，应符合有关的国家标准规定，壁厚应在 1.2 mm 以上，抗拉强度达到 157 N/mm^2，屈服强度要达 108 N/mm^2，氧化膜厚度应达到 10 μm。如果达不到以上标准，就是劣质铝合金门窗，不可使用。

(2)看加工。优质的铝合金门窗，加工精细，安装讲究，密封性能好，开关自如。劣质的铝合金门窗，盲目选用铝型材系列和规格，加工粗制滥造，以锯切割代替铣加工，不按要求进行安装，密封性能差，开关不自如，不仅漏风漏雨且易出现玻璃炸裂现象，遇到强风和外力，容易将推拉部分或玻璃刮落或碰落，毁物伤人。

(3)看价格。在一般情况下，优质铝合金门窗因生产成本高，价格比劣质铝合金门窗要高 30% 左右。有些壁厚仅 0.6~0.8 mm 铝型材制作的铝合金门窗，抗拉强度和屈服强度大大低于国家有关标准规定，使用很不安全。

此外，目前加工铝合金门窗的商户较多，他们不懂得铝合金门窗的结构特点及其性能，为了降低成本偷工减料，以次充好，产品的隐患较大，一般不宜采用。最好选用正规铝合金门窗生产厂家的产品。这里要特别说明一点：现在的国家标准要求的型材厚度为 1.4 mm，如果供应商选择的是 1.2 mm 或者 1.0 mm 壁厚甚至更薄的材料的话，都属于不达标的产品。

3. 实木门窗的选购

实木门窗做工精细、价格不菲。近年来，随着绿色环保性建材产品的日益走俏和消费理念的变化，曾经遭市场摒弃的实木门窗东山再起，倍受家庭装修商的厚爱。这种实木门窗，大都做工精细、尊贵典雅，或欧式雕花、或和式组合、或古韵犹存、或简洁明快，演绎着不同的居室情调。

实木门属于高档次豪华型门窗装饰的一部分，可以选用红椿木、泰柚木或花梨木制作。商品实木门规格有 800 mm×1 900 mm、800 mm×2 000 mm、900 mm×2 000 mm 几种。

实木门窗选购时应注意以下几点：

(1)看款式。装修房子是为了创造一个温馨和谐的居住环境，所以选择木门时首先要考虑的是木门的款式。装饰风格平稳素净就选择大方简洁的款式；活泼明快就选择轻盈雅致的相搭配；古典安逸则饰以厚重儒雅。总之，建议选择风格相似的实木门窗。

(2)配颜色。好的色彩搭配是点染居室的关键要素，因此在确定了款式之后，接着要考虑的是木门色彩跟居室色彩的搭配。木门色彩可以考虑靠近家具色系，如地面是深色地板、墙面白色搭配深紫黑色木门。

(3)摸手感。用手抚摸门的面板，无刮擦感，门板的油漆面光滑细腻。现在应用于实木门的外漆有开放漆和封闭漆两种，各有特色。开放漆是一种完全显露木材表面纹理棕孔的喷漆工艺，表现为木孔明显，纹理清晰，自然感强，但其成本高，对喷涂技术要求高。一般来说使用开放漆要求木材的棕孔必须较深、很明显，如橡木、水曲柳等。封闭漆是将表面木材纹理棕孔完全被油漆封闭为主要特征的一种喷漆工艺，表现为木门表面漆膜丰满，厚实，光亮，表面光滑；封闭漆可以适合所有材质。

(4)搭配门脸线。门脸线，顾名思义是门的脸饰面，选择的品种也有很多，可以是实木的也可以是实木复合的，在造型、色彩的选择上，还要遵循与门面和整个家居环境相搭配的原则。

(5)单配五金件。纯实木门选购好后，还要单配五金件。在选购五金件时，宜挑选有品牌、产品合格证和保修卡的五金件。选择锁具时，宜挑选手掂有沉重感并灵活性能好的锁具。

学习单元6.2　木门窗制作与安装

木门窗质感温暖宜人，但不耐潮，不宜用于浴室、厨房。木门由门框、门扇(外门窗纱扇)、腰头窗(也称亮子)、五金件(图6-3)组成。木窗由窗框、窗扇(纱窗扇)、玻璃、五金件组成。木门窗一般由工厂制作，现场制作比较少，现场只管安装。木门窗的组成如图6-4所示。

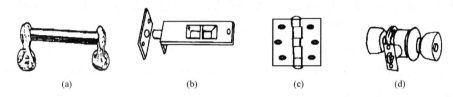

(a)　　　　　(b)　　　　　(c)　　　　　(d)

图6-3　门窗五金件
(a)拉手；(b)插销；(c)合页；(d)门锁

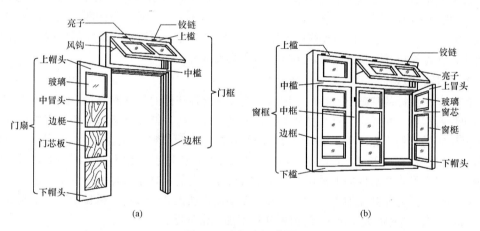

(a)　　　　　　　　　　　　　　　(b)

图6-4　木门窗组成图
(a)木门；(b)木窗

6.2.1　木门窗制作

6.2.1.1　施工准备

1. 技术准备

熟悉施工图纸，做好技术交底。

2. 材料准备

(1)木门窗的材料或框和扇的规格型号、木材类别、选材等级、含水率及制作质量均须符合设计要求和规范规定，并且必须有出厂合格证。

(2)防腐剂、油漆、木螺钉、合页、插销、风钩、门锁等各种小五金必须符合设计要求。

（3）人造板材的质量和甲醛含量应符合设计要求和规范规定，产品必须有性能检测报告和出厂质量合格证。

3. 机具准备

（1）主要机具：锯机（带锯机、吊截机、圆锯机）、刨机（木工平刨、木工压刨、三面刨、多面刨）、木工铣床、木工钻床、开榫机、榫槽机、刨光机、磨光机等。

（2）主要工具：木工斧、手锯、刨、螺钉旋具、水平尺、木工三角尺、画线架、线坠、羊角锤、墨斗、钢卷尺、钳子等。

4. 作业条件准备

（1）按备料计划和设计要求选好原木，并组织进厂。

（2）木工机械检修，满足使用要求。

（3）做好木材蒸汽干燥的试烘干，按设计要求控制好木材含水率。

（4）各种处理剂和胶粘剂已进行质量鉴定和复验，其复验结果符合设计要求和环保要求。

（5）人造木材已经抽样复验，甲醛含量不得超标，且质量合格。

6.2.1.2 施工工艺流程

放样→配料→截料→刨料→画线、凿眼→开榫、裁口→整理线角→堆放→拼装→码放。

6.2.1.3 操作要点

1. 放样

放样是根据施工图纸上设计好的木制品，1：1将木制品构造画出来，做成样板（或样棒），样板采用松木制作，双面刨光，厚约25 cm，宽等于门窗樘子梃的断面宽，长比门窗高度大200 mm左右，经过仔细校核后才能使用。放样是配料和截料、画线的依据，在使用的过程中，注意保持其画线的清晰，不要使其弯曲或折断。

2. 配料、截料

配料是在放样的基础上进行的，因此，要计算出各部件的尺寸和数量，列出配料单，按配料单进行配料。配料时，对原材料要进行选择，有腐朽、斜裂节疤的木料，应尽量躲开不用；不干燥的木料不能使用。精打细算，长短搭配，先配长料，后配短料；先配框料，后配扇料。门窗樘料有顺弯时，其弯度一般不超过4 mm，扭弯者一律不得使用。配料时，要合理确定加工余量，各部件的毛料尺寸要比净料尺寸加大些，具体加大量可参考如下：

断面尺寸：单面刨光加大1~1.5 mm，双面刨光加大2~3 mm。机械加工时单面刨光加大3 mm，双面刨光加大5 mm。门窗构件长度加工余量见表6-1。

表6-1 门窗构件长度加工余量

构件名称	加工余量
门樘立梃	按图纸规格放长7 cm
门窗樘冒头	按图纸放长10 cm，无走头时放长4 cm
门窗樘中冒头、窗樘中竖梃	按图纸规格放长1 cm
门窗扇梃	按图纸规格放长4 cm
门窗扇冒头、玻璃棂子	按图纸规格放长1 cm
门扇中冒头	有五根以上者，一根可考虑做半榫
门芯板	按图纸冒头及扇梃内净距放长各2 cm

配料时还要注意木材的缺陷，节疤应躲开眼和榫头部位，防止凿裂或榫头断掉；起线部

位也禁止有节疤。

在选配的木材上按毛料尺寸画出截断、锯开线，考虑到锯解木材的损耗，一般留出 2～3 mm 的损耗量。锯时要注意锯线直，端面平。

3. 刨料

刨料时，宜将纹理清晰的，里材作为正面，对于樘子料任选一个窄面为正面，对于门、窗框的梃及冒头可只刨面，不刨靠墙的一面；门、窗扇的上冒头和梃也可先刨三面，靠樘子的一面待安装时根据缝的大小再进行修刨。

刨完后，应按同类型、同规格樘扇分别堆放，上、下对齐。每个正面相合，堆垛下面要垫实平整。

4. 画线

画线是根据门窗的构造要求，在各根刨好的木料上画出榫头线，打眼线等。

画线前，先要弄清楚榫、眼的尺寸和形式，什么地方做榫，什么地方凿眼，弄清图纸要求和样板式样，尺寸、规格必须一致，并先做样品，经审查合格后再正式画线。

门窗樘无特殊要求时，可用平肩插。樘梃宽超过 80 mm 时，要画双实榫；门扇梃厚度超过 60 mm 时，要画双头榫。60 mm 以下画单榫。冒头料宽度大于 180 mm 者，一般画上下双榫。榫眼厚度一般为料厚的 1/4～1/3。半榫眼深度一般不大于料断面的 1/4，冒头拉肩应和榫吻合。

成批画线应在画线架上进行。把门窗料叠放在架子上，将螺钉拧紧固定，然后用丁字尺一次画下来，既准确又迅速，并标识出门窗料的正面或看面。所有榫、眼注明是全眼还是半眼，透榫还是半榫。正面眼线画好后，要将眼线画到背面，并画好倒棱、裁口线，这样所有的线就画好了。要求线要画得清楚、准确、齐全。

5. 凿眼

凿眼之前，应选择等于眼宽的凿刀，凿出的眼，顺木纹两侧要直，不得出错槎。先打全眼，后打半眼。全眼要先打背面，凿到一半时，翻转过来再打正面直到贯穿。眼的正面要留半条里线，反面不留线，但比正面略宽。这样装榫头时，可减少冲击，以免挤裂眼口四周。成批生产时，要经常核对，检查眼的位置、尺寸，以免发生误差。

6. 开榫、拉肩

开榫就是按榫头线纵向锯开；拉肩就是锯掉榫头两旁的肩头。通过开榫和拉肩操作就制成了榫头。拉肩、开榫要留半个墨线。锯出的榫头要方正、平直，榫眼处完整无损，没有被拉肩操作面锯伤。半榫的长度应比半眼的深度少 2～3 mm。锯成的榫要求方正，不能伤榫根。楔头倒棱，以防装楔头时将眼背面顶裂。

7. 裁口与倒棱

裁口即刨去框的一个方形角部分，供装玻璃用。用裁口刨子或用歪嘴子刨。快刨到要刨的部分时，用单线刨子刨，去掉木屑，刨到为止。裁好的口要求方正平直，不能有戗槎起毛、凹凸不平的现象。倒棱也称为倒八字，即沿框刨去一个三角形部分。倒棱要平直，不能过线。裁口也可用电锯切割，需留 1 mm，再用单线刨子刨到需求位置为止。

8. 拼装

拼装前对部件应进行检查，要求部件方正、平直，线脚整齐分明，表面光滑，尺寸规格、式样符合设计要求，并用细刨将遗留墨线刨光。

门窗框的组装，是把一根边梃的眼里，再装上另一边的梃；用锤轻轻敲打拼合，敲打时要垫木块防止打坏榫头或留下敲打的痕迹。待整个拼好归方以后，再将所有榫头敲实，锯断露出的榫头。拼装先将楔头沾抹上胶再用锤轻轻敲打拼合。

门窗扇的组装方法与门窗框基本相同。但木扇有门芯板，须先把门芯板按尺寸裁好，一般门芯板应比门扇边上量得的尺寸小 3～5 mm，门芯板的四边去棱，刨光净好。然后，先把一根门梃平放，将冒头逐个装入，门芯板嵌入冒头与门梃的凹槽内，再将另一根门梃的眼对准榫装入，并用锤垫木块敲紧。

门窗框、扇组装好后，为使其成为一个结实的整体，必须在眼中加木楔，将榫在眼中挤紧。木楔长度为榫头的 2/3，宽度比眼宽。楔子头用扁铲顺木纹铲尖，加楔时应先检查门窗框、扇的方正，掌握其歪扭情况，以便在加楔时调整、纠正。组装好的门窗框、扇用细刨刨平，先刨光面。双扇门窗要配好对，对缝的裁口刨好。安装前，门窗框靠墙的一面，均要刷一道防腐剂，以增强防腐能力。

为了防止在运输过程中门窗框变形，在门框锯口处钉拉杆。大的门窗框，在中贯档与梃间要钉八字撑杆，外面四个角也要钉八字撑杆。

9. 码放

门窗框组装、净面后，应按房间编号，按规格分别码放整齐，堆垛下面要垫木块（离地 200 mm）。不准在露天堆放，要用油布盖好，以防止日晒雨淋。门窗框进场后应尽快刷一道底油防止风裂和污染。

6.2.2 木门窗安装

6.2.2.1 施工准备

1. 技术准备

图纸已通过会审与自审，若存在问题，则问题已经解决；门窗洞口的位置、尺寸与施工图相符，按施工要求做好技术交底工作。

2. 安装材料准备

(1)水泥：强度等级为 42.5 级的普通硅酸盐水泥，未过期、无受潮结块现象。

(2)石灰膏：优等生石灰块，经陈伏 15～20 d，过滤。

(3)聚氨酯发泡填充剂：灌装（压射）、不自燃、不助燃。

(4)小五金配件及铁钉，其型号、规格、数量应符合设计要求，并有产品合格证和说明书。

3. 机具准备

(1)主要机具：手电钻、电刨、电锯、经纬仪、水准仪等。

(2)主要工具：大号螺钉旋具、手锯、刨、螺钉旋具、水平尺、木工三角尺、画线架、线坠、羊角锤、墨斗、钢卷尺、钳子等。

4. 作业条件准备

(1)门窗框和扇进场后，及时组织油工将框靠墙靠地的一面涂刷防腐涂料，然后分类水平堆放平整，底层应搁置在垫木上，在仓库中垫木离地面高度不小于 200 mm，临时的敞棚垫木离地面高度应不小于 400 mm，每层间垫木板，使其能自然通风。木门窗严禁露天堆放。

(2)安装前先检查门窗框和扇有无翘扭、弯曲、窜角、劈裂、榫槽间结合处松散等情况，如有则应进行修理。

(3)预先安装的门窗框，应在楼、地面基层标高或墙砌到窗台标高时安装。后塞的门窗框，应在主体工程验收合格、门窗洞口防腐木埋设齐备后进行。

(4)门窗扇的安装应在饰面完成后进行。没有木门框的门扇，应在墙侧处安装预埋件。

6.2.2.2　施工操作工艺

1. 门窗框后安装

（1）主体结构完工后，复查洞口标高、尺寸及木砖位置。

（2）将门窗框用木楔临时固定在门窗洞口内相应位置。

（3）用线坠校正框的正、侧面垂直度，用水平尺校正框冒头的水平度。

（4）用砸扁钉帽的钉子钉牢在木砖上。钉帽要冲入木框内1～2 mm，每块木砖要钉两处。

（5）高档硬木门框应用钻打孔木螺钉拧固并拧进木框6.6 mm用同等木补孔。

2. 门窗扇安装

（1）量出槢口净尺寸，考虑留缝宽度。确定门窗扇的高、宽尺寸，先画出中间缝处的中线，再画出边线，并保证槢宽一致。四边画线。

（2）若门窗扇高、宽度尺寸过大，则刨去多余部分。修刨时应先锯余头，再行修刨。门窗扇为双扇时，应先作打叠高低缝，并以开启方向的右扇压左扇。

（3）若门窗扇高、宽尺寸过小，可在下边或装合页一边用胶和钉子绑钉刨光的木条。钉帽砸扁，钉入木条内1～2 mm。然后锯掉余头刨平。

（4）平开扇的底边、中悬扇的上下边、上悬扇的下边、下悬扇的上边等与框接触且容易发生摩擦的边，应刨成1 mm斜面。

（5）试装门窗扇时，应先用木楔塞在门窗扇的下边，然后再检查缝隙，并注意窗棂和玻璃芯子平直对齐。合格后画出合页的位置线，剔槽装合页。

3. 门窗小五金安装

（1）所有小五金必须用木螺钉固定安装，严禁用钉子代替。使用木螺钉时，先用手锤钉入全长的1/3，接着用螺钉旋具拧入。当木门窗为硬木时，先钻孔径为木螺钉直径0.9倍的孔，孔深为螺丝全长的2/3，然后再拧入木螺钉。

（2）铰链距门窗扇上下两端的距离为扇高的1/10，且避开上冒头。安好后必须灵活。

（3）门锁距地面高0.9～1.05 m，应错开中冒头和边挺的榫头。

（4）门窗拉手应位于门窗扇中线以下，窗拉手距地面1.5～1.6 m。

（5）窗风钩应装在窗框下冒头与窗扇下冒头夹角处，使窗开后成90°，并使上下各层窗扇开启后整齐划一。

（6）门插销位于门拉手下边。装窗插销时应先固定插销底板，再关窗打插销压痕，凿孔，打入插销。

（7）门扇开启后易碰墙的门，为固定门扇应安装门吸。

（8）小五金应安装齐全，位置适宜，固定可靠。

4. 其他

（1）木门窗批水、盖口条、压缝条、密封条安装；先弹线，按线安装，使其顺直，与门窗结合应钉牢固，并不得漏缝。

（2）门窗框槢面与墙面的装饰层面必须平齐，压缝条应凸出装饰面，钉合缝隙应严密。

6.2.2.3　成品保护措施

（1）安装过程中，须采取防水防潮措施。在雨季或湿度大的地区应及时油漆门窗。

（2）调整修理门窗时不能硬撬，以免损坏门窗和小五金。

（3）安装工具应轻拿轻放，以免损坏成品。

（4）已装门窗框的洞口，不得再作运料通道，如必须用作运料通道时，必须做好保护措施。

6.2.2.4 质量通病及防治措施

(1)门窗扇开启不灵，验扇前应检查框的立梃是否垂直。保证合页的进出、深浅一致，使上下合页轴保持在一个垂直线上。选用五金要配套，螺钉安装要平直。安装门窗扇时，扇与扇、扇与框之间要留适当的缝隙。

(2)门窗扇偏口过大或过小。修刨时，要有意刨出偏口。一般控制在 $2°\sim3°$，并保持一致。

(3)门窗扇缝隙不均匀、不顺直。如果直接修刨把握不大时，可根据缝隙大小的要求，用铅笔沿框的里棱在扇上画出应该修刨的位置。修刨时注意不要吃线，要留有一定的修理余地。安装对扇，尤其是安装上下对扇窗时，应先把扇的口裁出来，裁口缝要直、严，里外一致。合槽要剔得深浅一致，这样就比较有把握使缝隙上下一致。

(4)门窗扇下坠。安装门窗扇前，要检查扇的质量，按规定在扇上安好 L 形、T 形铁角。合页的大小要选择适当，选用木螺钉要与合页配套。安装时，木螺钉应先用锤打入 1/3 深度，然后再拧入，不得打入全部深度。修刨门窗扇时，下装合页一边的底面，可多刨 1 mm 左右，让扇稍有挑头，留有下坠的余量。

(5)框与扇接触面不平。在制作门窗框时，裁口的宽度必须与门窗扇的边梃厚度相适应，裁出的口要宽窄一致、顺直平整、边角方正。门窗扇要用干燥木材制作。

(6)门窗框安装后，要注意成品保护。如果不注意成品保护，使已安装好的门窗框受到碰撞、使门窗框松动移位，裁口破坏，影响安装和装修质量。

(7)门窗扇五金安装质量通病防治措施。

1)合页位置距门窗上下端宜取立梃高度 1/10，并避开榫头。安装合页时，必须按画好的合页位置线开凿合页槽，槽深比合页厚度大 2 mm。安装合页时应根据合页规定选用合适木螺钉。

2)拉手位置规定统一的安装尺寸。如设计没有特殊要求时，拉手的位置应设在门窗扇的中线下。同一樘窗、同一间房、同一单元或整栋楼号，拉手位置应一致。

3)严格按五金表配备木螺钉，遵守操作规程，严禁用锤将木螺钉钉入，可先打入 1/3 深度后再拧入。

6.2.2.5 安全环保措施

(1)安装门窗用的梯子必须结实牢固，不应缺档，不应放置过陡，梯子与地面夹角以 $60°\sim70°$为宜。严禁两人同时站在一个梯子上作业。高凳不能站其一端，防止跌落。

(2)严禁穿拖鞋、高跟鞋、带钉易滑鞋或光脚进入施工现场，进入现场必须戴安全帽。

(3)材料要堆放平整。工具要随手放入工具袋内，上下传递物件工具时不得抛掷。

(4)电器工具应安装触电保护器，以确保安全。

(5)应经常检查锤把是否松动，手电钻等电气工具是否有漏电现象，一经发现立即修理，坚决不能勉强使用。

(6)切割板时应适当控制锯末粉尘对施工人员的危害，必要时应佩戴防护口罩。

(7)在使用架子、人字梯时，注意在作业前检查是否牢固。

(8)严格规定安全施工用电，按时检查施工中电线和漏电保护是否完好。

▷▷▷ 学习单元 6.3　金属门窗安装

金属门窗安装包括钢门窗、铝合金门窗、涂色镀锌钢板门窗等金属门窗的安装。本学习单元将分别介绍其分项工程的施工工艺。为使金属外门窗更能保温隔热，金属外门窗压制框料，一般应具有隔断热桥功能。

6.3.1 钢门窗安装

6.3.1.1 施工准备

（1）技术准备：施工前应仔细熟悉施工图纸，依据施工技术交底和安全交底做好各方面的准备。

（2）材料准备：钢门窗框、扇及纱窗和小五金及其规格、型号应符合设计要求，五金配件配套齐全，并具有出厂合格证、材质检验报告书并加盖厂家印章。

其他材料：螺栓、焊条、扁铁、密封胶、聚氨酯泡沫填充剂、金属纱等应符合设计要求和有关标准的规定。

（3）机具准备：

1）主要机具：电钻、电焊机。

2）主要工具：钢卷尺、扳手、手锤、铁水平尺、撬棍、靠尺、线坠、钢板锉、剪钳、剪刀、木楔、扫帚、斧、手锯等。

（4）作业条件准备：主体结构经有关质量部门验收合格，达到安装条件。工种之间已办好交接手续。

弹好室内+50 cm水平线，并按建筑平面图中所示尺寸弹好门窗中线。

检查钢筋混凝土过梁上连接固定钢门窗的预埋铁件预埋、位置是否正确，对于预埋和位置不准者，按钢门窗安装要求补装齐全。

检查埋置钢门窗铁脚的预留孔洞是否正确，门窗洞口的高、宽尺寸是否合适。未留或留得不准的孔洞应校正后剔凿好，并将其清理干净。

检查钢门窗，对由于运输、堆放不当而导致门窗框扇出现的变形、脱焊和翘曲等，应进行校正和修理。对表面处理后需要补焊的，焊后必须刷防锈漆。

对组合钢门窗，应先做试拼样板，经有关部门鉴定合格后，再大量组装。

6.3.1.2 施工工艺流程

弹控制线→门窗框就位、校正→门窗框固定→安装小五金→安装纱门窗→清理。

6.3.1.3 操作要求

1. 弹控制线

（1）根据设计图纸中门窗的安装位置、尺寸和标高，依据门窗中线向两边量出窗边线。若为多层或高层建筑时，以顶层门窗边线为准，用线坠或经纬仪将门窗边线下引，并在各层门窗口处画线标记，对个别不直的口边应剔凿处理。

（2）门窗的水平位置应以楼层室内+50 cm的水平线为准向上反量出窗下皮标高，弹线找直。每一层必须保持窗下皮标高一致。双层钢门窗之间的距离，应符合设计和生产厂家的产品要求，若设计没要求时，两框之间的净距不小于100 mm。

2. 立钢门窗、校正

把钢门窗塞入洞口内摆正，用对拔木楔在门窗框四角和框桄端部临时固定，然后用水平尺、对角线尺和拉线法校正。待同一墙面相邻门窗安装好后，再拉水平通线找齐，上下层门窗吊线找铅直。做到钢门窗安装好后左右通平，上下层顺直。

3. 门窗框固定

当墙体上预埋有铁件时，可直接把金属材料门窗的铁脚直接与墙体上的预埋铁件焊牢，焊接处需做防锈处理。当墙体上没有预埋铁件时，可用金属膨胀螺栓或塑料膨胀螺栓将金属材料门窗的铁脚固定到墙上。铁脚埋入预留槽口内，应用 C20 细石混凝土或 1∶2 的水泥砂浆填塞严实，并浇水养护，72 h 内不得碰撞、振动。至少 3 d 后才能将临时的木楔取出，并用 1∶2 水泥砂浆和聚氨酯泡沫剂嵌填实门窗框四周缝隙。若为钢大门时，应将合页焊到墙中的预埋件上。要求每侧预埋件必须在同一垂直线上，两侧对应的预埋件必须在同一水平位置上。

4. 安装小五金

安装小五金宜在外墙装修完工后，高级建筑应在安装玻璃前将螺钉拧在框上，先检查窗扇开启是否灵活，关闭是否严密，如有问题必须调整后再安装。在开关零件的螺孔处配置合适的螺钉，将螺钉拧紧。当拧不进去时，检查孔内是否有多余物。若有，将其剔除后再拧紧螺钉。当螺钉与螺孔位置不吻合时，可略挪动位置，重新攻丝后再安装。钢门锁的安装按说明书及施工图要求进行，安好后锁应开关灵活。

5. 安装纱门窗

高宽大于 1 400 mm 的纱窗，应在装纱窗前在纱窗中用临时木条支撑，以防纱窗凹陷影响使用。检查压纱条和扇配套后，将纱切成比实际尺寸大 50 mm。绷纱时先用机螺钉拧入上下压纱条再装两侧压纱条，切除多余纱头，再将机螺钉的丝扣剔平，用钢板锉锉平。交工前将纱门窗扇安在钢门框上，最后在纱门上装上护纱条和拉手。

6.3.1.4 成品保护措施

(1)安装完毕的钢门窗严禁安放脚手架或悬吊重物。

(2)安装完毕的门窗洞口不能再作施工运料通道。如必须使用时，应采取防护措施。

(3)抹灰时残留在钢门窗上的砂浆要及时清理干净。

(4)拆架子时，注意将开启的门窗关上后，再落架子，防止撞坏门窗。

6.3.1.5 质量通病及防治措施

1. 门窗框扇变形

(1)门窗扇应放在托架上运输、起吊，不得将抬杠穿入框内抬运。

(2)施工时不得在门窗上搭设脚手板或悬挂滑轮吊物。

(3)当施工中利用门窗洞作材料运输出入口时，应在门窗框边铺钉保护板，以防碰伤、撞坏门窗框。

2. 开关不灵

(1)选用五金件质量应符合标准，并要配套。

(2)门窗锁与拉手等小五金可在门窗扇入框后再组装，以保证位置准确，开关灵活。

(3)保证门窗框安装横平竖直。

(4)中竖框与预埋件焊接或嵌固在预留孔中，应用水平尺找平，线坠吊正，严防中竖框向扇方向偏斜，造成框扇摩擦或相卡。

3. 密封条缺口或粘结不牢

(1)装在门窗框上的密封条要比公称尺寸长 10～20 mm，安装时应压实，避免收缩。

(2)门窗涂料干燥后方可安装密封条。

(3)密封条、压纱条在 90°拐角处应将条切成 45°搭接，不得折成 90°或搭接。

6.3.1.6 安全环保措施

(1)安装门窗用的梯子必须结实牢固，不应缺档，不应放置过陡，梯子与地面夹角以

60°～70°为宜。严禁两人同时站在一个梯子上作业。

（2）作业场所应配备齐全可靠的消防器材。作业场所不得存放易燃物品，并严禁吸烟或动用明火。

（3）从事电、气焊或气割作业前，应清理作业周围的可燃物体或采取可靠的隔离措施。对需要办理动火证的场所，在取得相应手续后方可动工，并设专人进行监护。

（4）安装门窗、玻璃或擦玻璃时，严禁用手攀窗框、窗扇和窗撑；操作时应系好安全带，严禁把安全带挂在窗撑上。

（5）在施工过程中对于电锤等施工机具产生的噪声，施工人员应严格按工程确定的环保措施进行控制。

6.3.2 铝合金门窗安装

铝合金门窗框料的组装是利用转角件、插接件、紧固件组装成扇和框。门窗框的组装多采用直插，很少采用45°斜接，直插较斜接牢固简便，加工简单。门窗的附件有导向轮、门轴、密封条、密封垫、橡胶密封条、开闭锁、拉手、把手等。门扇均不采用合页开启。铝合金门窗主要有铝合金平开门窗、铝合金推拉门窗、铝合金自动门。

铝合金推拉门多用于内门，其构造如图6-5所示。

铝合金推拉窗的构造特点是它们由不同断面型材组合而成。上框为槽形断面，下框为带导轨的凸形断面，两侧竖框为另一种槽形断面，共有四种型材组合成窗框与洞口固定。塑料垫块是闭合时作窗扇的定位装置。铝合金推拉窗构造如图6-6所示。

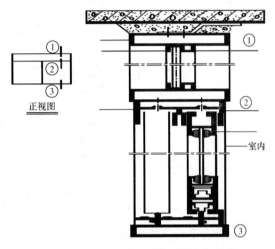

图6-5　铝合金推拉门构造

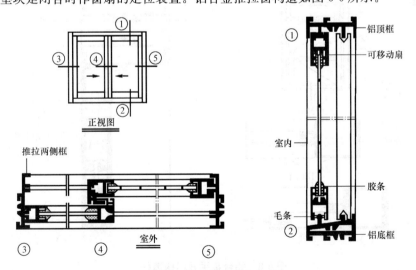

图6-6　铝合金推拉窗构造

　　铝合金平开窗的构造与一般窗相近，四角连接为直插或 45°斜接，其铰链必须用铝合金或不锈钢的，螺钉为不锈钢螺钉，也可以用上下转轴开启，构造做法如图 6-7 所示。

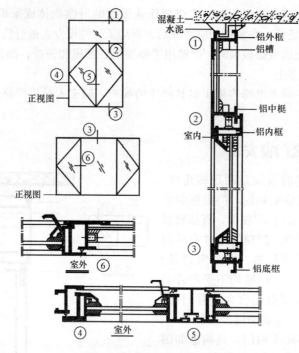

图 6-7　铝合金平开窗构造

　　铝合金平开门的开启均采用地弹簧装置。其构造做法如图 6-8 和图 6-9 所示。

　　铝合金门窗安装节点构造如图 6-10 所示。

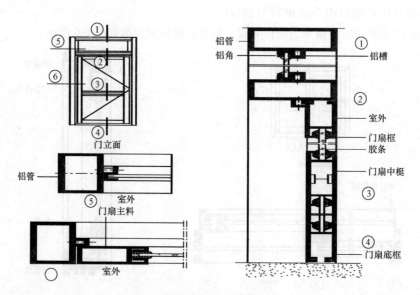

图 6-8　铝合金平开门构造(一)

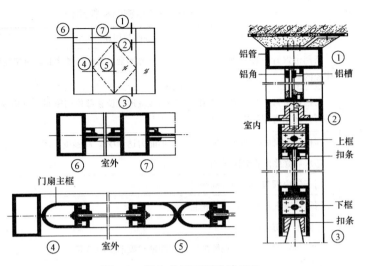

图 6-9　铝合金平开门构造(二)

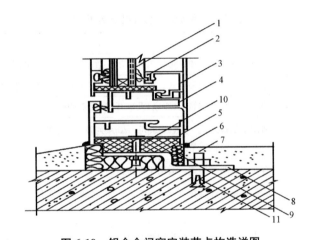

图 6-10　铝合金门窗安装节点构造详图

1—玻璃；2—橡胶压条；3—压条；4—内扇；5—外框；6—密封膏；
7—砂浆；8—地脚；9—软填料；10—塑料垫；11—膨胀螺栓

6.3.2.1　施工准备

(1)技术准备：熟悉施工图纸，做好技术交底。

(2)材料准备：

1)门窗框、扇及纱扇的型号、规格、品种、尺寸、开启方向、安装位置及连接方式等，应符合设计要求。

2)铝型材框扇料、5 mm 以上规格玻璃、2 mm 厚铝角码、M4×15 沉头自攻螺钉、橡胶压条、橡胶垫块、玻璃胶、密封毛条、铝制拉铆钉、门窗五金配件(执手、定位轴销、锁钩)等。

3)防腐材料、填缝材料、密封材料、防锈漆、水泥、砂、连接铁脚、连接板等应符合设计要求和有关标准的规定。常用铝合金门窗安装用密封材料品种见表 6-2。铝合金门窗安装五金配件见表 6-3。

表6-2　常用铝合金门窗安装用密封材料品种

品种	特性与用途
聚氨酯密封膏	高档密封膏中的一种，适用于±25%接缝形变位移部位的密封，价格较便宜，只有硅酮、聚硫的一半
聚硫密封膏	高档密封膏中的一种，适用于±25%接缝形变位移部位的密封，价格较硅酮便宜15%~20%，使用寿命可达10年以上
硅酮密封膏	高档密封膏的一种，性能全面，变形能力达50%，高强度、耐高温(-54~260℃)
水膨胀密封膏	遇水后膨胀能将缝隙填满
密封带	用于门窗框与外墙板接缝密封
密封垫	用于门窗框与外墙板接缝密封
膨胀防火密件	主要用于防火门
底衬泡沫条	和密封胶配套使用，在缝隙中它能随密封胶形变而形变
防污纸质胶带纸	贴于门窗框表面，防止嵌缝时污染

表6-3　铝合金门窗安装五金配件

品种	用途
门锁(双头通用门锁)	配有暗藏式弹子锁，可以内外启闭，适用于铝合金平开门
勾锁(推拉式门锁)	分单面、双面两种形式，可作推拉式门、推拉式窗的拉手和锁闭器用(带锁式)
暗插锁(扳动插锁)	适用于铝合金弹簧门(双扇)及平开门(双扇)用
滚轮(滑轮)	适用于推拉式门、窗(90系列、70系列及55系列)等用，可承载门窗扇在滑轮中运行，常与勾锁或半月形执手配套使用
半月形执手(半月锁紧件)	有左、右两种形式，适用于推拉窗的扣紧
滑撑铰链(滑移铰链或平行铰链)	能保存窗扇开启在0°~90°或0°~60°之间自行定位，可作横向或竖向窗扇滑移使用
铝窗执手	适用于平开式、上悬式铝窗的启闭
联动执手	适用于密闭式平开窗的启闭，能在窗扇上、下两处联动扣紧
地弹簧	装置于门扇下部的一种缓速自动闭门器

(3)机具准备：

1)主要机具：冲击电钻、切割机、曲线锯、电焊机、经纬仪、射钉枪。

2)主要工具：钢卷尺、扳手、铁水平尺、钢錾子、灰线袋、靠尺、线坠、钢卷尺板锉、打胶筒、钢丝锯等，如图6-11所示。

(4)作业条件准备：

1)室内、外墙体粉刷完毕，洞口套抹好底子灰。

2)按施工图纸检查核对门窗型号、规格、开启形式、开启方向、安装孔方位。

3)清理门窗洞口、预埋件。

4)整理或搭设脚手架。

6.3.2.2　施工工艺流程

预埋件安装→弹线定位、洞口修整→门窗就位→门窗固定→塞缝打发泡剂→门窗侧壁粉刷打密封胶→门窗扇安装→配件安装。

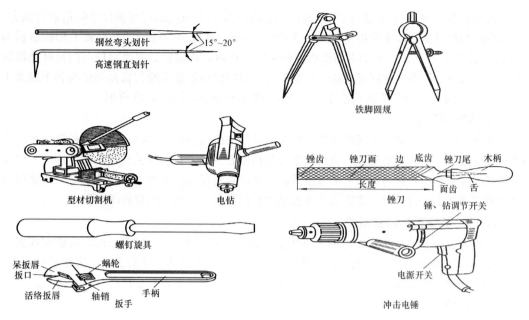

图 6-11　部分施工机具

6.3.2.3　操作要求

1. 预埋件安装

铝合金门窗为塞口法安装，故在安装前要对洞口进行检查，要求洞口的实际尺寸应稍大于门窗框的实际尺寸，其差值应因墙面的装饰做法不同而不同，一般情况下，洞口尺寸应符合表 6-4 的规定。

表 6-4　门窗洞口尺寸　　　　　　　　　　　　　　　　　　　　　　mm

墙面装饰类型	宽度	高度	
一般粉刷面	门窗框宽度+50	窗框高度+50	门框高度+25
玻璃马赛克贴面	+60	+60	+30
大理石贴面	+80	+80	+40

门窗洞口尺寸的允许偏差：宽度和高度为±5 mm；对角线长度为±5 mm；洞口下口面水平标高为±5 mm；垂直度偏差为 1.5/1 000；洞口中心线与建筑物基准轴线偏差为±5 mm。

2. 弹线定位

弹线找基准、检查门窗洞口。多层建筑在最高层找出门窗口的位置后，以门窗的边线为准，用大线坠将门窗边线下引，并在各层的门窗口处画出标记，发现不直的口边立即进行剔凿处理至合乎要求为止。门窗口的水平位置应以楼层墙上的 500 mm 水平线为基准往上，量出窗的下皮标高，并弹线找直。一个房间应保持窗的下皮标高一致，每一楼层窗的下皮标高也要一致。

3. 门窗就位

按弹线确定的位置将门窗框安装就位，吊直、找平后用木楔临时固定。

4. 门窗固定

铝合金门窗框与墙体的固定方法有三种：一是将门窗框上的拉结件与洞口墙体的预埋钢

板或剔出的结构钢筋(非主筋)焊接牢固;二是将门窗框上的拉结件与洞口墙体用射钉固定;三是沿门窗框外侧墙体上用电锤打孔,孔径为 6 mm,孔深为 60 mm,然后将 L 形的直径为 6 mm、长度为 40～60 mm 的钢筋蘸水泥胶浆插入孔内,待固定后再将钢筋与门窗框连接铁件焊接。无论采用哪一种固定方法,门窗框与洞口墙体的连接点距门窗角的距离都不应大于 180 mm,连接件之间的距离应小于 600 mm。固定安装节点如图 6-10 所示。

5. 塞缝打发泡剂

铝合金门窗框与墙体之间的缝隙严禁用腐蚀性强的水泥砂浆填塞,在封缝前要再进行平整和垂直度等安装质量的复查,确认符合安装精度要求后,再将框的四周清扫干净,分层填塞适当的保温和密封材料,如矿棉或泡沫胶,要注意将保温或密封材料填实,然后用嵌缝膏将缝隙表面抹平。封缝时,要注意不要直接碰撞门窗框,以免造成划痕或变形。

6. 门窗侧壁粉刷打密封胶

从框外边向外涂水泥防渗透型无机防水涂料二道,宽度不小于 180 mm,粉刷完成后外侧留设 5～8 mm 的凹槽再打密封胶一道;打防水胶必须在墙体干燥后进行;窗框的拼接处,紧固螺钉必须打密封胶;密封胶应打在水泥砂浆或外墙腻子上,禁止打在涂料面层上。

7. 门窗扇就位安装

室外玻璃与框扇间应填嵌密封胶,不应采用密封条,密封胶必须饱满,粘结牢固,以防渗水。室内镶玻璃应用橡胶密封条,所用的橡胶密封条应有 20 mm 的伸缩余量在转角处断开,并用密封胶在转角处固定。为防止推拉门窗扇脱落,必须设置限位块,其限位间距应小于扇的 1/2。

由于门窗扇与框是按同一洞口尺寸制作的,所以,一般情况下门窗扇都能较顺利地安装上,但要求周边密封,启闭灵活。门窗扇安装应在室内外装饰基本完成后进行。推拉窗扇的安装主要是先拧边框侧的滑轮调节螺钉,使滑轮向下横框内回缩,然后顶起窗扇,使窗扇上横框进入框内,再调节滑轮外伸使其卡在下框滑道内。

平开门窗扇的安装,应先将合页按要求的位置固定在铝合金门窗框上,然后将门窗扇嵌入框内临时固定,待调整合适后,再将门窗扇拧固在合页上,但必须保证上、下两个转动部分在同一轴线上。

弹簧门扇的安装,应先将地弹簧埋设在地面上,并浇筑 1∶2 的水泥砂浆或细石混凝土使其固定。要保证门扇上横框的定位销孔与地弹簧的转轴在同一轴线,安装时先将地弹簧转轴拧至门开启位置,套上地弹簧连接杆,同时调节上横框的转动定位销,待定位孔销吻合后将门合上,调出定位销固定。最后调整好门扇的间隙及门扇开启的速度。

8. 配件安装

各类连接铁件的厚度、宽度应符合细部节点详图规定的要求。五金配件与门窗连接用镀锌螺钉。

6.3.2.4 成品保护措施

(1)整个安装过程中框扇上的保护膜必须保存完好;否则应先在门窗框扇上贴好防护膜,防止水泥砂浆污染,局部受污染部位应及时用抹布擦干净。

(2)湿作业完成后撕去保护胶纸时,要轻轻剥离,不得划破、剥花铝合金表面氧化膜。

(3)门窗工程完成后若尚有土建其他交叉工作进行,则务必对每樘门窗采取保护措施,并设专人看管,防止利器划伤门窗表面,并防止电焊、气焊的火花、火焰烫伤或烧伤表面。

(4)严禁在门窗框、扇上搭设脚手板,悬挂重物,外脚手架不得支顶在框和扇的横档上。

(5)浇筑混凝土或砂浆,应采取防止水泥浆污染门窗框的措施。

(6)焊接作业时，防止电焊火花损坏周围的铝合金门窗型材、玻璃等，周围的铝合金门窗型材、玻璃等材料应采取遮挡和承接电焊焊渣的措施。

6.3.2.5　常见的质量通病及防治措施

（1）渗水：设置排水孔；横竖框相交丝缝应注硅酮胶；窗下框与洞口间隙应根据不同饰面材料留设。

（2）施工中未留设填密封胶的槽口：门窗套粉刷时，应在门窗内外框边嵌条留 5～8 mm深的槽口。

（3）门窗周围间隙未填软质材料：应保证门窗框与墙体为弹性连接，其间隙应填嵌泡沫塑料或矿棉、岩棉等软质材料；严禁用水泥砂浆嵌缝以免受腐蚀。

（4）门窗表面有污染或刻划痕：铝合金门窗安装应等土建完工后进行，安装时和安装后不能立即撕掉保护膜，应等门窗扇安装全部完成且整个工程都完工时再撕。同时应注意避免硬物直接碰擦门窗。

（5）门窗变形、开启不灵和脱轨：门窗框扇放在托架上运输；进场安装前检查对角线和平整度；安装时控制垂直度、水平度，轨道顺直一致。滑轮位置准确地调整于轨道的直线上。窗扇必须设置限位装置。安装护窗栏杆时严禁将连接件固定在窗型材上。

6.3.2.6　安全环保措施

（1）加强安全教育和安全检查，做好新工人、零散作业人员的安全培训工作。安装人员必须经安全培训，经考核合格发证，持证上岗。

（2）工作前应检查各种机械设备漏电保护装置是否完好正常。

（3）电动机具的绝缘应可靠，使用时不得过热，并应有良好的接地装置。

（4）高空作业时，必须系好安全带，戴好安全帽。

（5）高凳上操作时，单凳只准站一人，双凳搭跳板时，两凳间距不超过 2 m，只准站两人，脚手板上不准放重物。

6.3.3　涂色镀锌钢板门窗安装

涂色镀锌钢板门窗是以涂色镀锌钢板和 4 mm 厚平板玻璃或双层中空玻璃为主要材料，经过机械加工而制成的，色彩有红色、绿色、乳白色、棕色、蓝色等。其门窗四角用插接件插接，玻璃与门窗交接处以及门窗框与扇之间的缝隙，全部用橡皮密封条和密封胶密封。

1. 施工准备

施工准备"同铝合金门窗"。

2. 施工操作工艺

涂色镀锌钢板门窗有两种：带副框的和不带副框的。不带副框的门窗安装应在湿作业完成后进行。

（1）带副框的门窗安装：节点如图 6-12 所示。

1）按门窗图纸尺寸在工厂组装好副框，运到施工现场，用 M5×12 的自攻螺钉将连接件铆固在副框上。

2）将副框装入洞口，并与安装位置线齐平，用木楔临时固定，校正副框的正、侧面垂直度及对角线的长度无误

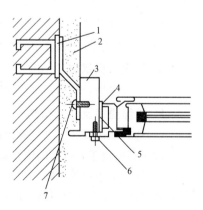

**图 6-12　带副框涂色镀锌钢板
门窗安装节点图**

1—预埋铁件(5 mm×100 mm×100 mm)；
2—砂浆；3—副框；4—密封胶；
5—塑料垫板；6—M5×20 自攻螺钉；
7—M5×12 自攻螺钉

后，用木楔牢固固定。

3）校对副框正、侧面垂直度和对角线合格后，对拔木楔应固定牢靠。

4）将副框的连接件逐件电焊焊牢在洞口预埋件上。

5）粉刷内、外墙和洞口。副框底粉刷时，应嵌入硬木条或玻璃条。副框两侧预留槽口，粉刷干燥后，消除浮灰、尘土，注密封膏防水。

6）室内、外墙面和洞口装饰完毕并干燥后，在副框与门窗外框接触的顶、侧面上贴封胶条，将门窗装入副框内，适当调整，用 TP4.8×22 自攻螺钉将门窗外框与副框连接牢固，扣上孔盖。安装推拉窗时，还应调整好滑块。

7）洞口与副框、副框与门窗之间的缝隙，应填充密封膏封严。安装完毕后，剥去门窗构件表面的保护胶条，擦净玻璃及门窗框扇。

（2）不带副框的门窗安装：节点如图 6-13 所示。

1）室内、外及洞口应粉刷完毕。洞口粉刷后的成型尺寸应略大于门窗外框尺寸。其间隙，宽度方向为 3～5 mm，高度方向为 5～8 mm。

2）按设计图的规定在洞口内弹好门窗安装线。

3）门窗与洞口宜用膨胀螺栓连接。按门窗外框上膨胀螺栓的位置，在洞口相应位置的墙体上钻膨胀螺栓孔。

4）将门窗装入洞口安装线上，调整门窗的垂直度、水平度和对角线合格后，以木楔固定。门窗与洞口用膨胀螺栓连接，盖上螺钉盖。门窗与洞口之间的缝隙，用建筑密封膏密封。

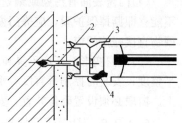

图 6-13　不带副框涂色镀锌钢板门窗安装节点图

1—水泥砂浆；2—M5.5×80 膨胀螺栓；
3—塑料盖；4—密封胶

5）竣工后剥去门窗上的保护胶条，擦净玻璃及框扇。

6）不带副框涂色镀锌钢板门窗亦可采用"先安装外框、后做粉刷"的工艺。具体做法是：门窗外框先用螺钉固定好连接铁件，放入洞口内调整水平度、垂直度和对角线合格后以木楔固定，用射钉将外框连接件与洞口墙体连接。框料及玻璃覆盖塑料薄膜保护，然后进行室内外装饰。砂浆干燥后，清理门窗构件装入内扇。清理构件时，切忌划伤门窗上的涂层。

3. 成品保护措施

成品保护措施同"铝合金门窗"。

4. 安全环保措施

安全环保措施同"铝合金门窗"。

5. 质量通病及防治措施

（1）边砌墙边安装：涂色镀锌钢板门窗应采取后塞口，严禁随砌墙、随塞口的施工方法，因为此种门窗属于薄壁形门窗，易损坏。

（2）四周框边内外未嵌密封胶：门窗框与墙体四周嵌塞设计选用的保护材料，塞满塞实后，外表面应用密封胶封堵，以防渗漏，并可保温。

（3）拼接处未进行密封处理：副框与门窗框以及拼樘之间的缝隙均应用密封胶封严。

（4）不带副框的门窗四周采用水泥砂浆填缝，容易造成门窗框件的变形：

1）无副框的门窗安装时，最好先搞好内外抹灰，再在洞口内弹线，安装门窗。

2）用膨胀螺栓将外框固定在洞口的墙体上，嵌密封胶将门窗与墙体之间的缝堵严。不应填嵌水泥砂浆。

（5）门窗附件不齐全、不配套，影响使用：生产门窗的厂家不同时供应门窗附件，所使用的五金配件外购，与门窗预留安装孔洞、位置不配套，达不到使用要求。应使用带配套附件的门窗。

（6）门窗关闭不严密，间隙不均匀，开关不灵活：门窗框扇加工尺寸偏差较大，关闭后缝不均匀，开启时费劲，不灵活。应提高产品质量，加强验收检查。

学习单元 6.4　塑料门窗安装

塑料门窗是硬 PVC-U 塑料门窗型材或在硬 PVC-U 门窗型材截面空腹中加入增强型钢，以塑钢结合的型材所制作的门窗。塑料门窗由框和扇组成，一般在框和扇上都镶嵌有5~8 mm 的玻璃。塑料门窗的构造和施工特点是：质量小、强度高、保温、隔声、防尘、防虫蛀，经久耐用，而且表面色泽美观，装饰效果优良。

6.4.1　施工准备

（1）技术准备：熟悉施工图纸，做好技术交底。

（2）材料准备：

1）框料型材、附件、玻璃、五金配件的品种、规格、数量、质量应符合设计要求。

2）安装材料包括嵌缝的软质材料、连接件、PE 发泡填充剂、紧固件、固定片、密封胶、密封条、金属膨胀螺栓、水泥、砂等。

（3）机具准备：电锤、电钻、射钉枪、锤子、线坠、螺钉旋具、扳手、钢锯、量具（卷尺、水平尺）、鸭嘴榔头和平铲、注膏枪、对拔木楔、钢錾子等。

（4）作业条件准备：

1）塑钢门窗安装工程应在主体结构分部工程验收合格后，方可进行施工。

2）弹出楼层轴线或主要控制线（如 50 cm 线），并对轴线、标高进行复核。

3）预留铁脚孔洞或预埋铁件的数量、尺寸已核对无误。

4）塑料门窗及其配件、辅助材料已全部运到施工现场，数量、规格、质量完全符合设计要求。

5）管理人员已进行技术、质量、安全交底。

6.4.2　施工工艺流程

塑料门窗安装工序见表 6-5。

表 6-5　塑料门窗安装工序

序号	门窗类型 工序名称	单樘窗	组合门窗	普通门
1	洞口找中线	+	+	+
2	补贴保护膜	+	+	+
3	安装后置埋件	—	*	—
4	框上找中线	+	+	+
5	安装副框	*	*	*

序号	门窗类型 工序名称	单樘窗	组合门窗	普通门
6	抹灰找平	*	*	*
7	卸玻璃(或门、窗扇)	*	*	*
8	框进洞口	+	+	+
9	调整定位	+	+	+
10	门窗框定位	+	+	+
11	盖工艺孔帽及密封处理	+	+	+
12	装拼樘料	—	+	+
13	打聚氨酯发泡剂	+	+	+
14	装窗台板	*	*	—
15	洞口抹灰	+	+	+
16	清理砂浆	+	+	+
17	打密封胶	+	+	+
18	安装配件	+	+	+
19	装玻璃(或门、窗扇)	+	+	+
20	装纱窗(门)	*	*	*
21	表面清理	+	+	+
22	去掉保护膜	+	+	+

注：(1)序号 1～4 为安装前准备工作；

(2)表中"＋"号表示应进行的工序；

(3)表中"－"号表示无此工序；

(4)表中"＊"号表示可选择工序。

6.4.3 操作要求

(1)立门窗框前要看清门窗框在施工图上的位置、标高，门窗框型号、规格，门扇开启方向，门窗框是内平、外平或是立在墙中等，根据图纸设计要求在洞口上弹出立口的安装线，照线立口。

(2)预先检查门窗洞口的尺寸、垂直度及预埋件数量。

(3)如果玻璃已装在门窗上，应卸下玻璃，并做标记。

(4)应根据设计图纸确定门窗框的安装位置及门扇的开启方向。当窗框装入洞时，其上下框中线应与洞口中线对齐；窗的上下框四角及中横框的对称位置应用木楔或垫块塞紧做临时固定；当下框长度大于 0.9 m 时，其中央也应用木楔或垫块塞紧，临时固定；然后应按设计图纸确定窗框在洞口墙体厚度方向的安装位置。

(5)安装门时应采取防止门框变形的措施，无下框平开门应使两边框的下脚低于地面标高线，其高度差宜为 30 mm，带下框平开门或推拉门应使下框低于地面标高线，其高度差宜为 10 mm。然后，将上框的一个固定片固定在墙体上，并应调整门框的水平度、垂直度和直角度，并用木楔临时定位。

(6)塑料门窗在安装时应确保门窗框上下边位置及内外朝向准确，安装应符合下列要求：

1)当门窗框与墙体采用固定片固定时，应采用单面固定片，固定片应双向交叉安装。与外保温墙体固定的边框片宜朝向室内。固定片与窗框连接采用十字槽盘头自钻自攻螺钉直接钻入固定，不得直接锤击钉入或仅靠卡紧方式固定。

2)当门窗框与墙体采用膨胀螺钉直接固定时，应按膨胀螺钉规格先在窗框上打好基孔，安装膨胀螺钉时，应在伸缩缝中膨胀螺钉位置两边加支撑块。膨胀螺钉应端头加盖工艺孔帽（图 6-14），并用密封胶进行密封。

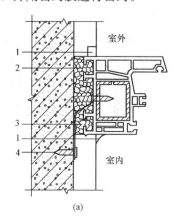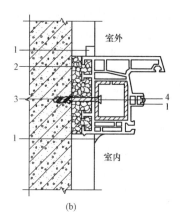

图 6-14　窗安装节点图

（a）　1—密封胶；2—聚氨酯发泡剂；3—固定片；4—膨胀螺钉
（b）　1—密封胶；2—聚氨酯发泡剂；3—膨胀螺钉；4—工艺孔帽

3)固定片的位置应距窗角、中竖框、中横框 150～200 mm，固定片之间的间距应小于或等于 600 mm。不得将固定片直接装在中横框、中竖框的挡头上。

(7)塑钢门窗框上的锚固板与墙体的固定方法有预埋件连接、燕尾铁脚连接、金属膨胀螺栓连接、射钉连接等固定方法；当洞口为砖砌体时，不得采用射钉固定。

(8)副框或门窗与墙体固定时，应先固定上框，而后固定边框，固定方法应符合下列要求：

1)混凝土墙洞口应采用射钉或塑料膨胀螺钉固定；

2)砖墙洞口应采用塑料膨胀螺钉或水泥钉固定，并不得固定在砖缝处；

3)加气混凝土或轻质隔墙洞口，应采用木螺钉将固定片固定在胶粘圆木上或膨胀螺钉固定；

4)设有预埋铁件的洞口应采用焊接的方法固定，也可先在预埋件上按紧固件规格打基孔，然后用紧固件固定；

5)窗下框与墙体的固定可按照图 6-15 进行。

当需要装窗台板时，应按设计要求将其插入窗下框，并应使窗台板与下边框结合紧密，其安装的水平精度应与窗框一致。

(9)安装组合窗时，应从洞口的一端按顺序进行安装，拼樘料与洞口的连接应符合下列要求：

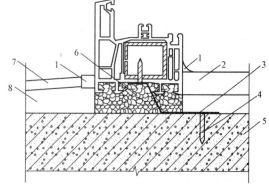

图 6-15　窗下框与墙体固定节点图

1—密封胶；2—内窗台板；3—固定片；4—膨胀螺钉；
5—墙体；6—防水砂浆；7—装饰面；8—抹灰层

1)拼樘料与混凝土过梁或柱子的连接应符合上述第(8)条第4)点的规定;拼樘料与连接件的搭接量不应小于 30 mm。

2)拼樘料与砖墙连接时,应先将拼樘料两端插入预留洞中,然后应用强度等级为 C20 的细石混凝土浇灌固定。

(10)当门窗框拼樘连接时,应先将两窗框与拼樘料卡接,然后用自钻自攻螺钉拧紧,其间距应符合设计要求并不得大于 600 mm;紧固件端头加盖工艺孔帽如图 6-16 所示,并用密封胶进行密封处理。拼樘料与窗框间的缝隙也应采用密封胶进行密封处理。

(11)当需要装窗台板时,应按设计要求将其插入窗下框,并应使窗台板与下边框结合紧密,其安装的水平精度应与窗框一致。

(12)安装组合窗时,拼樘料与洞口的连接应符合下列要求:

1)拼樘料与混凝土过梁或柱子的连接应符合上述第(8)条第4)点的规定;

2)拼樘料与砖墙连接时,应先将拼樘料两端插入预留洞中,然后应用强度等级为 C20 的细石混凝土浇灌固定。

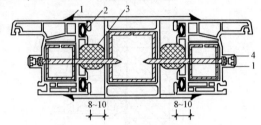

图 6-16　拼樘料连接节点图
1—密封胶;2—密封条;3—泡沫棒;4—工艺孔帽

(13)窗框与洞口之间的伸缩缝内腔应采用闭孔泡沫塑料、发泡聚苯乙烯等弹性材料分层填塞,填塞不宜过紧。对于保温、隔声等级要求较高的工程,应采用相应的隔热、隔声材料填塞。填塞后,撤掉临时固定用木楔或垫块,其空隙也应采用闭孔弹性材料填塞。

(14)门窗洞口内外侧与窗框之间缝隙的处理应符合下列要求:

1)普通单玻窗:其洞口内外侧与窗框之间应采用水泥砂浆或麻刀白灰浆填实抹平;靠近铰链一侧,灰浆压住窗框的厚度应以不影响扇的开启为限,待水泥砂浆硬化后,其外侧应采用嵌缝膏进行密封处理。

2)保温、隔声窗:其洞口内侧与窗框之间应采用水泥砂浆填实抹平;当外侧抹灰时,应采用片材将抹灰层与窗框临时隔开,其厚度宜为 5 mm,抹灰面应超出窗框,其厚度以不影响扇的开启为限。待外抹灰层硬化后,应撤去片材,并将嵌缝膏挤入抹灰层与窗框缝隙内。保温、隔声等级要求较高的工程,洞口内侧与窗框之间也应采用嵌缝膏密封。

(15)窗(框)扇上若粘有水泥砂浆,应在其硬化前,用湿布擦拭干净,不得使用硬质材料铲刮窗(框)扇表面。

6.4.4　成品保护措施

(1)塑料门窗在安装过程中及工程验收前,应采取防护措施,不得污损。

(2)已装门窗框、扇的洞口,不得再作运料通道。

(3)严禁在门窗框、扇上安装脚手架、悬挂重物;外脚手架不得顶压在门窗框、扇或窗撑上,并严禁蹬踩窗框、窗扇或窗撑。

(4)应防止利器划伤门窗表面,并应防止电、气焊火花烧伤或烫伤面层。

(5)立体交叉作业时,门窗严禁碰撞。

(6)门窗框粘有胶液的表面,应用浸有中性清洁剂的抹布擦拭干净。

6.4.5　质量通病及防治措施

(1)连接螺栓直接锤入门窗框内:应用手电钻先钻孔,然后旋进全螺纹自攻螺钉。严禁锤击钉入。

（2）门窗框松动：

1）在门窗外框上按设计规定的位置钻孔，用全螺纹自攻螺钉把镀锌连接件紧固。

2）用电锤在门窗洞口的墙体上打孔，装入尼龙胀管，门窗安装后，用木螺钉将镀锌连接件固定在胀管内。

3）单砖或轻质隔墙砌筑时，应砌入混凝土砖，使镀锌连接件与混凝土砖能连接牢固。

（3）门窗周围间隙未填软质材料；门窗框安装后变形；门窗框周边未嵌密封胶。

（4）玻璃安装不平或松动：

1）裁割玻璃尺寸应上下距离槽口不大于 4 mm，左右两边距槽口不大于 6 mm，但玻璃每边镶入槽口的深度应不少于槽口的 3/4，禁止使用小玻璃。

2）钉子数量适当，每边不少于 1 颗，如果边长为 40 cm，就需钉两颗钉子，两钉距离不得大于 20 cm。

6.4.6　安全环保措施

（1）门窗安装工应全部培训，考核合格发证，持证上岗。

（2）施工机具安装，应由持上岗证的机电人员安装。

（3）使用高凳操作时，严禁两个人同站一个凳子上作业。

（4）安装外门窗时，操作人员要系好安全带，戴好安全帽。

学习单元 6.5　门窗玻璃安装

门窗玻璃的品种有普通平板玻璃、吸热、反射、中空、夹层、夹丝、磨砂、钢化、浮法、镀膜、放弹、单片防火、压花玻璃等。本学习单元主要介绍玻璃的安装操作工艺。

6.5.1　施工准备

1. 技术准备

施工技术准备应有以下内容：门窗玻璃的品种、规格、尺寸、色彩、图案和涂膜朝向和节能措施；门窗玻璃的安装方法。

2. 材料准备

（1）玻璃产品：根据设计要求选定玻璃的品种、规格、尺寸、色彩等。玻璃应有出厂合格证和产品性能检测报告。

（2）安装材料：油灰、红丹底漆、厚漆（铅油）、玻璃钉、钢丝卡、油绳、煤油、木压条、橡胶压条、玻璃胶、承重和定位垫、密封胶等。嵌缝材料应确定其相容性。

3. 施工工具准备

（1）主要机具：电动真空吸盘、电动吊篮、冲孔电钻、电动螺钉旋具、手持吸盘等。

（2）主要工具：工作台、玻璃刀、直尺、木折尺、三角板、水平尺、钢丝钳、刮刀、粉线包、吸盘器、毛笔、电钻、打胶枪、榔头、螺钉旋具、木柄方锤、小锤、抹布或棉纱、工具袋、安全带等。

4. 作业条件准备

（1）门窗五金安装完毕，经检查合格，并在涂刷最后一道油漆前进行玻璃安装。

（2）外檐门窗玻璃安装需外墙粉刷完成，上部脚手架已拆除。

（3）门窗玻璃槽口已清理干净，无灰尘污垢，槽口的排水孔通畅无阻，干净整洁。

（4）门窗玻璃表面无水分、灰尘、油脂、油或其他有害物质，并已擦洗干净。

（5）室内作业温度应在正温以上。

（6）存放玻璃的库房温度与作业面温度相差不大。

6.5.2　施工操作工艺

6.5.2.1　玻璃裁割工艺

1. 玻璃裁割要求

（1）根据安装所需玻璃规格应结合装箱玻璃规格合理套裁集中裁割。

（2）玻璃集中裁制。割裁时应按"先裁大，后裁小；先裁宽，后裁窄"的顺序进行。

（3）选择几档不同尺寸的门框、扇，量准尺寸进行试裁割和试安装。核实玻璃尺寸正确、留量合适后方可成批裁割。

（4）玻璃裁割留量，一般按实测值每边缩小 2～3 mm。

（5）裁割玻璃时，严禁在已划过的刀路上重新划第二遍，必要时，只要将玻璃翻过面来重划。

（6）钢化玻璃严禁裁划或用钳扳。应按设计要求和规格，预先订货加工。

2. 玻璃裁割操作工艺

（1）裁割 2～3 mm 厚的平板玻璃，可用 12 mm×12 mm 细条木直尺；裁割 4～6 mm 厚的玻璃，可用 4 mm×50 mm 木直尺；裁割宽 8～12 mm 的玻璃时，需用 5 mm×30 mm 木直尺；有时可根据操作人的习惯使用直尺。具体裁割时应用木折尺或钢卷尺量出玻璃框尺寸，再在直尺上定出裁割尺寸；要考虑留 3 mm 空当和 2 mm 刀口。如裁割 2～3 mm 厚玻璃时可把直尺上的小钉紧靠玻璃一边，玻璃刀紧靠直尺的另一端，一手靠握小钉挨住的玻璃边口不使其松动，另一手掌握刀刃端直向后划，不能有轻重和弯曲现象。

（2）裁割 5～6 mm 厚大玻璃的方法是，除应用不同的直尺外，还应在裁割刀口上预先刷上煤油，经玻璃裁割后煤油会渗入刀口，这样会容易扳脱。裁割大块玻璃时，由于玻璃面积大，人站在地面上无法操作，故需要操作人脱鞋站在玻璃面上去裁割，因此在玻璃下面（即台面上）必须垫好一层绒布使玻璃均匀受压。裁割后扳脱玻璃时要双手握紧玻璃的一端，而另一端利用玻璃的自重或均匀压一定的重物，通过台案的边缘，双手向下均匀受力扳脱，切不可粗心大意而造成整块玻璃的破裂。

（3）裁割夹丝玻璃的方法与裁割 5～6 mm 厚的普通平板玻璃基本相同，但夹丝玻璃的裁割因其玻璃面高低不平裁割时刀口容易滑动难以掌握，因此要认准刀口握稳刀头，用力要比一般裁割平板玻璃大一些，运刀速度相应要快一些，这样就不会出现弯曲不直的问题。裁割后扳脱玻璃时，双手握紧玻璃，同时均匀用力向下扳，使玻璃沿裁口线裂开。如有夹丝未断，可在玻璃缝口内夹一细长木条，再用力往下扳，夹丝即可扳断，然后用钳子将夹丝划掉，以免搬运时划破手掌。裁割后裁口的边缘上宜涂防锈涂料，以利玻璃使用。

（4）裁割压花玻璃时压花面要朝向下面，裁割方法与裁割夹丝玻璃相同。

（5）裁割磨砂玻璃时，毛面应朝向下面，裁割后向下扳脱时用力要大要均匀，向上回扳时要在裁开的玻璃缝处压一根小木条再向上回扳。裁割方法与裁割平板玻璃相同。

（6）钢化玻璃，不得用玻璃刀裁割，应按门窗框框格的玻璃尺寸加工定制。

6.5.2.2 玻璃加工工艺

(1)玻璃打孔眼：有台钻钻孔($D \leqslant 10$ mm)和玻璃刀划孔($D \geqslant 20$ mm)两种方法。

1)直径较小的圆孔，可以用电动砂轮钻孔机直接打眼。钻孔机有不同直径的刀头。确定圆心位置后，将钻孔机对准圆心转动钻孔，当钻孔深度超过玻璃厚度1/2时，应停钻从反面再钻，直至钻透为止。

2)较大的孔眼可划线开孔：先按玻璃开孔的尺寸做好套板(孔径尺寸应考虑玻璃刀刃口的留量)，将套板对准玻璃开孔位置，用玻璃刀沿套板划线裁割，并从背面将其敲击裂开。洞眼较大时，可在圈内正反两面用玻璃刀划上几条相互交叉的直线，然后用玻璃刀头或小锤敲裂，使玻璃碎裂成小块后取下，最后形成所需的孔洞。

(2)玻璃钻孔眼：定出圆心点上墨水，将玻璃垫实平放于台钻平台上，不得移动。再将内掺煤油的280～380目金刚砂点在玻璃钻眼处，然后将安装在台钻上安平头工具钻头对准圆心墨点轻轻压下，不能摇晃，旋转钻头，不断运动钻磨，边磨边点金刚砂。

(3)玻璃打槽：先在玻璃上按要求槽的长宽尺寸画出墨线，将玻璃平放于固定在工作台上的手摇砂轮机的砂轮下，紧贴工作台，砂轮对准槽口墨线，选用边缘厚度稍小于槽宽的金刚砂轮，倒顺交替摇动摇把，使砂轮来回转动。转速不能太快过猛，边磨边加水，注意控制槽口深度，直至打好槽口。

(4)玻璃磨边：磨边后玻璃边角应圆浑、均匀、平直光滑，无凹坑，磨边处宜涂擦清色润滑油一遍。玻璃磨边可用电动小砂轮机或手工打磨：将玻璃平放在工作台上，需磨边的边缘伸出台面100～150 mm，手持电动小砂轮机来回打磨。打磨时应先磨四角，使之成小圆角，然后磨直边。少量的亦可用手工磨石蘸水打磨成活。

(5)玻璃磨砂：现常采用手工研磨。

6.5.2.3 玻璃门窗安装工艺

玻璃门窗安装的工艺流程：玻璃挑选、裁制→分规格码放→安装前擦净→刮底油灰→镶嵌玻璃→刮油灰，净边。

(1)将需要安装的玻璃，按部位分规格、数量分别就位；分送的数量应以当天安装的数量为准，不宜过多，以减少搬运和减少玻璃的损耗。

(2)一般安装顺序应先安外门窗，后安内门窗；先安西北面，后安东南面。如劳动力允许，也可同时进行安装。

(3)玻璃安装前应清理裁口。先在玻璃底面与裁口之间，沿裁口的全长均匀涂抹1～3 mm厚的底油灰，接着把玻璃推铺平整、压实，然后收净底灰。

(4)玻璃推平、压实后，四边分别钉上钉子，钉子的间距为150～200 mm，每边应不少于2个钉子，钉完后用手轻敲玻璃，响声坚实，说明玻璃安装平实；如果响声啪啦，说明油灰不严，要重新取下玻璃，铺实底油灰后，再推压挤平，然后用油灰填实，将灰边压平压光；如采用木压条固定，应先涂一遍干性油，并不得将玻璃压得过紧。

(5)钢门窗安装玻璃，应用钢丝卡固定，钢丝卡间距不得大于300 mm，且每边不得少于2个，并用油灰填实抹光；如果采用橡皮垫，应先将橡皮垫嵌入裁口内，并用压条和螺钉加以固定。

(6)安装斜天窗的玻璃，如设计无要求时，应采用夹丝玻璃，并应顺流水方向盖叠安装。盖叠搭接的长度应视天窗的坡度而定，当坡度为1/4或大于1/4时，不小于30 mm；坡度小于1/4时，不小于50 mm，盖叠处应用钢丝卡固定，并在缝隙中用密封膏嵌填密实；如采用平板玻璃时，要在玻璃下面加设一层镀锌铅丝网。

(7)安装彩色玻璃和压花玻璃，应按照设计图案仔细裁割，拼缝必须吻合，不允许出现错位松动和斜曲等缺陷。

(8)阳台、楼梯间或楼梯栏板等围护结构安装钢化玻璃时，应按设计要求用卡紧螺钉或压条镶嵌固定；在玻璃与金属框格相连接处，应衬垫橡皮条或塑料垫。

(9)安装压花玻璃或磨砂玻璃时，压花玻璃的花面应向外，磨砂玻璃的磨砂面应向室内。

(10)安装玻璃隔断时，隔断上柜的顶面应有适量缝隙，以防止结构变形，将玻璃挤压损坏。

(11)固定扇玻璃安装，应先用扁铲将木压条撬出，同时退出压条上小钉子，并将裁口处抹上底油灰，把玻璃推铺平整，然后嵌好四边木压条将钉子钉牢，将底灰修好、刮净。

(12)安装中空玻璃及面积大于 0.65 m² 的玻璃时，安装于竖框中玻璃，应放在两块定位垫块上，定位垫块距玻璃垂直边缘的距离宜为玻璃宽的 1/4，且不宜小于 150 mm；安装于窗中玻璃，按开启方向确定定位垫块位置，定位垫块宽度应大于玻璃的厚度，长度不宜小于 25 mm，并应符合设计要求。

(13)铝合金框扇玻璃安装时，玻璃就位后，其边缘不得与框扇及其连接件相接触，所留间隙应符合有关标准的规定。所用材料不得影响泄水孔；密封膏封贴缝口，封贴的宽度及深度应符合设计要求，必须密实、平整、光洁。

(14)玻璃安装后，应进行清理，将油灰、钉子、钢丝卡及木压条等随手清理干净，关好门窗。

(15)冬期施工应在已安装好玻璃的室内作业，温度应在正温度以上；存放玻璃的库房与作业面温度不能相差过大，玻璃如从过冷或过热的环境中运入操作地点，应待玻璃温度与室内温度相近后再行安装；如条件允许，要将预先裁割好的玻璃提前运入作业地点。外墙铝合金框、扇玻璃不宜冬期安装。

6.5.3　成品保护措施

(1)凡已经安装完门窗玻璃的栋号，必须派专人看管维护，每日应按时开关门窗，风天更应注意，以减少玻璃的损坏。

(2)门窗玻璃安装后，应随手挂好风钩或插上插销，防止刮风损坏玻璃，并将多余的破碎玻璃及时送库或清理干净。

(3)对于面积较大、造价昂贵的玻璃，宜在栋号交验之前安装，如需要提前安装时，应采取妥善的保护措施，防止损伤玻璃而造成损失。

(4)玻璃安装时，操作人员要加强对窗台及门窗口抹灰等项目的成品保护。

6.5.4　质量通病

(1)钢化玻璃栏板安装不久发生自爆现象。

(2)淋浴房止水带安装玻璃未开槽，只在顶面石膏板开槽。

(3)金属锁施工不规范：玻璃无框门地面金属锁孔装饰件出现歪斜、松动、脱落或安装后高于地坪，造成门锁后晃动或难以锁牢等现象。

(4)淋浴房玻璃门合页固定不牢。

(5)玻璃墙面的下口有压损现象。

(6)玻璃隔断(如固定玻璃窗、淋浴房等)，玻璃与石材、木饰面不同材质的收口处，透过玻璃可见石材侧面及基层，或采用打玻璃胶的方式。

（7）地面石材与幕墙玻璃收口直接碰撞，后期采用打胶收口，观感不佳。

6.5.5　安全环保措施

（1）搬运玻璃的工人应戴手套，用厚纸或布垫住玻璃边棱，避免划伤手。玻璃应装夹立放靠紧，不得平放。不得逆风搬运大面积玻璃。大玻璃搬运时，必须有专用包装箱包扎，防止运输中损坏。

（2）玻璃安装工应经专业安全培训考核后发证，持证上岗。

（3）进入施工现场应戴安全帽。高空作业应系安全带。安装时严禁穿短裤、拖鞋（凉鞋）和高跟鞋。

（4）外墙窗扇安装玻璃时，不得上下两层同一垂直面上作业，以防玻璃脱落或工具掉下伤人。

（5）安装外窗玻璃时，玻璃不准放在外架子上。高处安装玻璃时，应将玻璃放置平稳，垂直下方禁止通行。

（6）使用吸盘机安装玻璃时，必须专人操作，并预先检查吸附重量和吸附时间。玻璃周边应用机械倒角、磨光。玻璃表面应擦洗干净，不允许表面黏附泥土、污物。否则易使吸盘漏气，造成安全事故。停电时应及时用手动阀将玻璃放回支架。

（7）玻璃未安装牢固前，不得中途停工或休息，安装牢固后立即挂牢风钩并插好插销。

（8）安装隔墙或门玻璃时，架梯跳板不得搭在门窗框、扇或玻璃框上操作。

（9）在陡坡屋面和天窗上安装玻璃时，应挂设斜梯并固定牢固后才能操作。

⟫⟫ 学习单元6.6　门窗工程施工质量验收标准

6.6.1　一般规定

（1）门窗工程验收时应检查以下文件和记录：

1）门窗工程的施工图、设计说明及其他设计文件。

2）材料的产品合格证书、性能检测报告、进场验收记录和复验报告。

3）特种门及其附件的生产许可文件。

4）隐蔽工程验收记录。

5）施工记录。

（2）门窗工程应对下列材料及其性能指标进行复验：

1）人造木板的甲醛含量。

2）建筑外墙金属窗、塑料窗的抗风压性能、空气渗透性能和雨水渗漏性能。

（3）门窗工程应对下列隐蔽工程项目进行验收：

1）预埋件和锚固件。

2）隐蔽部位的防腐、填嵌处理。

（4）各分项工程的检验批应按下列规定划分：

1）同一品种、类型和规格的木门窗、金属门窗、塑料门窗及门窗玻璃每100樘应划分为一个检验批，不足100樘也应划分为一个检验批。

2）同一品种、类型和规格的特种门每50樘应划分为一个检验批，不足50樘也应划分为一个检验批。

(5)检查数量应符合下列规定：

1)木门窗、金属门窗、塑料门窗及门窗玻璃，每个检验批应至少抽查5%，并不得少于3樘，不足3樘时应全数检查；高层建筑的外窗，每个检验批应至少抽查10%，并不得少于6樘，不足6樘时应全数检查。

2)特种门每个检验批应至少抽查50%，并不得少于10樘，不足10樘时应全数检查。

(6)门窗安装前，应对门窗洞口尺寸进行检验。

(7)金属门窗和塑料门窗安装应采用预留洞口的方法施工。不得采用边安装边砌口或先安装后砌口的方法施工。

(8)木门窗与砖石砌体、混凝土或抹灰层接触处应进行防腐处理并应设置防潮层；埋入砌体或混凝土中的木砖应进行防腐处理。

(9)当金属窗或塑料窗组合时，其拼樘料的尺寸、规格、壁厚应符合设计要求。

(10)建筑外门窗的安装必须牢固。在砌体上安装门窗严禁用射钉固定。

(11)特种门安装除应符合设计要求和相关规范规定外，还应符合有关专业标准和主管部门的规定。

6.6.2　木门窗制作与安装工程

1. 主控项目

(1)木门窗的木材品种、材质等级、规格、尺寸、框扇的线型及人造木板的甲醛含量应符合设计要求。设计未规定材质等级时，所用木材的质量应符合规范规定。

检验方法：观察；检查材料进场验收记录和复验报告。

(2)木门窗应采用烘干的木材，含水率应符合相关规范的规定。

检验方法：检查材料进场验收记录。

(3)木门窗的防火、防腐、防虫处理应符合设计要求。

检验方法：观察；检查材料进场验收记录。

(4)木门窗的结合处和安装配件处不得有木节或已填补的木节。木门窗如有允许限值以内的死节及直径较大的虫眼时，应用同一材质的木塞加胶填补。对于清漆制品，木塞的木纹和色泽应与制品一致。

检验方法：观察。

(5)门窗框和厚度大于5.0 mm的门窗扇应采用胶料严密嵌合，并应用胶楔加紧。

检验方法：观察；手扳检查。

(6)胶合板门、纤维板门和模压门不得脱胶。胶合板不得刨透表层单板，不得有戗槎。制作胶合板门、纤维板门时，边框和横棱应在同一平面上，面层、边框及横楞应加压胶结。横楞和上、下冒头应各钻两个以上的透气孔，透气孔应通畅。

检验方法：观察。

(7)木门窗的品种、类型、规格、开启方向、安装位置及连接方式应符合设计要求。

检验方法：观察；尺量检查；检查成品门的产品合格证书。

(8)木门窗框的安装必须牢固。预埋木砖的防腐处理，木门窗框固定点的数量、位置及固定方法应符合设计要求。

检验方法：观察；手扳检查；检查隐蔽工程验收记录和施工记录。

(9)木门窗扇必须安装牢固，并应开关灵活，关闭严密，无倒翘。

检验方法：观察；开启和关闭检查；手扳检查。

(10)木门窗配件的型号、规格、数量应符合设计要求，安装应牢固，位置应正确，功能应满足使用要求。

检验方法：观察；开启和关闭检查；手扳检查。

2. 一般项目

(1)木门窗表面应洁净，不得有刨痕、锤印。

检验方法：观察。

(2)木门窗的割角、拼缝应严密平整。门窗框、扇裁口应顺直，刨面应平整。

检验方法：观察。

(3)木门窗上的槽、孔应边缘整齐，无毛刺。

检验方法：观察。

(4)木门窗与墙体间缝隙的填嵌材料应符合设计要求，填嵌应饱满。寒冷地区外门窗(或门窗框)与砌体间的空隙应填充保温材料。

检验方法：轻敲门窗框检查；检查隐蔽工程验收记录和施工记录。

(5)木门窗批水、盖口条、压缝条、密封条的安装应顺直，与门窗结合应牢固、严密。

检验方法：观察；手扳检查。

(6)木门窗制作的允许偏差和检验方法应符合表6-6的规定。

表6-6 木门窗制作的允许偏差和检验方法

项次	项 目	构件名称	允许偏差/mm 普通	允许偏差/mm 高级	检验方法
1	翘曲	框	3	2	将框、扇平放在检查平台上，用塞尺检查
		扇	2	2	
2	对角线长度差	框、扇	3	2	用钢尺检查，框量裁口里角，扇量外角
3	表面平整度	扇	2	2	用1m靠尺和塞尺检查
4	高度、宽度	框	0；−2	0；−1	用钢尺检查，框量裁口里角，扇量外角
		扇	+2；0	+1；0	
5	裁口、线条结合处高低差	框、扇	1	0.5	用钢直尺和塞尺检查
6	相邻棂子网端间距	扇	2	1	用钢直尺检查

(7)木门窗安装的留缝限值、允许偏差和检验方法应符合表6-7的规定。

表6-7 木门窗安装的留缝限值、允许偏差和检验方法

项次	项目	留缝限值/mm 普通	留缝限值/mm 高级	允许偏差/mm 普通	允许偏差/mm 高级	检验方法
1	门窗槽口对角线长度差			3	2	用钢尺检查
2	门窗框的正、侧面垂直度			2	1	用1m垂直检测尺检查
3	框与扇、扇与扇接缝高低差			2	1	用钢直尺和塞尺检查

项次	项目		留缝限值/mm		允许偏差/mm		检验方法
			普通	高级	普通	高级	
4	门窗扇对口缝		1~2.5	1.5~2			用塞尺检查
5	工业厂房双扇大门对口缝		2~5				
6	门窗扇与上框间留缝		1~2	1~1.5			
7	门窗扇与侧框间留缝		1~2.5	1~1.5			
8	窗扇与下框间留缝		2~3	2~2.5			
9	门扇与下框间留缝		3~6.6	3~4			
10	双层门窗内外框间距				4	3	用钢尺检查
11	无下框时门扇与地面间留缝	外门	4~7	5~6			用塞尺检查
		内门	5~8	6~7			
		卫生间门	8~12	8~10			
		厂房大门	10~20				

6.6.3　金属门窗安装工程

1. 主控项目

(1)金属门窗的品种、类型、规格、尺寸、性能、开启方向、安装位置、连接方式及铝合金门窗的型材壁厚应符合设计要求。金属门窗的防腐处理及填嵌、密封处理应符合设计要求。

检验方法：观察；尺量检查；检查产品合格证书、性能检测报告、进场验收记录和复验报告；检查隐蔽工程验收记录。

(2)金属门窗框和副框的安装必须牢固。预埋件的数量、位置、埋设方式、与框的连接方式必须符合设计要求。

检验方法：手扳检查；检查隐蔽工程验收记录。

(3)金属门窗扇必须安装牢固，并应开关灵活、关闭严密，无倒翘。推拉门窗扇必须有防脱落措施。

检验方法：观察；开启和关闭检查；手扳检查。

(4)金属门窗配件的型号、规格、数量应符合设计要求，安装应牢固，位置应正确，功能应满足使用要求。

检验方法：观察；开启和关闭检查；手扳检查。

2. 一般项目

(1)金属门窗表面应洁净、平整、光滑、色泽一致，无锈蚀。大面应无划痕、碰伤。漆膜或保护层应连续。

检验方法：观察。

(2)铝合金门窗推拉门窗扇开关力应不大于100 N。

检验方法：用弹簧秤检查。

(3)金属门窗框与墙体之间的缝隙应填嵌饱满，并采用密封胶密封。密封胶表面应光滑、顺直，无裂纹。

检验方法：观察；轻敲门窗框检查；检查隐蔽工程验收记录。

(4)金属门窗扇的橡胶密封条或毛毡密封条应安装完好，不得脱槽。

检验方法：观察；开启和关闭检查。

(5)有排水孔的金属门窗，排水孔应畅通，位置和数量应符合设计要求。

检验方法：观察。

(6)钢门窗安装的留缝限值、允许偏差和检验方法应符合表6-8的规定。

表6-8　钢门窗安装的留缝限值、允许偏差和检验方法

项次	项目		留缝限值/mm	允许偏差/mm	检验方法
1	门窗槽口宽度、高度	≤1 500 mm		2.5	用钢尺检查
		>1 500 mm		3.5	
2	门窗槽口对角线长度差	≤2 000 mm		5	用钢尺检查
		>2 000 mm		6	
3	门窗框的正、侧面垂直度			3	用1 m垂直检测尺检查
4	门窗横框的水平度			3	用1 m水平尺和塞尺检查
5	门窗横框标高			5	用钢尺检查
6	门窗竖向偏离中心			4	用钢尺检查
7	双层门窗内外框间距			5	用钢尺检查
8	门窗框、扇配合间隙		≤2		用塞尺检查
9	无下框时门扇与地面间留缝		4~8		用塞尺检查

(7)铝合金门窗安装的允许偏差和检验方法应符合表6-9的规定。

表6-9　铝合金门窗安装的允许偏差和检验方法

项次	项目		允许偏差/mm	检验方法
1	门窗槽口宽度、高度	≤1 500 mm	1.5	用钢尺检查
		>1 500 mm	2	
2	门窗槽口对角线长度差	≤2 000 mm	3	用钢尺检查
		>2 000 mm	4	
3	门窗框的正、侧面垂直度		2.5	用垂直检测尺检查
4	门窗横框的水平度		2	用1 m水平尺和塞尺检查
5	门窗横框标高		5	用钢尺检查
6	门窗竖向偏离中心		5	用钢尺检查
7	双层门窗内外框间距		4	用钢尺检查
8	推拉门窗扇与框搭接量		1.5	用钢直尺检查

(8)涂色镀锌钢板门窗安装的允许偏差和检验方法应符合表6-10的规定。

表6-10　涂色镀锌钢板门窗安装的允许偏差和检验方法

项次	项目		允许偏差/mm	检验方法
1	门窗槽口宽度、高度	≤1 500 mm	2	用钢尺检查
		>1 500 mm	3	

项次	项目		允许偏差/mm	检验方法
2	门窗槽口对角线长度差	≤2 000 mm	4	用钢尺检查
		>2 000 mm	5	
3	门窗框的正、侧面垂直度		3	用垂直检测尺检查
4	门窗横框的水平度		3	用 1 m 水平尺和塞尺检查
5	门窗横框标高		5	用钢尺检查
6	门窗竖向偏离中心		5	用钢尺检查
7	双层门窗内外框间距		4	用钢尺检查
8	推拉门窗扇与框搭接量		2	用钢直尺检查

6.6.4 塑料门窗安装工程

1. 主控项目

(1)塑料门窗的品种、类型、规格、尺寸、开启方向、安装位置、连接方式及填嵌密封处理应符合设计要求,内衬增强型钢的壁厚及设置应符合国家现行产品标准的质量要求。

检验方法:观察;尺量检查;检查产品合格证书、性能检测报告、进场验收记录和复验报告;检查隐蔽工程验收记录。

(2)塑料门窗框、副框和扇的安装必须牢固。固定片或膨胀螺栓的数量与位置应正确,连接方式应符合设计要求。固定点应距窗角、中横框、中竖框 150~200 mm,固定点间距应不大于 600 mm。

检验方法:观察;手扳检查;检查隐蔽工程验收记录。

(3)塑料门窗拼樘料内衬增强型钢的规格、壁厚必须符合设计要求,型钢应与型材内腔紧密吻合,其两端必须与洞口固定牢固。窗框必须与拼樘料连接紧密,固定点间距应不大于600 mm。

检验方法:观察;手扳检查;尺量检查;检查进场验收记录。

(4)塑料门窗扇应开关灵活、关闭严密,无倒翘。推拉门窗扇必须有防脱落措施。

检验方法:观察;开启和关闭检查;手扳检查。

(5)塑料门窗配件的型号、规格、数量应符合设计要求,安装应牢固,位置应正确,功能应满足使用要求。

检验方法:观察;手扳检查;尺量检查。

(6)塑料门窗框与墙体间缝隙应采用闭孔弹性材料填嵌饱满,表面应采用密封胶密封。密封胶应粘结牢固,表面应光滑、顺直、无裂纹。

检验方法:观察;检查隐蔽工程验收记录。

2. 一般项目

(1)塑料门窗表面应洁净、平整、光滑,大面应无划痕、碰伤。

检验方法:观察。

(2)塑料门窗扇的密封条不得脱槽。旋转窗间隙应基本均匀。

检验方法:观察。

(3)塑料门窗扇的开关力应符合下列规定:

1)平开门窗扇平铰链的开关力应不大于 80 N;滑撑铰链的开关力应不大于 80 N,且不小于 30 N。

2)推拉门窗扇的开关力应不大于 100 N。

检验方法：观察；用弹簧秤检查。

(4)玻璃密封条与玻璃及玻璃槽口的接缝应平整，不得卷边、脱槽。

检验方法：观察。

(5)排水孔应畅通，位置和数量应符合设计要求。

检验方法：观察。

(6)塑料门窗安装的允许偏差和检验方法应符合表 6-11 的规定。

表 6-11　塑料门窗安装的允许偏差和检验方法

项次	项目		允许偏差/mm	检验方法
1	门窗槽口宽度、高度	≤1 500 mm	2	用钢尺检查
		>1 500 mm	3	
2	门窗槽口对角线长度差	≤2 000 mm	3	用钢尺检查
		>2 000 mm	5	
3	门窗框的正、侧面垂直度		3	用 1 m 垂直检测尺检查
4	门窗横框的水平度		3	用 1 m 水平尺和塞尺检查
5	门窗横框标高		5	用钢尺检查
6	门窗竖向偏离中心		5	用钢直尺检查
7	双层门窗内外框间距		4	用钢尺检查
8	同樘平开门窗相邻扇高度差		2	用钢直尺检查
9	平开门窗铰链部位配合间隙		+2；−1	用塞尺检查
10	推拉门窗扇与框搭接量		+1.5；−2.5	用钢直尺检查
11	推拉门窗扇与竖框平行度		2	用 1 m 水平尺和塞尺检查

6.6.5　特种门安装工程

1. 主控项目

(1)特种门的质量和各项性能应符合设计要求。

检验方法：检查生产许可证、产品合格证书和性能检测报告。

(2)特种门的品种、类型、规格、尺寸、开启方向、安装位置及防腐处理应符合设计要求。

检验方法：观察；尺量检查；检查进场验收记录和隐蔽工程验收记录。

(3)带有机械装置、自动装置或智能化装置的特种门，其机械装置、自动装置或智能化装置的功能应符合设计要求和有关标准的规定。

检验方法：启动机械装置、自动装置或智能化装置，观察。

(4)特种门的安装必须牢固。预埋件的数量、位置、埋设方式、与框的连接方式必须符合设计要求。

检验方法：观察；手扳检查；检查隐蔽工程验收记录。

(5)特种门的配件应齐全，位置应正确，安装应牢固，功能应满足使用要求和特种门的各项性能要求。

检验方法：观察；手扳检查；检查产品合格证书、性能检测报告和进场验收记录。

2. 一般项目

(1)特种门的表面装饰应符合设计要求。

检验方法：观察。

(2)特种门的表面应洁净，无划痕、碰伤。

检验方法：观察。

(3)推拉自动门安装的留缝限值、允许偏差和检验方法应符合表6-12的规定。

表6-12　推拉自动门安装的留缝限值、允许偏差和检验方法

项次	项目		留缝限值/mm	允许偏差/mm	检验方法
1	门槽口宽度、高度	≤1 500 mm		1.5	用钢尺检查
		>1 500 mm		2	
2	门槽口对角线长度差	≤2 000 mm		2	用钢尺检查
		>2 000 mm		2.5	
3	门框的正、侧面垂直度			1	用1 m垂直检测尺检查
4	门构件装配间隙			0.3	用塞尺检查
5	门梁导轨水平度			1	用1 m水平尺和塞尺检查
6	下导轨与门梁导轨平行度			1.5	用钢尺检查
7	门扇与侧框间留缝		1.2～1.8		用塞尺检查
8	门扇对口缝		1.2～1.8		用塞尺检查

(4)推拉自动门的感应时间限值和检验方法应符合表6-13的规定。

表6-13　推拉自动门的感应时间限值和检验方法

项次	项目	感应时间限值/s	检验方法
1	开门响应时间	≤0.5	用秒表检查
2	堵门保护延时	16～20	用秒表检查
3	门扇全开启后保持时间	13～17	用秒表检查

(5)旋转门安装的允许偏差和检验方法应符合表6-14的规定。

表6-14　旋转门安装的允许偏差和检验方法

项次	项目	允许偏差/mm		检验方法
		金属框架玻璃旋转门	木质旋转门	
1	门扇正、侧面垂直度	1.5	1.5	用1 m垂直检测尺检查
2	门扇对角线长度差	1.5	1.5	用钢尺检查
3	相邻扇高度差	1	1	用钢尺检查
4	扇与圆弧边留缝	1.5	2	用塞尺检查
5	扇与上顶间留缝	2	2.5	用塞尺检查
6	扇与地面间留缝	2	2.5	用塞尺检查

6.6.6 门窗玻璃安装工程

1. 主控项目

(1)玻璃的品种、规格、尺寸、色彩、图案和涂膜朝向应符合设计要求。单块玻璃大于 1.5 m² 时应使用安全玻璃。

检验方法：观察；检查产品合格证书、性能检测报告和进场验收记录。

(2)门窗玻璃裁割尺寸应正确。安装后的玻璃应牢固，不得有裂纹、损伤和松动。

检验方法：观察；轻敲检查。

(3)玻璃的安装方法应符合设计要求。固定玻璃的钉子或钢丝卡的数量、规格应保证玻璃安装牢固。

检验方法：观察；检查施工记录。

(4)镶钉木压条接触玻璃处，应与裁口边缘平齐。木压条应互相紧密连接，并与裁口边缘紧贴，割角应整齐。

检验方法：观察。

(5)密封条与玻璃、玻璃槽口的接触应紧密、平整。密封胶与玻璃、玻璃槽口的边缘应粘结牢固、接缝平齐。

检验方法：观察。

(6)带密封条的玻璃压条，其密封条必须与玻璃全部贴紧，压条与型材之间应无明显缝隙，压条接缝应不大于 0.5 mm。

检验方法：观察；尺量检查。

2. 一般项目

(1)玻璃表面应洁净，不得有腻子、密封胶、涂料等污渍。中空玻璃内外表面均应洁净，玻璃中空层内不得有灰尘和水蒸气。

检验方法：观察。

(2)门窗玻璃不应直接接触型材。单面镀膜玻璃的镀膜层及磨砂玻璃的磨砂面应朝向室内。中空玻璃的单面镀膜玻璃应在最外层，镀膜层应朝向室内。

检验方法：观察。

(3)腻子应填抹饱满、粘结牢固；腻子边缘与裁口应平齐。固定玻璃的卡子不应在腻子表面显露。

检验方法：观察。

思考题

1. 门窗框、门窗扇毛料的加工余量有何要求？

2. 镀锌钢板门窗根据其构造不同，可分为哪几种类型？

3. 塑料门窗安装时，常用的固定窗框的方法有哪几种？各如何操作？

4. 如何处理塑料窗框与建筑墙体之间的间隙？

5. 如何安装铝合金门窗玻璃？

6. 已安装好的门窗玻璃，应如何进行成品保护？

7. 混凝土基层抹灰时，应怎样处理门、窗框？

8. 铝合金门窗的性能有哪些？

9. 铝合金门窗洞口的允许偏差是怎样规定的?

实训题

实训地点： 装修现场。

实训目的： 通过参观实训，掌握安装门窗工程的材料和工艺及施工验收方法。

实训内容： 铝合金门窗的安装施工。

实训要求：

(1)分组实训，每组 6 人左右。

(2)实训完毕要求每人写一份实训报告，内容为：铝合金门窗安装的工艺流程及注意事项；实训的收获及体会。

学习情境 7
细部工程施工

任务目标

1. 能够对室内橱柜和吊柜、门窗套、木制窗帘盒、护栏和扶手、花饰等细部工程的制作与安装过程有一个全面的认识。

2. 学会为达到施工质量要求正确选择材料和组织施工的方法，培养解决现场施工常见工程质量问题的能力。

3. 在掌握制作与安装工艺的基础上，领会工程质量验收标准。

学习单元 7.1　橱柜制作与安装

现代家庭居室的室内装饰更注重适用、高效、美观。在住宅室内功能区域划分过程中，橱柜的优势就在于划分空间、利用空间，为厨房空间带来活力，又给主人带来方便。在现代家庭居室室内空间的规划布置中，对厨房间的吊柜、壁柜、台柜越来越强调采用工厂化制品及按图设计施工，因此，如何按厨房操作流程装饰厨房间台柜也十分重要。

从柜形分类，橱柜分为吊柜、地柜、特殊柜三大类，其功能包括洗涤、料理、烹饪、存储。

吊柜以存储为主，还经常会出现一些装饰柜，比如玻璃门柜、酒柜、吊柜端头和圆头层板柜等。

地柜也有存贮功能，同时地柜中洗涤柜、料理柜和灶柜是必选件，洗涤柜、灶柜在料理柜左右，灶柜上面正对着烟机柜。

特殊柜用来解决厨房特殊问题。

橱柜台面有花岗石台顶面、不锈钢台面、耐火板台面、高分子人造石板、人造玉石台面，台面材料是橱柜的重要组成部分。

7.1.1　施工准备

(1)技术准备：熟悉施工图纸，做好施工准备。

(2)材料准备：

1)木方料：木方料是用于制作骨架的基本材料，应选用木质较好、无腐朽、不潮湿、无扭曲变形的合格材料，含水率不大于12%。

2)胶合板：胶合板应选择不潮湿并无脱胶开裂的板材；饰面胶合板应选择木纹流畅、色泽纹理一致、无疤痕、无脱胶空鼓的板材。

3)配件：根据家具的连接方式选择五金配件，如拉手、铰链、镶边条等。并按家具的造型与色彩选择五金配件，以适应各种彩色的家具使用。

4)元钉、木螺钉、白乳胶、木胶粉、玻璃等。

(3)主要机具准备：

1)机具：电焊机、手电钻、冲击钻等。

2)主要工具：大刨、二刨、小刨、裁口刨、木锯、斧子、扁铲、螺钉旋具、钢水平尺、凿子、钢锉、钢尺等。

(4)作业条件准备：

1)细木工程基层的隐蔽工程已经验收。

2)结构工程和有关壁柜、吊柜的构造连体已具备安装壁柜和吊柜的条件，室内已有标高水平线。

3)壁柜框、扇进场后及时将加工品靠墙、贴地，顶面应涂刷防腐涂料，其他各面应涂刷底油一道，然后分类码放。加工品码放底层要垫平、保持通风，一般不应露天存放。

4)壁柜、吊柜的框和扇，在安装前应检查有无窜角、翘曲、弯曲、劈裂，如有以上缺陷，应修理合格后，再进行拼装。吊柜钢骨架应检查规格，有变形的应修正合格后进行安装。

5)壁柜、吊柜的框安装应在抹灰前进行，扇的安装应在抹灰后进行。

7.1.2 施工工艺流程

橱柜制作和安装有两种形式：一是按设计造型和规格尺寸，由生产厂家制作安装，施工现场只按设计规格的位置和标高，测设固定位置和安装标高；二是施工现场制作和安装。下面介绍现场制作和安装施工工艺。

工艺流程：橱柜制作→定位放线→框、架安装→壁柜、隔板支点安装→壁(吊)柜扇安装→合页安装→对开扇安装→五金安装。

7.1.3 操作要点

1. 橱柜制作

橱柜按设计图纸的尺寸、规格和形状制作。

制作木框架时，整体立面应垂直、平面应水平，框架交接处应用榫连接，并应涂刷木工乳胶。板式结构的固定橱柜应用连接件连接。

侧面、底板、面板应用扁头钉与框架固定牢固，钉帽应做防腐处理。板表面应抛光，便于除污。抽屉应采用燕尾榫连接，安装时应配抽屉滑轨。

2. 定位放线

抹灰前利用室内统一标高线，根据设计施工图要求的壁柜、吊柜标高及上下口高度，考虑抹灰厚度的关系，确定相应的位置。

3. 框、架安装

壁柜、吊柜的框和架安装应在室内抹灰前进行，框、架安装在正确位置后，两侧框每个固定件钉两个钉子与墙体木砖钉固，钉帽不得外露。若隔断墙为加气混凝土或轻质隔板墙时，应按设计要求的构造固定。如设计无要求时可预钻 $\phi 5$ mm 孔，深 $70\sim100$ mm，并事先在孔内预埋木楔粘胶水泥浆，打入孔内粘牢固后再安装固定柜。

采用钢柜时，需在安装洞口固定框的位置预埋铁件，进行框件的焊固。在柜、架固定时，应先校正、套方、吊直、核对标高位置准确无误后再进行固定。

4. 壁柜、隔板支点安装

按施工图隔板标高位置及要求的支点构造安设支点条(架)，木隔板的支点，一般是将支点木条钉在墙体木砖上，混凝土隔板一般为U形铁件或设置角钢支架。

5. 壁(吊)柜扇安装

(1)按扇的安装位置确定五金型号，对开扇裁口方向，一般应以开启方向的右扇为盖口扇。

(2)检查框口尺寸：框口高度应量上口两端；框口宽度应量两侧框间上、中、下三点，并在扇的相应部位定点画线。

(3)根据画线进行柜扇第一次修刨，使框、扇留缝合适，试装并画第二次刨线，同时画出框、扇合页槽位置，注意画线时避开上下冒头。

6. 合页安装

根据标画的合页位置，用扁铲凿出合页边线，即可剔合页槽。

安装时应将合页先压入扇的合页槽内，找正拧好，固定螺钉。试装时，修合页槽的深度，调整框、扇缝隙，框上每只合页先拧一个螺钉，然后关闭，检查框与扇平整、无缺陷，符合要求后将全部螺钉安上拧紧、拧平。

木螺钉应钉入全长的1/3，拧入2/3，如框、扇为黄花松或其他硬木时，合页安装螺钉应画位打眼，孔径为木螺钉的0.9倍直径，眼深为螺钉的2/3长度。

7. 对开扇安装

先将框、扇尺寸量好，确定中间对口缝、裁口深度，画线后进行刨槽，试装合适时，先装左扇，后装盖扇。

橱柜的拼装配料如图7-1所示。

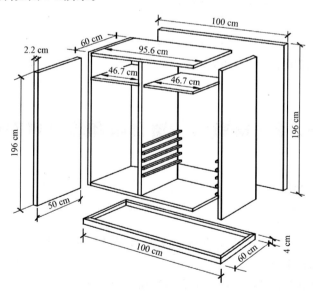

图 7-1　橱柜的拼装配料

8. 五金安装

五金的品种、规格、数量按设计要求安装，安装时注意位置的选择，无具体尺寸时操作应按技术交底进行。一般应先安装样板，经确认后再大面积安装。

7.1.4 成品保护措施

(1)木制品进场前应涂刷底油一道，靠墙面应刷防腐剂。钢制品应刷防锈漆，入库存放。

(2)安装壁柜、吊柜时，严禁碰撞抹灰及其他装饰面的口角，防止损坏产品面层。

(3)安装好的壁橱隔板，不得拆改，保护产品完整。

7.1.5 常见质量问题及预防措施

(1)抹灰面与框不平，造成贴脸板、压缝条不平：主要是因框不垂直面层平整度不一致或抹灰面不垂直。

(2)橱柜安装不牢：预埋木砖安装固定不牢、固定点少。用钉固定时，要数量够，木砖埋牢固。

(3)合页不平，螺钉松动，螺母不平正，缺螺钉：主要原因是合页槽深浅不一，安装时螺钉打入太长。操作时螺钉打入长度1/3，拧入应2/3，不得倾斜。

(4)橱柜与洞口尺寸误差太大，造成边框与侧墙、顶与上框间缝隙过大。应注意结构施工留洞尺寸，严格检查确保洞口尺寸。

7.1.6 安全环保措施

(1)木工机械由专人负责，不得随便动用。操作人员必须要熟悉机械性能，熟悉操作规程，用完后应切断电源并将电源箱关门上锁。

(2)使用电钻应戴绝缘手套，不用时及时切断电源。

(3)操作前，先检查工具。斧、锤、凿等易掉头断把的工具，应经检查后再使用。

(4)砍斧、打眼不得面对面操作，如并排操作时，应错位1.2 m以上的间距，以防锤、斧伤人。

(5)操作时应将工具放入工具袋，斧、锤等工具不能别在腰上工作。

(6)操作地点严禁吸烟，注意防火。

》》学习单元7.2 窗帘盒、窗帘板和暖气罩制作与安装

7.2.1 施工准备

1. 技术准备

窗帘盒、窗帘板和暖气罩的位置与尺寸与施工图纸相符，按照施工要求做好技术交底。

2. 材料和构配件准备

(1)窗台板根据制作材料的不同一般有木制窗台板、水泥窗台板、水磨石窗台板、天然石料窗台板和金属窗台板等。

(2)窗台板、暖气罩制作材料的品种、材质、颜色应按设计选用，木制品应经烘干，控制含水率在7.6%以下，并做好防腐处理，不允许有扭曲变形。

(3)安装固定一般用角钢或扁钢做托架或挂架；窗台板一般直接装在窗下，用砂浆或细

石混凝土稳固。

3. 主要机具准备

(1)机具：电焊机、电动锯石机、手电钻。

(2)工具：大刨子、小刨子、小锯、锤子、割角尺、橡皮锤、靠尺板、20 号铅丝和小线、铁水平尺、盒尺、螺钉旋具。

4. 作业条件准备

(1)安装窗台板的窗下墙，在结构施工时应根据选用窗台板的品种，预埋木砖或铁件。

(2)窗台板长超过 1 500 mm 时，除靠窗口两端下木砖或铁件外，中间应每 500 mm 间距增埋木砖或铁件；跨空窗台板应按设计要求的构造设固定支架。

(3)安装窗台板、暖气罩应在窗框安装后进行。窗台板与暖气罩连体的，应在墙、地面装修层完成后进行。

7.2.2 施工工艺流程及操作要求

1. 木窗帘盒

(1)木窗帘盒制作。

1)制作时，先根据施工图或标准图的要求，进行选料、配料，先加工成半成品，再细致加工成型。

2)加工时，一般先将木料用大刨刨得平直、光滑，再用线刨顺着木纹起线，线条要光滑顺直，深浅一致，线型要清秀。

3)根据图纸进行组装。组装时，先抹胶，再用钉钉牢，将溢胶及时擦净，不得有明榫，不得露钉帽。

(2)木窗帘盒安装。木窗帘盒安装的标高应根据室内施工用的水平线量取，当同一墙面上有几个窗帘盒时，应拉通线进行安装，以使高度一致。窗帘盒的中线应对准窗洞中线，并使两端伸出洞口长度相同，两端高度应用水平尺检查。采用膨胀螺栓或木楔配木螺钉的固定法固定窗帘盒，窗帘盒靠墙部位应与墙面紧贴，无缝隙。

木窗帘盒分为明窗帘盒(单体窗帘盒)和暗窗帘盒两种。明窗帘盒贴墙明露，常设单轨、双轨两种，有三种做法，如图 7-2 所示。

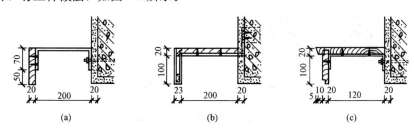

图 7-2 明设窗帘盒的三种做法
(a)上面不盖板；(b)侧面用胶合板；(c)顶、侧是板

1)明窗帘盒的安装：定位画线→打孔→固定窗帘盒。

①定位画线：将窗帘盒的具体位置画在墙上，用木螺钉把两个铁脚固定在窗帘盒顶面的两端，按窗帘盒的定位位置和铁脚的距离，画出墙面固定铁脚的位置。

②打孔：用冲击钻在墙面画线位置打孔。

③固定窗帘盒：常用的方法是膨胀螺栓和木楔配木螺钉固定法。

一般情况下，塑料窗帘盒、铝合金窗帘盒都自己有固定耳，可通过固定耳将窗帘盒用膨胀螺栓或木螺钉固定于墙面。

2)暗窗帘盒的安装：一面贴墙；一面和室内吊顶交接，顶板用木螺钉固定于木搁栅上。暗设窗帘盒的三种做法如图7-3所示。

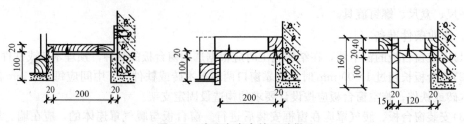

图7-3 暗设窗帘盒的三种做法

暗窗帘盒的安装流程：定位→固定角铁→固定窗帘盒。

暗装形式的窗帘盒，是当吊顶低于窗口时，吊顶在窗洞处留出凹槽，窗帘盒与吊顶部分结合在一起。常见的有内藏式和外接式。

内藏式窗帘盒主要形式是在窗顶部位的吊顶处，做出一条凹槽，在槽内装好窗帘轨。作为含在吊顶内的窗帘盒，与吊顶一起施工。

外接式窗帘盒是在吊顶平面上，做出一条贯通墙面长度的遮挡板，在遮挡板内吊顶平面上装好窗帘轨。遮挡板可采用木构架双包镶，并把底边做封板边处理。遮挡板与顶棚交接线要用棚角线压住。遮挡板的固定可采用射钉固定，也可采用预埋木楔、圆钉固定，或膨胀螺栓固定。

(3)窗帘轨安装：窗帘轨道有单、双或三轨道之分。窗帘轨道的安装及构造如图7-4所示。

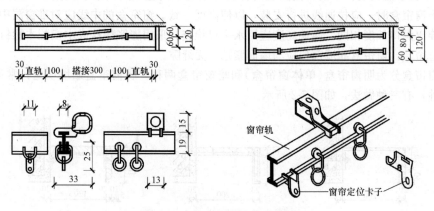

图7-4 窗帘轨道的安装及构造

单体窗帘盒一般先安轨道，暗窗帘盒在安轨道时，轨道应保持在一条直线上。轨道形式有Ⅰ形、槽形和圆杆形三种。

Ⅰ形窗帘轨是用与其配套的固定爪来安装，安装时先将固定爪套在Ⅰ形窗帘轨上，每米窗帘轨道有三个固定爪安装在墙面上或窗帘盒的木结构上。

槽形窗帘轨的安装，可用 ϕ5.5 mm 的钻头在槽形轨的底面打出小孔，再用螺钉穿过小孔，将槽形轨固定在窗帘盒内的顶面上。

2. 窗台板

窗台板用来保护和装饰窗台，其形状和尺寸应按设计要求制作，常用图7-5的方法装钉。

窗台板的长度一般比窗框长7.60 mm左右，应根据中心线对称布置，窗台板安装一般用明钉，将窗台板钉牢于木砖或木钉上，钉帽应砸扁并冲入板内。在窗台板的下部与墙交角处，应钉压条遮缝，压条应预先刨光。

常见的窗台板有：木窗台板、预制窗台板、金属窗台板和石材窗台板。

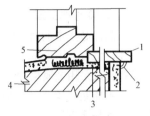

图7-5 窗台板装钉图
1—窗台板；2—窗台线；
3—防腐木砖；
4—砖墙；5—框下槛

(1)木窗台板的制作安装。

1)弹线：窗台板的长度和宽度按设计要求确定，当设计无规定时，长度一般比窗宽长100～150 mm，两端伸出的长度应一致，出墙面宽度一般为10～30 mm；在同一房间内，同标高的窗台板应拉线找平、找齐，使其标高一致、突出墙面尺寸一致；窗台板表面应向室内略有倾斜，沿墙的轴线和宽度方向双向弹线。

2)半成品加工、拼接组合：当长度较长时，按设计要求的规格、尺寸将窗台板加工成半成品，然后放置在有预埋件的窗台上，当窗台板较长时，应利用燕尾榫胶结加长至设计长度进行拼接组合。

3)安装固定：拼接组合好的窗台板与窗台基体预埋件或后置埋件可靠连接，窗台板表面用螺钉固定时，钉帽应埋入窗台基层板表面1～2 mm；面板安装前，对窗墙基层位置、平整度、钉设牢固情况等进行检查，合格后进行安装；板配好后进行试装，面板尺寸、接缝、接头处构造完全合适，木纹方向、颜色的观感合适后，进行正式安装；板接头处应涂胶与窗台基层板钉牢，钉固面板的钉子规格应适宜，钉长为面板厚度的2～2.5倍，钉距一般为100 mm，钉帽应砸扁，并用尖冲子将钉帽冲入面板下1～2 mm。

(2)石材窗台板制作与安装。

1)弹线：窗台板的长度和宽度按设计要求确定，当设计无规定时，长度一般比窗宽长100～150 mm，两端伸出的长度应一致，出墙面宽度一般为10～30 mm；在同一房间内，同标高的窗台板应拉线找平、找齐，使其标高一致、突出墙面尺寸一致；窗台板表面应向室内略有倾斜，沿墙的轴线和宽度方向双向弹线。

2)剔槽：在窗口两边，按设计要求的尺寸在墙上剔槽。多窗口的房间剔槽时应拉通线。

3)基层处理：安装窗台板时，先校正窗台的水平度，确定窗台的找平层厚度。用1:3干硬性水泥砂浆或细石混凝土抹找平层，用刮杠刮平。

4)粘贴：石材防碱背涂处理；清理基层并洒水湿润；用水泥砂浆铺平，将润湿后的板材平稳地安上，用木锤轻击，使其平稳地与找平层粘结；板材放稳后，用水泥砂浆或细石混凝土将嵌入墙内的部分塞密堵实；窗台板接槎处注意平整，并与窗下槛同一水平。

打胶封边：窗台板找平层水泥砂浆凝固后，窗台板与窗框、墙面交接处，用刷子、湿抹布擦拭干净，待窗台板表面干透后，用密封胶(玻璃胶)进行封边处理，胶缝应均匀一致、密实。

(3)预制窗台板。有水泥窗台板、预制水磨石窗台板、石料窗台板等。按设计要求找好位置，进行预装，标高、位置、出墙尺寸符合设计要求，接缝平顺严密，固定件无误后，按其构造的固定方式正式固定安装。

(4)金属窗台板：按设计要求，核对标高、位置、固定件后，先进行预装，经检查无误后，再正式固定安装。

3. 暖气罩安装

制作暖气罩的材料常用木材和金属。木质暖气罩采用硬木条、胶合板、硬质纤维板等做成格片，也可采用实木板上、下刻孔的做法。金属暖气罩采用钢、不锈钢、铝合金等金属板，表面打孔或采用金属格片，表面烤漆或搪瓷，还有用金属编织网格加四框组成暖气罩的做法。

木质暖气罩手感舒适，加工方便，还可以做木雕装饰。金属暖气罩坚固耐用，热传导性好，且易于安装。

暖气罩的安装常用挂接、插装、钉接等做法与主体连接。具体施工步骤如下：

(1)暖气罩所用材料品种和规格，木材的燃烧性等级和含水量等必须符合设计要求。

(2)暖气罩的类型、规格、尺寸、安装位置和固定方法必须符合设计要求。

(3)暖气罩一般按要求先加工成型，安装时要严格控制窗台板及室内地面的标高，保证从地面到窗台板的距离及暖气罩的尺寸符合要求。

(4)暖气罩的安装和细部处理如图 7-6 所示。

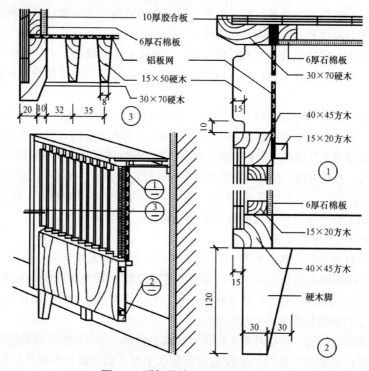

图 7-6　暖气罩的安装和细部处理

7.2.3　成品保护措施

(1)安装窗台板和暖气罩时，应保护已完成的工程项目，不得因操作损坏地面、窗洞、墙角等成品。

(2)窗台板、暖气罩进场应妥善保管，做到木制品不受潮，金属品不生锈，石料不损坏棱角，不受污染。

(3)安装好的成品应有保护措施，做到不损坏、不污染。

7.2.4　质量通病及防治措施

(1)窗台板插不进窗楼下帽头槽内。施工前应检查窗台板安装的条件,施工时应坚持预装,符合要求后进行固定。

(2)窗台板底垫不实;捻灰不严;木制、金属窗台板找平条标高不一致、不平。施工中认真做每道工序,找平;垫实、捻严、固定牢靠;跨空窗台板支架应安装平正,使支架受力均匀。

(3)多块拼接窗台板不平、不直;加工窗台板长、宽超偏差,厚度不一致。施工时应注意同规格在同部位使用。

(4)暖气罩安装不平、不正。因挂件位置不准,施工时应找正以后进行暖气罩的安装固定,保证压进尺寸一致。

7.2.5　安全环保措施

(1)电锯、电刨应有防护罩及一机一闸一漏电保护装置,所用导线、插座等应符合安全用电要求,并设专人保护及使用。操作时必须遵守机电设备有关安全规程。电动工具应先试运转正常后方能使用。

(2)操作前,应先检查斧、锤、凿子等易脱落、断把的工具,经检查、修理后再使用。

(3)机械操作人员必须经考试合格持证上岗。

(4)操作人员使用电钻、电刨时应戴橡胶手套,不用时应及时切断电源,并由专人保管。

(5)使用石膏和剔凿墙面时,应戴手套和防护镜。

(6)小型工具五金配件及螺钉等应放在工具袋内。打眼不得面对面操作。如并排操作时,应错开 1.2 m 以上,以防失手伤人。

(7)操作地点的碎木、刨花等杂物,工作完毕后应及时清理,集中堆放。

(8)高层或多层建筑清除施工垃圾必须采用容器吊运,不得从电梯井或在楼层上向地面倾倒施工垃圾。

(9)高噪声设备(如木工机械等)尽量在室内操作或至少三面封闭。

(10)设备操作人员应遵守操作规程,并了解所操作机械对环境造成的噪声影响。

学习单元 7.3　门窗套制作与安装

7.3.1　施工准备

1. 技术准备

(1)所用材料的材质、规格和油饰符合要求。

(2)规定木材的燃烧性能和含水率。

(3)规定花岗石放射性及人造木板甲醛含量的限值。

(4)确定门窗套的造型、品种、规格、尺寸、制作和固定方法。

2. 材料准备

(1)主料。

1)木材的树种、材质等级、规格应符合设计图纸要求及有关施工及验收规范的规定。

2)龙骨材料一般用红、白松烘干料，含水率不大于 7.6%，材质不得有腐朽、超断面 1/3 的节疤、劈裂、扭曲等疵病，并预先经防腐处理。

3)面板一般采用胶合板(切片板或旋片板)，厚度不小于 3 mm(也可采用其他贴面板材)，颜色、花纹要尽量相似。用原木材作面板时，含水率不大于 7.6%，板材厚度不小于 15 mm；要求拼接的板面，板材厚度不少于 20 mm，且要求纹理顺直、颜色均匀、花纹近似，不得有节疤、裂缝、扭曲、变色等疵病。

(2)辅料。

1)防潮卷材：油纸、油毡，也可用防潮涂料。

2)胶粘剂、防腐剂：乳胶、氟化钠(纯度应在 75% 以上，不含游离氟化氢和石油沥青)。

3)钉子：长度规格应是面板厚度的 2~2.5 倍；也可用射钉。

3. 机具准备

(1)电动机具：小台锯、小台刨、手电钻、射枪、电锤、磨光机、冲击钻。

(2)手用工具：木刨子(大、中、小)、槽刨、木锯、细齿、刀锯、斧子、锤子、平铲、冲子、螺钉旋具、方尺、割角尺、小钢尺、靠尺板、线坠、墨斗等。

4. 作业条件准备

(1)安装木门窗套处的结构面或基层面，应预埋好木砖或铁件。

(2)木门窗套的骨架安装，应在安装好门窗口、窗台板以后进行，钉装面板应在室内抹灰及地面做完后进行。

(3)木门窗套龙骨应在安装前将铺面板面刨平，其余三面刷防腐剂。

(4)施工机具设备在使用前安装好，接通电源，并进行试运转。

(5)施工基础上的工程量大且较复杂时，应绘制施工大样图，并应先做出样板，经检验合格，才能大面积进行作业。

7.3.2 施工工艺流程

找位与画线→检查预埋件及洞口→铺、涂防潮层→搁栅骨架制作与龙骨安装→钉装面板。

7.3.3 操作要点

1. 找位与画线

木门窗套安装前，应根据设计图要求，先找好标高、平面位置、竖向尺寸进行弹线。

2. 检查预埋件及洞口

弹线后检查预埋件、木砖是否符合设计及安装的要求，主要检查排列间距、尺寸、位置是否满足钉装龙骨的要求；测量门窗及其他洞口位置、尺寸是否方正垂直，与设计要求是否相符。

3. 铺、涂防潮层

设计有防潮要求的木门窗套，在钉装龙骨时应压铺防潮卷材，或在钉装龙骨前进行涂刷防潮层的施工。

4. 搁栅骨架制作

根据洞口实际尺寸、门窗中心线和位置线，用方木制成搁栅骨架并做好防火、防腐处理，横撑位置必须与预埋件位置重合。

5. 龙骨安装

根据洞口实际尺寸，按设计规定骨架料断面规格，可将一侧木门窗套骨架分三片预制，洞顶一片、两侧各一片。每片一般为两根立杆，当筒子板宽度大于 500 mm，中间应适当增加立杆。横向龙骨间距不大于 400 mm；面板宽度为 500 mm 时，横向龙骨间距不大于 300 mm。龙骨必须与固定件钉装牢固，表面应刨平，安装后必须平、正、直。防腐剂配制与涂刷方法应符合有关规范的规定。

6. 钉装面板

(1)面板选色配纹：全部进场的面板材，使用前按同房间、临近部位的用量进行挑选，使安装后从观感上木纹、颜色近似一致。

(2)裁板配制：按龙骨排尺，在板上画线裁板，原木材板面应刨净；胶合板、贴面板的板面严禁刨光，小面皆须刮直。面板长向对接配制时，必须考虑接头位于横龙骨处。原木材的面板背面应做卸力槽，一般卸力槽间距为 100 mm，槽宽 10 mm，槽深 4~6 mm，以防板面扭曲变形。

(3)面板安装。

1)面板安装前，对龙骨位置、平直度、钉设牢固情况、防潮构造要求等进行检查，合格后进行安装。

2)面板配好后进行安装，面板尺寸、接缝、接头处构造完全合适，木纹方向、颜色的观感尚可的情况下，才能进行正式安装。

3)面板接头处应涂胶与龙骨钉牢，钉固面板的钉子规格应适宜，钉长为面板厚度的 2~2.5 倍，钉距一般为 100 mm，钉帽应砸扁，并用尖冲子将钉帽顺木纹方向冲入面板表面下 1~2 mm。

4)钉贴脸：贴脸料应进行挑选，花纹、颜色应与框料、面板近似。贴脸规格尺寸、宽窄、厚度应一致，接槎应顺平无错槎。

7.3.4 成品保护措施

(1)木材或木制品进场后，应储存在室内仓库或料棚中，保持干燥、通风，并按成品的种类、规格搁置在垫木上水平堆放。

(2)配料应在操作台上进行，不得直接在没有保护措施的地面上操作。

(3)操作时窗台板上应铺垫保护层，不得直接站在窗台板上操作。

(4)木门窗套安装后，应及时刷一道底漆，以防干裂或污染。

(5)保护木成品，防止碰坏或污染，尤其出入口处应加保护措施，如装设保护条、护角板、塑料贴膜，并设专人看管等。

7.3.5 质量通病及防治措施

(1)面层木纹错乱，色差过大：轻视选料，影响观感。

防治措施：注意加强选料，注意加工品的验收，应分类挑选匹配使用。

(2)角不直，接缝接头不平：由于压条、贴脸料规格不一，面板安装边口不齐，龙骨面不平所致。

防治措施：加强质量管理，细木操作从加工到安装，每一工序达到标准，保证整体的质量。

(3)木门窗套上下不方正：抹灰冲筋不规格，安装龙骨框架未调方正。

防治措施：应注意安装；调正、吊直、找顺，确保方正，确保质量。

（4）木门窗套上下或左右不对称：门窗框安装偏差所致，造成上下或左右宽窄不一致。

防治措施：安装找线时及时纠正，确保工程质量。

（5）割角不严：割角画线不认真，操作不精心。

防治措施：应认真用角尺画线准确割角，保证角度、长度准确。

7.3.6　安全环保措施

（1）各种电动工具使用前要检查，严禁非电工接电。

（2）做好木工圆盘锯的安全使用管理工作。

（3）施工现场内严禁吸烟，明火作业要有动火证，并设置看火人员。

（4）对各种木方、夹板饰面板分类堆放整齐，保持施工现场整洁。

（5）安装前应设置简易防护栏杆，防止施工时意外摔伤。

（6）安装时应注意下面楼层的人员，适当时将梯井封好，以免坠物砸伤下面的作业人员。

学习单元 7.4　护栏和扶手制作与安装

常见的护栏和扶手主要有：木扶手玻璃栏板、金属圆管扶手玻璃栏板。本学习单元主要介绍这两种。

（1）木扶手玻璃栏板。扶手是玻璃栏板的收口，其材料的质量不仅对使用功能影响较大，同时对整个玻璃栏板的立面效果产生较大影响。因此，对木扶手的要求是其材质要好，纹理要美观，如采用柚木、水曲柳等。

扶手两端的固定：扶手两端锚固点应该是不发生变形的牢固部位，如墙、柱或金属附加柱等。对于墙体或柱，可以预先在主体结构上预埋铁件，然后将扶手与铁件连接，如图 7-7 所示。

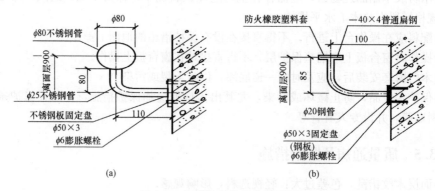

图 7-7　在墙体或柱上安装扶手
(a)80 不锈钢楼梯扶手在墙上安装；(b)防火橡胶塑料扶手在墙上安装

玻璃块与块之间，宜留出 8 mm 的间隙。玻璃与其他材料相交部位，不宜贴得很紧，而应留出 8 mm 的间隙然后注入硅酮系列密封胶。玻璃栏板底座，主要是解决玻璃固定和踢脚部位的饰面处理。固定玻璃的固定铁件如图 7-8 所示。一侧用角钢，另一侧用一块同角钢长度相等的 6 mm 厚钢板，然后在钢板上钻两个孔，再套丝。安装时，玻璃与铁板之间填上氯丁橡胶板，拧紧螺钉将玻璃拧紧。玻璃不能直接落在金属板上，而是用氯丁橡胶块将其垫起。

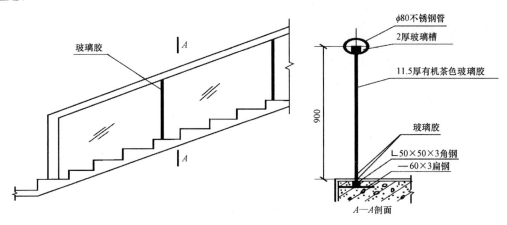

图 7-8　80 不锈钢管全玻璃扶手

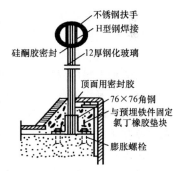

图 7-9　型钢与外表圆管焊成整体

(2)金属圆管扶手玻璃栏板。金属圆管扶手一般是通长的，接长要焊接，焊口部位打磨修平后，再进行抛光。为了提高扶手刚度及安装玻璃栏板的需要，常在圆管内部加设型钢，型钢与外表圆管焊成整体，玻璃固定多采用角钢焊成的连接铁件，如图 7-9 所示。两条角钢之间，应留出适当的间隙。一般考虑玻璃的厚度，再加上每侧 3～5 mm 的填缝间距。固定玻璃的铁件高度不宜小于 100 mm，铁件的中距不宜大于 450 mm。

7.4.1　施工准备

1. 技术准备

熟悉施工图图纸，做好施工准备。

2. 材料及构配件准备

(1)木制扶手一般用硬杂木加工成规格成品，其树种、规格、尺寸、形状按设计要求。木材质量均应纹理顺直、颜色一致，不得有腐朽、节疤、裂缝、扭曲等缺陷；含水率不得大于 12%。弯头料一般采用扶手料，以 45°断面相接，断面特殊的木扶手按设计要求备弯头料。

(2)塑料扶手(聚氯乙烯扶手料)是化工塑料产品，断面形式、规格尺寸及色彩按设计要求选用。

(3)粘结料：可以用动物胶(鳔)，一般多用聚醋酸乙烯(乳胶)等化学胶粘剂。

(4)其他材料：木螺钉、木砂纸、加工配件。

3. 主要机具准备

(1)电动机具：手提电钻、小台锯。

(2)手用工具：木锯、窄条锯；二刨、小刨、小铁刨；斧子、羊角锤、扁铲、钢锉、木锉、螺钉旋具；方尺、割角尺、卡子等。

4. 作业条件准备

(1)楼梯间墙面、楼梯踏板等抹灰全部完成。

(2)金属栏杆或靠墙扶手的固定埋件安装完毕。

7.4.2 施工工艺流程

找位与画线→弯头配置→连接预装→固定→整修。

7.4.3 操作要点

1. 木扶手

(1)找位与画线：

1)扶手固定安装的位置、标高、坡度找位校正后，弹出扶手纵向中心线。

2)按设计扶手构造，根据折弯位置、角度，画出折弯或割角线。

3)在楼梯栏板和栏杆顶面画出扶手直线段与弯头、折弯段的起点和终点的位置。

(2)弯头配制：

1)按栏板或栏杆顶面的斜度，配好起步弯头，一般木扶手，可用扶手料割配弯头，采用割角对缝粘结，在断块割配区段内最少要考虑三个螺钉与固定件连接固定。大于 70 mm 断面的扶手接头配制后，除粘结外，还应在下面做暗榫或用铁件铆固。

2)整体弯头制作：先做足尺大样的样板，并与现场画线核对后，在弯头料上按样板画线，制成雏形毛料(毛料尺寸一般大于设计尺寸约 10 mm)。按画线位置预装，与纵向直线扶手端头粘结，制作的弯头下面刻槽，与栏杆扁钢或固定件紧贴结合。

(3)连接预装：预制木扶手须经预装，预装木扶手由下往上进行，先预装起步弯头及连接第一跑扶手的折弯弯头，再配上下折弯之间的直线扶手料，进行分段预装粘结，粘结时操作环境温度不得低于 5 ℃。

(4)固定：分段预装检查无误，进行扶手与栏杆(栏板)上固定件，用木螺钉拧紧固定，固定间距控制在 400 mm 以内，操作时应在固定点处，先将扶手料钻孔，再将木螺钉拧入，不得用锤子直接打入，螺母达到平正。

(5)整修：扶手折弯处如有不平顺，应用细木锉锉平，找顺磨光，使其折角线清晰，坡角合适，弯曲自然、断面一致，最后用木砂纸打光。

2. 塑料扶手(聚氯乙烯扶手)

(1)找位与画线：按设计要求及选配的塑料扶手料，核对扶手支承的固定件、坡度、尺寸规格、转角形状找位、画线确定每段转角折线点，直线段扶手长度。

(2)弯头配制：一般塑料扶手，用扶手料割角配制。

(3)连接预装：安装塑料扶手，应由每跑楼梯扶手栏杆(栏板)的上端，设扁钢，将扶手料固定槽插入支承件上，从上向下穿入，即可使扶手槽紧握扁钢。直线段与上下折弯线位置重合，拼合割制折弯料相接。

(4)固定：塑料扶手主要靠扶手料槽插入支承扁钢件抱紧固定，折弯处与直线扶手端头加热压粘，也可用乳胶与扶手直线段粘结。

(5)整修：粘结硬化后，折弯处用木锉锉平磨光，整修平顺。

7.4.4 成品保护措施

(1)安装扶手时，应保护楼梯栏杆、楼梯踏步和操作范围内已施工完的项目。

（2）木扶手安装完毕后，宜刷一道底漆，且应加包裹，以免撞击损坏和受潮变色。

（3）塑料扶手安装后应及时包裹保护。

7.4.5　质量通病及防治措施

（1）粘结对缝不严或开裂：扶手料安装时含水率高，安装后干缩所致。

防治措施：扶手料进场后，应存放在库内保持通风干燥，严禁在受潮情况下安装。

（2）接槎不平：主要是扶手底部开槽深度不一致，栏杆扁钢或固定件不平正，影响扶手接槎的平顺质量。

防治措施：扶手底部开槽深度要一致，栏杆扁钢或固定件保持平正。

（3）颜色不均匀：选料不当所致。

防治措施：精心选料。

（4）螺母不平：钻眼角度不当。

防治措施：施工时钻眼方向应与扁铁或固定件垂直。

7.4.6　安全环保措施

（1）各种电动工具使用前要检查，严禁非电工接电。

（2）做好木工圆盘锯的安全使用管理工作。

（3）施工现场内严禁吸烟，明火作业要有动火证，并设置看火人员。

（4）对各种木方、夹板饰面板分类堆放整齐，保持施工现场整洁。

（5）安装前应设置简易防护栏杆，防止施工时意外摔伤。

（6）安装时应注意下面楼层的人员，适当时将梯井封好，以免坠物砸伤下面的作业人员。

≫ 学习单元 7.5　花饰制作与安装

花饰工程是传统上对于建筑工程的细部处理和装饰美化做法的综合性称谓。各种风格流派的建筑，在很大程度上是依靠花饰工程来体现和完善其艺术主张及个性追求的。传统的花饰工程主要包括两类内容：一类是表层花饰，即指各种块体或线型的图案及浮雕饰件，将其安装镶贴于建筑物内外表面，起到丰富立面或顶面造型、表现不同的装饰理念的作用，有的还兼具吸声和隔热等功能；另一类则是指各种被统称为"花格"的装饰构件或是利用半成品饰件于现场组装的装饰处理花格状成品，无论是在建筑物内部空间或是室外庭院，它们对于分割或是连系建筑空间、美化建筑环境，包括满足遮阳、采光、通风等，都起着不可替代的作用。

花饰种类很多，常用的有木花饰、水泥制品花饰、竹花饰、玻璃花饰、塑料花饰等。

7.5.1　基本安装方法

花饰的基本安装方法有螺钉固定法、螺栓固定法、胶粘剂粘贴法。

1. 螺钉固定法

在基层薄刮水泥砂浆一道，厚度 2～3 mm，水泥砂浆花饰或水刷石等类花饰的背面，用水稍加润湿，然后涂抹水泥砂浆或聚合物水泥砂浆即可镶贴。在镶贴时，注意把花饰上的预留孔洞对准预埋的木砖，然后拧上铜质、不锈钢或镀锌螺钉，要松紧适度。安装后用 1：1 水泥砂浆将螺钉孔及花饰与基层之间的缝隙嵌填密实,表面再用与花饰相同颜色的彩色(或单色)水泥浆或水泥砂浆修补至不留痕迹。修整时,应清除接缝周边的余浆,最后打磨光滑、洁净。

石膏花饰的安装方法与上述相同,但与基层的粘结宜采用石膏灰、粘结石膏材料或白水泥浆。堵塞螺钉孔及嵌补缝隙等修饰处理也可采用石膏灰、嵌缝石膏腻子。用木螺钉固定时不应拧得过紧,以防损伤石膏花饰。

对于钢丝网结构的吊顶或墙、柱体,其花饰的安装,除按上述做法外,对于较重的花饰应预设铜丝,安装时将预设的铜丝与骨架主龙骨绑扎牢固。

2. 螺栓固定法

通过花饰上的预留孔,把花饰穿在建筑基体的预埋螺栓上。如不设预埋,也可采用膨胀螺栓。

采用螺栓固定花饰的做法中,一般要求花饰与基层之间保持一定间隙,而不是将花饰背面紧贴基层,通常要留有 30~50 mm 的缝隙,以便灌浆。这种间隙灌浆的控制方法如下:在花饰与基层之间放置相应厚度的垫块,然后拧紧螺母。设置垫块时应考虑支撑、灌浆方便,避免产生空鼓。花饰安装时,应认真检查花饰图案的完整和平直、端正,合格后,如果花饰的面积较大或安装高度较高时,还需采取临时支撑稳固措施。

花饰临时固定后,用石膏将底线和两侧的缝隙堵住,即用 1:(2~2.5)水泥砂浆(稠度为76~80 mm)分层灌浆。每次灌浆高度约为 100 mm,待其初凝后再继续灌注。在建筑立面上按照图案组合的单元,自上而下依次安装、固定和灌浆。

待水泥砂浆具有足够强度后,即可拆除临时支撑和模板。此时,还须将灌浆前堵缝的石膏清理掉,而后沿花饰图案周边用 1:1 水泥砂浆将缝隙填塞饱满和平整,外表面采用与花饰相同颜色的砂浆嵌补,并保证不留痕迹。

3. 胶粘剂粘贴法

较小型、轻型细部花饰,多采用粘贴法安装,有时根据施工部位或使用要求,在用胶粘剂粘贴的同时再辅以其他固定方法,以保证安装质量及使用安全,这是花饰工程应用最普遍的安装施工方法。粘贴花饰用的胶粘剂,应按花饰的材质品种选用。对于现场自选配制的粘结材料,其配合比应由试验确定。

目前成品胶粘剂种类繁多,如环氧树脂类胶粘剂,可适用于混凝土、玻璃、砖石、陶瓷、木材、金属等花饰及其基层的粘贴;白乳胶可用于塑料、木制花饰与水泥类基层的粘结;氯丁橡胶类的胶粘剂也可用于多种材质花饰的粘贴。选择时应明确所用胶粘剂的性能特点,按使用说明进行选用。花饰粘贴时,有的需要采取临时支撑稳固措施,尤其是对于初粘强度不高的胶粘剂,应防止花饰位移或坠落。

7.5.2 施工准备

1. 技术准备

施工技术文件应包括花饰的品种所用材料的材质、规格;花饰的安装、位置和固定方法等内容。

2. 材料准备

(1)各种花饰进场前应检查其型号、规格、数量,验证产品合格证。

(2)木花饰宜选用质地好的硬木或杉木制作,无蛀虫、无腐蚀现象。木材的含水率控制在7.6%以内。

(3)水泥制品花饰的水泥强度等级应选用 32.5 级以上的水泥,采用中砂,石子粒径不宜过大,使用前清洗干净。

(4)竹花饰的竹子应质地坚硬、直径均匀、竹身光洁，使用前应做防腐、防蛀处理。

(5)玻璃花饰的玻璃可选用平板玻璃也可采用磨砂玻璃、彩色玻璃、玻璃砖、压花玻璃等。

(6)塑料花饰制品由工厂生产成成品，进场时检查型号、质量，验证产品合格证。

(7)准备其他材料(防腐剂、铁钉、螺栓、胶粘剂、钢筋等)。

3. 机具准备

(1)木花饰主要施工工具：木工刨子、凿子、锯、锤子、砂纸、刷子、尺、螺钉旋具、线坠、曲线板等。

(2)水泥花饰主要施工工具：模板、钢抹子、磨石、电动磨石机等。

(3)竹花饰主要施工工具：木工锯、曲线锯、电钻或木工手钻、锤子、砂纸、锋利刀具、尺等。

(4)玻璃花饰主要施工工具：玻璃刀、玻璃吸盘、型材切割机或小钢锯、木工锯、刷子等。

(5)塑料花饰主要施工工具：凿子、锤子、砂纸、刷子、尺等。

4. 作业条件准备

(1)花饰工程的基层已经隐蔽工程验收并已合格。

(2)结构工程已具备了安装的条件，室内按已测定的+50 cm线测设花饰的安装标高和位置。

(3)花饰成品、半成品已经进场或已现场制作好，并验收，数量、质量、规格、品种无误。

(4)竹、木花饰产品进场检验合格并对其安装位置做好了防腐材料的涂刷。

7.5.3 施工工艺流程及操作要求

1. 竹木花饰施工

竹木花饰的示例如图 7-10 所示。

 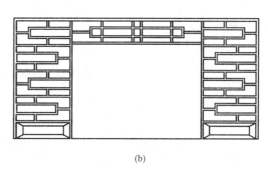

(a)   (b)

图 7-10 竹、木花饰的示例

(a)竹花格隔断；(b)木花格隔断

(1)工艺流程。选料、下料→开榫→刨面、雕花饰→拼装花饰→安装预埋件→安装花饰→表面处理。

(2)操作要求。

1)选料、下料。按照设计要求选择合适的木材。木材选定后要测量其含水率，如果其含水率大于当地平衡含水率，则要求进行烘干处理，经过烘干处理的木材要在加工、使用环境中搁置 7 d 左右，如果处于雨期施工，木材表面要做封闭处理，即刷清漆一遍。毛料应按照设计尺寸下料，一般大于净料尺寸 3～5 mm，同时考虑花饰雕刻加工方便，锯割成段，存放备用。

2）开榫。

①木质花饰构件之间连接一般采用榫接方式。榫的组合有直榫、斜榫、燕尾榫，开口榫、闭口榫、半闭口榫，明榫、暗榫，单榫、双榫、多榫等多种形式，按照花饰的规格、尺寸选取进行加工。

②在需要开榫的部位，用铅笔做好标记，然后用锯、凿子或用开榫机在需要连接的部位，沿着画好的线开榫头、榫眼、榫槽。开榫时下锯、下凿子要准确，榫头一般呈燕尾形，并比榫槽稍大一点，保证组装后连接紧密无缝隙、无错台。

3）刨面、雕花饰。将开好榫的毛料，不加胶预拼成单元花饰，然后用木工刨把毛料刨平、刨光，使其符合设计净尺寸，再根据设计花饰的大样，按照 1∶1 的比例进行放样，并在木材表面画线做标记。花饰图案画好后，在毛料背面编号，并将其拆开，再用线刨、刮刀、刻刀等工具沿着标记线逐一雕刻图案和花纹。花饰雕刻后，用 800 目砂布打磨轮廓线角，使其表面光滑，线角顺直流畅，轮廓分明。

4）拼装花饰。按照大样图，组装花饰。首先将雕好的花饰单元，按照背面编号进行组装，组装时榫接要调节好角度，用角尺随量随装，榫头和接缝处加胶，以保证连接准确、牢固。花饰单元组装完后，放在平台上整平，待胶凝固后分类水平码放，注意叠放高度一般不超过 10 层。最后按照设计要求拼装成整面花饰。如果整面花饰面积较大，拼装后无法运输，最后拼装工序应在现场进行，边拼装边安装固定到需做花饰的基层上。竹、木花饰的连接方法如图 7-11、图 7-12 所示。

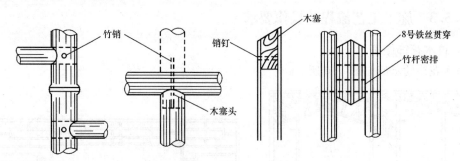

图 7-11　竹花格的连接方法

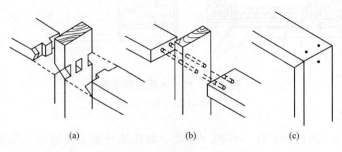

图 7-12　木花格的连接方法
(a)榫接；(b)销接；(c)钉接

5)安装预埋件。按照设计图纸在安装花饰的基层上放线，并根据安装节点的要求在基层结构上设置防腐木砖、铁件、螺钉等预埋连接件，也可以预留凹槽或钻孔用膨胀螺栓连接安装花饰。

6)安装花饰。木基层上的花饰通常采用背面涂胶后直接钉粘在基层板上进行安装。较大、较重的花饰一般采用预埋连接件与基层固定，用连接件将花饰逐一定位安装。先用尺量出每一单元花饰固定件的位置，检查是否与预埋件相对应，并做出标记。将花饰摆正吊直，与连接件拧紧，随安装随对花饰进行调整，安装时木榫连接处，榫头要涂刷乳胶，确保接头牢固。安装花饰时，直接与墙体、柱、梁接触的一面要刷防腐涂料两遍，做防腐处理。木花饰安装示意图如图 7-13 所示。

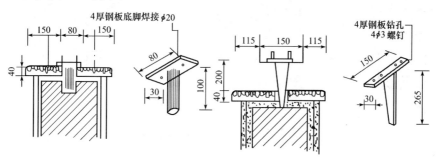

图 7-13　木花饰安装示意图

7)表面处理。木质花饰安装好之后，用刮刀将接缝处的胶、毛刺、戗槎等缺陷顺木纹方向刮平，然后用 800 目砂布打磨平滑。如果表面出现节疤时，将节疤抠掉并用相同木材补上。如果出现小面积缺棱掉角现象，可在做油漆饰面时用原灰补上后修色，然后按照饰面油漆做法进行表面处理。

2. 水泥制品花饰施工

水泥制品花饰如图 7-14 所示。

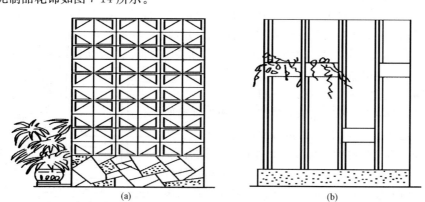

图 7-14　水泥制品花饰
(a)同种小花格拼装；(b)条板与小花格或配件组装

(1)制作：

1)水泥花格：支模→安放钢筋→灌注砂浆→养护、拆模。

①支模：将按设计尺寸制作好的模板放置于平整场地上，检查模板各部位的连接是否可以防胀模，然后在模板上刷脱模剂。

②安放钢筋：将已制作成型的钢筋或钢筋网片放置于模板中，钢筋不能直接放在地上，要先垫砂浆或混凝土后再放入，保证浇灌后钢筋不外露。

③灌注砂浆：用铁抹子将砂浆注入模板中，随注随用钢筋棒捣实，待注满后用铁抹子抹平表面。

④养护、拆模：水泥砂浆初凝后即可拆，要掌握好拆模时间，以拆模后构件不变形为度，拆模后构件要浇水养护。

2)混凝土花格：竖向混凝土条板的安装如图7-15所示。

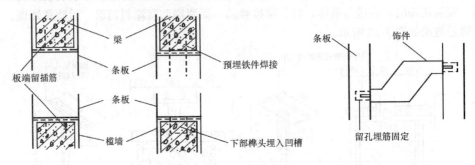

图7-15 竖向混凝土条板的安装

混凝土花格的制作方法基本同水泥花格。常选用C20混凝土制成，其断面最小厚度应在25 mm以上。水泥初凝时拆模，拆模后如发现局部有麻面、掉角现象，应用水泥砂浆修补。

3)水磨石花格：支模→浇筑、铁抹子抹平、刮压→养护、拆模→打磨。

①浇筑、铁抹子抹平、刮压：水磨石花格多用于室内，要求表面平整光洁。制作材料可选用1:(2~2.5)水泥石碴浆，浇灌后石碴浆表面要经过铁抹子多次刮压，使石碴排列均匀，表面出浆。

②养护、拆模：水泥初凝后即可拆模，然后浇水养护。

③打磨：待水泥石碴达一定强度后即可打磨，打磨前应在同批构件中选样试磨，以打磨时不掉石子为度，打磨可用电动磨石子机或手工打磨，一般分三次进行，每次打磨后应用同色水泥浆满批填补麻面再换磨石打磨下一遍，最后用清水、草酸洗刷表面，打蜡。

(2)安装：水泥制品花饰分为单一或多种构件拼装、竖向混凝土板间组装花饰两种。

1)单一或多种构件拼装(图7-16)。

安装顺序：预排→拉线→拼装→刷涂。

①预排：先在拟定安装花饰的部位，按构件排列形状和尺寸标定位置，然后用构件进行预排调缝。

②拉线：调整好构件的位置后，在横竖向拉通线，通线应用水平尺和线坠找平拉直，以保证安装后构件位置准确、表面平整，不致出现前后错动、缝隙不均匀等现象。

③拼装：从下而上地将构件拼装在一起，拼缝用1:(2~2.5)水泥砂浆填平。构件之间连接在两构件的预留孔内插入$\phi6$~8 mm钢筋段，然后用水泥砂浆灌实。其连接如图7-17、图7-18所示。

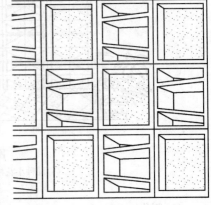

图7-16 单一或多种构件拼装

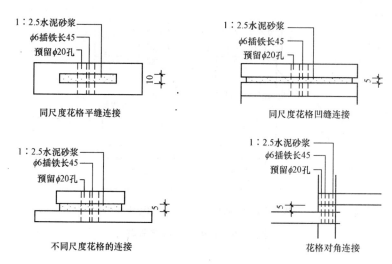

图 7-17　构件拼接节点示意图

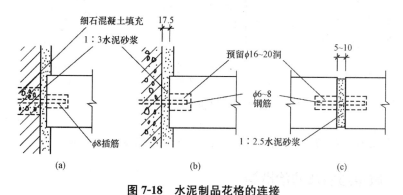

图 7-18　水泥制品花格的连接

(a)花格与砖墙连接；(b)花格与混凝土连接；(c)花格与花格连接

2)竖向混凝土板间组装花饰(图 7-19)。

安装顺序：预埋→竖板连接→安装花饰。

①预埋：竖向板与墙体或梁连接时，在上下连接点，要根据竖板间间隔尺寸埋入预埋件或留凹槽。若竖向板间插入花饰，板上也应埋件留槽。

②竖板连接：竖板与梁、花饰的连接节点可采用焊接、拧等方法，如图 7-20 所示。

③安装花饰：竖板中加花饰也采用焊接、拧和插入凹槽的方法。焊接花饰可在竖板立完固定后进行，插入凹槽的安装方法应与竖板同时进行，如图 7-21 所示。

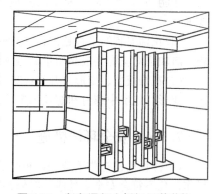

图 7-19　竖向混凝土板间组装花饰

7.5.4　成品保护措施

(1)花饰安装后较低处应用板材封闭，以防碰损。

(2)花饰安装后应用覆盖物封闭，以保持清洁和色调。

(3)拆脚手架或挑板及搬动材料、设备和施工工具时，不得碰坏花饰，注意保护花饰完整。

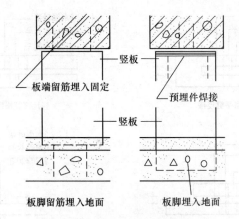

图 7-20　竖板与梁连接节点

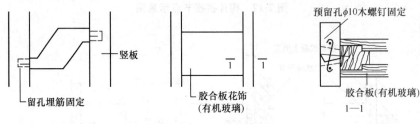

图 7-21　竖板与花饰连接

（4）专人负责看护花饰，不得在花饰上乱写乱画，严防花饰受污染。

7.5.5　质量通病及防治措施

（1）花饰粘不牢，造成脱落：安装必须选择合理的固定方法及粘贴材料。注意胶粘剂的品种性能和出厂日期，未凝固前避免受到外力冲击，施工环境温度要符合胶粘剂的使用要求。

（2）花饰安装的平直超偏：注意标高、弹线的误差控制以及块体拼接的精确程度，同时施工前加强对花饰半成品质量的检查。

（3）花饰扭曲、变形、开裂：花饰本身质量缺陷；搬运过程中人为损坏及堆放储存不当产生变形；施工中螺钉和螺栓固定花饰拧得过紧，各固定点受力不均以及受外力冲击。

7.5.6　安全环保措施

（1）操作前检查脚手架和挑板是否搭设牢固，高度是否满足操作要求，合格后才能上架操作，凡不符合安全之处应及时修整。

（2）禁止穿硬底鞋、拖鞋、高跟鞋在架子上工作，架子上人数不得集中在一起，工具要搁置稳定，防止坠落伤人。

（3）在两层脚手架上操作时，应尽量避免在同一垂直线上工作。

（4）夜间临时用的移动照明灯，必须用安全电压。机械操作人员必须培训持证上岗，现场一切机械设备，非操作人员一律禁止乱动。

（5）选择材料时，必须选择符合设计和国家规定的材料。

7.6.1　一般规定

(1)细部工程验收时应检查下列文件和记录：

1)施工图、设计说明及其他设计文件。

2)材料的产品合格证书、性能检测报告、进场验收记录和复验报告。

3)隐蔽工程验收记录。

4)施工记录。

(2)细部工程应对人造木板的甲醛含量进行复验。

(3)细部工程应对下列部位进行隐蔽工程验收：

1)预埋件(或后置埋件)。

2)护栏与预埋件的连接节点。

(4)各分项工程的检验批应按下列规定划分：

1)同类制品每50间(处)应划分为一个检验批，不足50间(处)也应划分为一个检验批。

2)每部楼梯应划分为一个检验批。

7.6.2　橱柜制作与安装工程

1. 主控项目

(1)橱柜制作与安装所用材料的材质和规格、木材的燃烧性能等级和含水率、花岗石的放射性及人造木板的甲醛含量应符合设计要求及国家现行标准的有关规定。

检验方法：观察；检查产品合格证书、进场验收记录、性能检测报告和复验报告。

(2)橱柜安装预埋件或后置埋件的数量、规格、位置应符合设计要求。

检验方法：检查隐蔽工程验收记录和施工记录。

(3)橱柜的造型、尺寸、安装位置、制作和固定方法应符合设计要求。橱柜安装必须牢固。

检验方法：观察；尺量检查；手扳检查。

(4)橱柜配件的品种、规格应符合设计要求。配件应齐全，安装应牢固。

检验方法：观察；手扳检查；检查进场验收记录。

(5)橱柜的抽屉和柜门应开关灵活、回位正确。

检验方法：观察；开启和关闭检查。

2. 一般项目

(1)橱柜表面应平整、洁净、色泽一致，不得有裂缝、翘曲及损坏。

检验方法：观察。

(2)橱柜裁口应顺直、拼缝应严密。

检验方法：观察。

(3)橱柜安装的允许偏差和检验方法应符合表7-1的规定。

表 7-1　橱柜安装的允许偏差和检验方法

项次	项目	允许偏差/mm	检验方法
1	外形尺寸	3	用钢尺检查
2	立面垂直度	2	用1 m垂直检测尺检查
3	门与框架的平行度	2	用钢尺检查

7.6.3 窗帘盒、窗台板和散热器罩制作与安装工程

窗帘盒、窗台板和散热器罩制作与安装工程的检查数量应符合下列规定：每个检验批应至少抽查 3 间(处)，不足 3 间(处)时应全数检查。

1. 主控项目

(1)窗帘盒、窗台板和散热器罩制作与安装所使用材料的材质和规格、木材的燃烧性能等级和含水率、花岗石的放射性及人造木板的甲醛含量应符合设计要求及国家现行标准的有关规定。

检验方法：观察；检查产品合格证书、进场验收记录、性能检测报告和复验报告。

(2)窗帘盒、窗台板和散热器罩的造型、规格、尺寸、安装位置和固定方法必须符合设计要求。窗帘盒、窗台板和散热器罩的安装必须牢固。

检验方法：观察；尺量检查；手扳检查。

(3)窗帘盒配件的品种、规格应符合设计要求，安装应牢固。

检验方法：手扳检查；检查进场验收记录。

2. 一般项目

(1)窗帘盒、窗台板和散热器罩表面应平整、洁净、线条顺直、接缝严密、色泽一致，不得有裂缝、翘曲及损坏。

检验方法：观察。

(2)窗帘盒、窗台板和散热器罩与墙面、窗框的衔接应严密，密封胶缝应顺直、光滑。

检验方法：观察。

(3)窗帘盒、窗台板和散热器罩安装的允许偏差和检验方法应符合表 7-2 的规定。

表 7-2　窗帘盒、窗台板和散热器罩安装的允许偏差和检验方法

项次	项目	允许偏差/mm	检验方法
1	水平度	2	用 1 m 水平尺和塞尺检查
2	上口、下口直线度	3	拉 5 m 线，不足 5 m 拉通线，用钢直尺检查
3	两端距窗洞口长度差	2	用钢直尺检查
4	两端出墙厚度差	3	用钢直尺检查

7.6.4 门窗套制作与安装工程

门窗套制作与安装工程的检查数量应符合下列规定：每个检验批应至少抽查 3 间(处)，不足 3 间(处)时应全数检查。

1. 主控项目

(1)门窗套制作与安装所使用材料的材质、规格、花纹和颜色，木材的燃烧性能等级和含水率，花岗石的放射性及人造木板的甲醛含量应符合设计要求及国家现行标准的有关规定。

检验方法：观察；检查产品合格证书、进场验收记录、性能检测报告和复验报告。

(2)门窗套的造型、尺寸和固定方法应符合设计要求，安装应牢固。

检验方法：观察；尺量检查；手扳检查。

2. 一般项目

(1)门窗套表面应平整、洁净、线条顺直、接缝严密、色泽一致，不得有裂缝、翘曲及损坏。

检验方法：观察。

(2)门窗套安装的允许偏差和检验方法应符合表7-3的规定。

表7-3　门窗套安装的允许偏差和检验方法

项次	项目	允许偏差/mm	检验方法
1	上、侧面垂直度	3	用1 m垂直检测尺检查
2	门窗套上口水平度	1	用1 m水平检测尺和塞尺检查
3	门窗套上口直线度	3	拉5 m线，不足5 m拉通线，用钢直尺检查

7.6.5　护栏和扶手制作与安装工程

护栏和扶手制作与安装工程每个检验批的护栏和扶手应全部检查。

1. 主控项目

(1)护栏和扶手制作与安装所使用材料的材质、规格、数量和木材、塑料的燃烧性能等级应符合设计要求。

检验方法：观察；检查产品合格证书、进场验收记录和性能检测报告。

(2)护栏和扶手的造型、尺寸及安装位置应符合设计要求。

检验方法：观察；尺量检查；检查进场验收记录。

(3)护栏和扶手安装预埋件的数量、规格、位置以及护栏与预埋件的连接节点应符合设计要求。

检验方法：检查隐蔽工程验收记录和施工记录。

(4)护栏高度、栏杆间距、安装位置必须符合设计要求。护栏安装必须牢固。

检验方法：观察；尺量检查；手扳检查。

(5)护栏玻璃应使用公称厚度不小于7.6 mm的钢化玻璃或钢化夹层玻璃。当护栏一侧距楼地面高度为5 m及以上时，应使用钢化夹层玻璃。

检验方法：观察；尺量检查；检查产品合格证书和进场验收记录。

2. 一般项目

(1)护栏和扶手转角弧度应符合设计要求，接缝应严密，表面应光滑，色泽应一致，不得有裂缝、翘曲及损坏。

检验方法：观察；手摸检查。

(2)护栏和扶手安装的允许偏差和检验方法应符合表7-4的规定。

表7-4　护栏和扶手安装的允许偏差和检验方法

项次	项目	允许偏差/mm	检验方法
1	护栏垂直度	3	用1 m垂直检测尺检查
2	栏杆间距	3	用钢尺检查
3	扶手直线度	4	拉通线，用钢直尺检查
4	扶手高度	3	用钢尺检查

7.6.6　花饰制作与安装工程

花饰制作与安装工程检查数量应符合下列规定：

(1)室外每个检验批应全部检查。

(2)室内每个检验批应至少抽查3间(处)；不足3间(处)时应全数检查。

1. 主控项目

(1)花饰制作与安装所使用材料的材质、规格应符合设计要求。

检验方法：观察；检查产品合格证书和进场验收记录。

(2)花饰的造型、尺寸应符合设计要求。

检验方法：观察；尺量检查。

(3)花饰的安装位置和固定方法必须符合设计要求，安装必须牢固。

检验方法：观察；尺量检查；手扳检查。

2. 一般项目

(1)花饰表面应洁净，接缝应严密吻合，不得有歪斜、裂缝、翘曲及损坏。

检验方法：观察。

(2)花饰安装的允许偏差和检验方法应符合表7-5的规定。

表7-5　花饰安装的允许偏差和检验方法

项次	项目		允许偏差/mm		检验方法
			室内	室外	
1	条形花饰的水平度或垂直度	每米	1	2	拉线和用1 m垂直检测尺检查
		全长	3	6	
2	单独花饰中心位置偏移		10	15	拉线和用钢直尺检查

思考题

1. 橱柜制作的操作要点有哪些？

2. 窗台板的质量通病及防治措施有哪些？

3. 明装窗帘盒的固定方法有哪几种？

4. 暖气罩的布置形式有哪几种？

5. 如何按照螺旋楼梯扶手内外圈不同的弧度和坡度，制作木扶手的分段木坯？

6. 如何进行楼梯扶手的安置与固定？

7. 如何分情况安装花饰？

9. 怎样进行单一或多种构件的水泥制品花格的拼装？

10. 制作花饰时，应注意哪几点？

实训题

1. 以学校已建好的建筑物作为参观实训的场地，请说出学校教学楼、图书馆、学生宿舍、实验楼的窗帘盒、窗台板的材料以及做法是怎样的。

2. 参观建材市场及校园周边的公园，请说出常见的几种花饰装饰的种类及其施工的特点。

3. 参观了解建材市场的橱柜专柜，请说出现有橱柜的几种品牌及其施工特点。试根据橱柜安装后出现的一些质量问题，提出改进措施。

涂饰、裱糊与软包工程施工

学习单元 8.1　涂饰工程施工

任务目标

1. 掌握涂饰工程施工操作方法。

2. 掌握外墙涂饰面工程施工方法。

3. 掌握仿天然涂料、油漆涂饰、碎瓷颗粒涂饰施工方法。

4. 了解涂饰工程在施工过程中的质量检查项目和质量验收检验项目，熟悉涂饰工程施工质量检验标准及检验方法，掌握涂饰工程的施工常见质量通病及其防治措施。

8.1.1　涂饰工程概述

1. 材料种类和要求

（1）涂料：聚酯底漆、聚酯面漆、酚醛清漆、调和漆、清油、醇酸磁漆、漆片、乙酸乙烯乳胶漆以及建筑涂料等。

（2）填充料：大白粉、滑石粉、石膏粉、立德粉、地板黄、铁红、铁黑、红土子、黑烟子、栗色料、羧甲基纤维素、聚醋酸乙烯乳液等。

（3）颜料：各色有机或无机颜料和色浆，应耐碱、耐光。

（4）稀释剂：水、汽油、煤油、醇酸稀料、酒精、聚酯稀料或硝基稀料等。

（5）催干剂：钴催干剂、固化剂等。

（6）抛光剂：上光蜡、砂蜡等。

涂料的品种、规格、颜色应符合设计要求，并应有产品性能检测报告和产品合格证书。

民用建筑工程室内用水性涂料，应测定总挥发性有机化合物（TVOC）和游离甲苯的含量，其限量应符合《民用建筑工程室内环境污染控制规范》（GB 50325—2010）（2013 年版）（GB 50325—2010）（2013 年版）的有关规定。

民用建筑工程室内用溶剂性涂料，应按其规定的最大稀释比例混合后，测定总挥发性有机化合物（TVOC）和苯的含量，其限量应符合《民用建筑工程室内环境污染控制规范》的有关规定。

聚氨酯漆测定固化剂中游离甲苯二异氰酸酯（TDI）的含量后，应按其规定的最小稀释比例计算出的聚氨酯漆中游离甲苯二异氰酸酯（TDI）的含量，且不应大于 7 g/kg。测定方法应符合国家标准《色漆和清漆用漆基 异氰酸酯树脂中二异氰酸酯单体的测定》(GB/T 18446—2009)的规定。

水性涂料中总挥发性有机物(TVOC)、游离甲醛的含量测定方法,应符合有关标准。

溶剂性涂料中总挥发性有机物(TVOC)、苯的含量测定方法,应符合有关标准。

2. 主要机具(工具)

(1)主要机具:电动吊篮、桥式架子、操作架子、手压泵、空气压缩机(最高气压10 MPa,排气室 0.6 m³)、高压无气喷涂机(含配套设备)、手持式电动搅拌器、电动弹涂器及配套设备等。

(2)主要工具:油刷、腻子槽、排笔、棕刷、开刀、牛角板、油画笔、毛笔、砂纸、砂布、腻子板、腻子托板、钢皮刮板、橡皮刮板、油桶、水桶、大浆桶、小浆桶、油勺、擦布、棉丝、小色碟、喷斗、喷枪、高压胶管、长毛绒辊、压花辊、印花辊、硬质塑料、橡胶辊、不锈钢抹子、塑料抹子、托灰板、铜丝笋、纱笋、高凳、脚手板、安全带、钢丝钳子、指套、砂纸、砂布、小锤子、小铁锹、小笤帚等。

3. 作业条件

(1)温度宜保持均衡,不得突然有较大的变化,且通风良好。一般油漆工程施工时的环境温度不宜低于+10 ℃,相对湿度不宜大于60%。门窗玻璃要提前安装完毕,如未安玻璃,应有防风措施。

(2)顶板、墙面、地面等湿作业完工并具备一定强度,环境比较干燥和干净。混凝土和墙面抹混合砂浆以上的砂浆已完成,且经过干燥,其含水率应符合下列要求:

1)表面施涂溶剂型涂料时,含水率不得大于8%。

2)表面施涂水性和乳液涂料时,含水率不得大于10%。

3)水电及设备、顶墙上预留、预埋件已完成,专业管道设备已安装完,试水试压已进行完。

4)门窗安装已完成并已施涂一遍底子油(干性油、防锈涂料),如采用机械喷涂料时,应将不喷涂的部位遮盖,以防污染。

5)水性和乳液涂料涂刷时的环境温度应按产品说明书的温度控制。冬期室内施涂涂料时,应在采暖条件下进行,室温应保持均衡,不得突然变化。

6)水性和乳液涂料施涂前应将基体或基层的缺棱掉角处,用水泥砂浆(或聚合物水泥砂浆)修补;表面麻面及缝隙应用腻子填补齐平(外墙、厨房、浴室及厕所等需要使用涂料的部位,应使用具有耐水性能的腻子)。

7)在室外或室内高于3.6 m处作业时,应事先搭设好脚手架,并以不妨碍操作为准。

8)大面积施工前应事先做样板间,经有关质量部门检查鉴定合格后,方可组织班组进行大面积施工。

9)操作前应认真进行交接检查工作,并对遗留问题进行妥善处理。

10)木基层表面含水率一般不大于12%。

8.1.2 外墙涂料涂饰工程

8.1.2.1 施工准备

1. 材料准备

(1)外墙涂料及其配套材料准备应根据设计要求的品种、型号、颜色(色卡号)及工艺要求,结合实际面积及材料单耗和损耗,正确计算、备料。

（2）根据设计选定的颜色，以色卡定货。当超越标准色卡范围时应由设计提供颜色样板，不得任意更改和代用。

（3）核验进场涂料及其配套材料的品种、型号、颜色、数量、批号和产品出厂合格证，并应按同一厂家的同一品种、同一类型的涂料至少抽取一组样品到具有相应检测资质的检测单位进行复检，合格后备用。

（4）涂饰材料应存放在指定的专用库房内。溶剂型涂饰材料存放地点必须防火，并应满足国家有关的消防要求。材料应存放于阴凉干燥且通风的环境内，其存放温度为5～40 ℃。

（5）工程所用涂料应按品种、批号、颜色分别堆放。

（6）涂料工程所用的腻子、封底材料、中间层涂料应与面层涂料品种相适应；凡溶剂型涂料应配备相应的稀释剂。

（7）凡双组分涂料应按产品说明书规定，正确配制，搅拌均匀，在产品规定时间内用完。

2. 施工机具、工具准备

（1）刷涂工具：漆刷、排笔、盛料桶、天平、磅秤等刷涂及计量工具。

（2）辊涂工具：羊毛辊筒、海绵辊筒、配套专用辊筒及匀料板等滚涂工具。

（3）滚压工具：塑料辊筒、铁制压板等滚压工具。

（4）喷涂机具：无气喷涂设备、空气压缩机、手持喷枪、喷斗、各种规格口径的喷嘴、高压胶管。

3. 作业条件准备

（1）涂饰作业用的施工平台应符合《建筑施工高处作业安全技术规范》（JGJ 80—1991）的规定。

（2）根据涂料的种类、施工方法，确定施工面与施工平台间的距离，以便于操作。

（3）施工人员应准备施工所需的劳动保护用品，并检查脚手架、安全带等是否牢固可靠。

（4）大面积墙面施涂涂料前，应先做好墙面分格。

（5）涂饰施工前应由操作人员按工序要求做好"样板墙"并保存到竣工。

（6）涂饰施工单位必须具有相应的资质，施工人员应执有相应施工上岗证。

8.1.2.2　工艺流程及操作要求

1. 工艺流程

基层处理→涂刷封底漆→局部补腻子→满刮腻子→刷底涂料→涂刷乳胶漆面层涂料→清理保洁→自检、共检→交付成品→退场。

2. 操作要求

（1）外墙涂料工程应按"一底二面"要求施工，对特殊要求的工程可增加涂层数。

（2）外墙涂料工程施工应由建筑物自上而下，每个立面自左向右进行，涂料的分段施工应以墙面分格缝、墙面阴阳角或落水管为分界线。

（3）合成树脂乳液外墙涂料、溶剂型外墙涂料、交联型氟树脂涂料、建筑反射隔热涂料、外墙无机建筑涂料、弹性建筑涂料工程应由底层、面层涂料组成。

1）合成树脂乳液外墙涂料、溶剂型外墙涂料、交联型氟树脂涂料、建筑反射隔热涂料、外墙无机建筑涂料、弹性建筑涂料工程施工工序应符合表8-1的规定。

表 8-1　合成树脂乳液外墙涂料、溶剂型外墙涂料、交联型氟树脂涂料、
建筑反射隔热涂料、外墙无机建筑涂料、弹性建筑涂料施工工序

次序	工序名称
1	清理基层
2	填补缝隙、局部刮腻子，磨平
3	涂饰底层涂料
4	第一遍面层涂料
5	第二遍面层涂料
注：根据需要，可增加施工工序。	

2）施涂乳液型涂料时，后一遍涂料必须在前一遍涂料表干后进行。施涂溶剂型涂料时，后一遍涂料必须在前一遍涂料实干后进行。

3）采用传统的施工辊筒和漆刷施涂时，每次蘸料后在齿状木板上来回滚一遍或在桶边舔料。采用喷涂时应控制涂料稀稠度、喷枪的压力，保持涂层厚薄均匀，不露底、不流坠、色泽均匀并应确保涂层的厚度。

（4）合成树脂乳液砂壁状（真石型、仿石型）涂料工程应由封底层、主层、罩面层涂料组成。

1）合成树脂乳液砂壁状涂料施工工序应符合表 8-2 的规定。

表 8-2　合成树脂乳液砂壁状涂料的施工工序

次序	工序名称
1	清理基层
2	填补缝隙、局部刮腻子，磨平
3	涂饰底层涂料
4	根据设计进行分格
5	喷涂主层涂料
6	涂饰第一遍面层涂料
7	涂饰第二遍面层涂料
注：根据需要，可增加施工工序。	

2）大墙面喷涂施工宜按 1.5 m² 左右分格，然后逐格喷涂。

3）封底涂料可用辊涂、刷涂或喷涂工艺进行。喷涂主层涂料时应按装饰设计要求，通过试喷确定涂料稠度、喷嘴口径、空气压力及喷涂量。

4）封底涂料喷涂和套色喷涂操作人员宜以两人一组，施工时一人操作喷涂，一人在相应位置指点，确保喷涂均匀。

5）主层涂料完全干燥后喷涂或辊涂罩面涂料两遍，施涂间隔时间应按产品说明要求。

（5）复层建筑涂料工程应由底涂层、中间层和罩面层涂料组成。三层用料应相适应，涂层与涂层间应牢固。

1）复层建筑涂料施工工序应符合表 8-3 的规定。

表 8-3　复层建筑涂料施工工序

次序	工序名称
1	清理基层
2	填补缝隙、局部刮腻子，磨平
3	涂饰底层涂料
4	涂饰中间层涂料
5	第一遍面层涂料
6	第二遍面层涂料
注：根据需要，可增加施工工序。	

2)控制涂料的稀稠度，并根据凹凸立面不同要求选用喷枪嘴口径、喷枪工作压力、喷射距离等参数，喷枪运行中喷嘴中心线应垂直于墙面，喷枪应沿被涂墙面平行移动，运行速度保持一致，连续作业。

3)压平型的中间层，应在中间层涂料喷涂表干后，用塑料辊筒将隆起部分表面压平。

4)复层涂料施工若以聚合物水泥为中间层，应在中间层涂料喷涂干燥后，采用抗碱封底涂料封闭，再施涂面层涂料两遍。

5)面层涂料干燥间隔时间应按产品说明要求进行。

6)各类涂料工程的施工温度应按产品说明书规定的温度范围控制，空气相对湿度宜小于85%，当遇大雾、大风、下雨时应停止施工。

7)进行涂饰作业时，应将非涂饰部位遮盖保护。

8)施工工具使用完毕应及时清洗。

9)涂料施工完毕应作饰面保护。

10)凡属危险品的溶剂型涂料、溶剂、助剂在施工现场及储藏仓库应严禁烟火。

8.1.2.3 验收

1. 基层验收

(1)涂饰工程基层的清洁度、平整度、表面缺陷、含水率、pH等质量指标的质量检验批应按涂饰工程每一栋楼的基层每 1 000 ㎡ 划分为一个检验批，不足 1 000 ㎡ 也划分为一个检验批。

(2)砂浆基层的粘结强度的验收，按每一栋楼不同立面抽样，同一立面按墙面每 1 000 ㎡ 任意抽取一组，不足 1 000 ㎡ 按一组抽取。

2. 涂层验收

(1)外墙的涂饰工程应在涂饰层完全干燥后方可进行验收。验收时应审查下列资料：

1)涂饰工程的施工图、设计说明及其他设计文件；

2)涂饰工程所用材料的产品合格证、性能检测报告及进场验收记录；

3)基层的验收资料；

4)施工自检记录及施工记录；

5)涂饰施工单位的资质证书和涂料施工人员上岗证。

(2)同一墙面涂层色调一致，色泽均匀，不得漏涂，不得沾污、露底，接槎处不应出现明显涂刷接痕。

(3)涂饰工程的检验批应按涂饰工程每一栋楼的同类涂料涂饰的墙面每 1000 ㎡ 划分为一个检验批，不足 1 000 ㎡ 也划分为一个检验批。

(4)涂饰工程每个检验批的 100 ㎡ 应检查一处(每处不小于 10 ㎡)。

(5)合成树脂乳液外墙涂料、外墙无机建筑涂料、建筑反射隔热涂料、弹性建筑涂料涂饰工程的质量，应符合表 8-4 所列的各项规定。

表 8-4 合成树脂乳液外墙涂料、外墙无机建筑涂料、建筑反射隔热涂料、弹性建筑涂料涂饰工程的质量要求

项次	项目	普通级涂饰工程	中级涂饰工程	高级涂饰工程
1	反锈、掉粉、起皮	不允许	不允许	不允许
2	漏刷、透底	不允许	不允许	不允许
3	泛碱、咬色	不允许	不允许	不允许
4	流坠、疙瘩	允许少量	允许少量	不允许

项次	项目	普通级涂饰工程	中级涂饰工程	高级涂饰工程
5	颜色、刷纹	颜色一致	颜色一致	颜色一致,无刷纹
6	光泽	—	较一致	均匀一致
7	开裂	不允许	不允许	不允许
8	针孔、砂眼	—	允许少量	不允许
9	分色线平直(拉5 m线检查,不足5 m拉通线检查)	偏差不大于5 mm	偏差不大于3 mm	偏差不大于1 mm
10	五金、玻璃等非涂饰部位	洁净	洁净	洁净

注:开裂是指涂层开裂,不包括因结构开裂引起的涂层开裂。

(6)溶剂型涂料、交联型氟树脂涂料涂饰工程的质量,应符合表8-5所列的各项规定。

表8-5 溶剂型涂料、交联型氟树脂涂料涂饰工程的质量要求

项次	项目	普通级涂饰工程	中级涂饰工程	高级涂饰工程
1	反锈、漏刷、脱皮	不允许	不允许	不允许
2	咬色、流坠、起皮	明显处不允许	明显处不允许	不允许
3	光泽	—	较均匀	均匀一致
4	疙瘩	—	允许少量	不允许
5	分色、裹棱	明显处不允许	明显处不允许	不允许
6	颜色、刷纹	颜色一致	颜色一致	颜色一致,无刷纹
7	开裂	不允许	不允许	不允许
8	针孔、砂眼	—	允许少量	不允许
9	分色线平直(拉5 m线检查,不足5 m拉通线检查)	偏差不大于5 mm	偏差不大于3 mm	偏差不大于1 mm
10	五金、玻璃等非涂饰部位	洁净	洁净	洁净

注:开裂是指涂层开裂,不包括因结构开裂引起的涂层开裂。

(7)复层涂料涂饰工程的质量,应符合表8-6所列的各项规定。

表8-6 复层涂料涂饰工程的质量要求

项次	项目	水泥系复层涂料	硅溶胶类复层涂料	合成树脂乳液类复层涂料	反应固化型复层涂料
1	反锈、掉粉、起皮	不允许	不允许		
2	漏刷、透底	不允许	不允许		
3	泛碱、咬色	不允许	不允许		
4	喷点疏密程度、厚度	疏密均匀、厚度一致	疏密均匀、不允许有连片现象,厚度一致		
5	颜色	颜色一致	颜色一致		
6	光泽	均匀	均匀		
7	开裂	不允许	不允许		
8	针孔、砂眼	允许轻微少量	允许少量		
9	五金、玻璃等非涂饰部位	洁净	洁净		

注:开裂是指涂层开裂,不包括因结构开裂引起的涂层开裂。

(8)砂壁状涂料涂饰工程的质量，应符合表8-7所列的各项规定。

表8-7　砂壁状涂料涂饰工程的质量要求

项次	项目	真石型涂饰工程	仿石型涂饰工程
1	漏涂、透底	不允许	
2	造型、套色	纹理清晰，套色喷涂分布均匀	
3	反锈、掉粉、起皮	不允许	
4	泛白	不允许	
5	五金、玻璃等非涂饰部位	洁净	

8.1.3　内墙涂料涂饰工程

8.1.3.1　施工工艺流程

基层处理→第一遍满刮腻子→磨光→第二遍满刮腻子→磨光→封底漆→第一遍乳胶漆→磨光→第二遍乳胶漆→清扫。

8.1.3.2　施工要点

1. 基层处理

(1)对基层的要求。

1)基层的碱度 pH 应在 10 以下，含水率应在 10％以下。

2)基层表面应平整，阴、阳角及角线应密实，轮廓分明。

3)基层应坚固，如有空鼓、酥松、起泡、起砂、空洞、裂缝等缺陷，应进行处理。

4)表面应无油污、灰尘、溅沫及砂浆流痕等物，如有必须处理。

(2)基层处理方法。

1)清理。

①用清扫工具清扫灰尘及其他附着物。

②砂浆溅物及流痕等用铲刀、钢丝刷清理干净。

③用 5 ％~10 ％的氢氧化钠水溶液清洗油污及脱模剂等污垢，然后用清水冲洗干净。

④空鼓、酥松、起皮、起砂等用铲刀清理，再用清水冲洗，然后进行修补。

2)找平与修补。

①空鼓：用无齿锯切割，然后进行修补。

②缝隙：细小的裂缝，根据不同的部位，采用不同的腻子嵌平，干后用砂纸打平；大的裂缝，应将裂缝部位凿成 V 形缝隙，清扫干净做一层防水层，再嵌填防水密封膏，干后用水泥砂浆找平，干燥后用砂纸打平。

③孔洞：基层表面 3 mm 以下的孔洞，可用聚合物水泥砂浆找平；3 mm 以上的孔洞应用水泥砂浆找平，干后砂纸打平。

④表面不平或接缝错位：先将凸出部位凿平，采用水泥砂浆找平，干后打磨找平。

⑤露筋：将露出钢筋头的周围混凝土凿除 10 mm 左右，将钢筋头除去，再用水泥砂浆找平，后用砂纸打磨找平。

2. 满刮腻子

表面清扫后，用水与醋酸乙烯乳胶(配合比为 10∶1)的稀释溶液将腻子调制到适合稠度，用它将墙面麻面、蜂窝、洞眼、残缺处填补好，腻子干透后，先用开刀将多余腻子铲平整，然后用粗砂纸打平整。

(1)第一遍刮腻子及打磨：当室内涂装面较大的缝隙填补平整后，使用批嵌工具满刮乳胶腻子一遍。所有微小砂眼及收缩裂缝均需满刮，以密实、平整、线角棱边整齐为度。同时，应一刮顺一刮地沿着墙面横刮，不得漏刮，接头不得留槎，注意不要沾污门窗及其他物。腻子干透后，用1号砂纸裹着平整小木板，将腻子渣及高低不平处打磨平整，注意用力均匀，保护棱角。磨后用清扫工具清理干净。

(2)第二遍满刮腻子及打磨：第二遍满刮腻子方法同第一遍腻子，但要求此遍腻子与前遍腻子刮抹方向互相垂直，即应沿着墙面竖刮，将墙面进一步满刮及打磨平整、光滑为止。

(3)第一遍涂料：第一遍涂料涂刷前必须将基层表面清理干净，涂刷时宜用排笔，涂刷顺序一般是从上到下，从左到右，先横后竖，先边线、棱角、小面后大面。阴角处不得有残余涂料，阳角不得裹棱。

(4)复补腻子：第一遍涂料干后，应普遍检查一遍，如局部有缺陷应局部复补涂料腻子一遍，并用牛角刮刀刮抹，以免损伤涂料漆膜。

(5)磨光：复补腻子干透后，应用细砂纸将涂料面打磨平滑，注意用力轻而匀，且不得磨穿漆膜，磨后将表面清扫干净。

(6)第二遍涂料涂刷及磨光方法同第一遍。

(7)第三遍涂料：其涂刷顺序和第一遍相同，要求表面更美观细腻，必须使用排笔涂刷。大面积涂刷时应多人配合流水作业，互相衔接。

8.1.4 美术涂料涂饰工程

1. 施工工艺流程

清理基层→弹水平线→刷底油(清油)→刮腻子→砂纸磨光→刮腻子→砂纸磨光→弹分色线(俗称方子)→涂饰调和漆→漏花(几种漏几遍)→划线。

2. 操作要求

(1)操作时，漏花板必须注意找好垂直，每一套色为一个版面，每个版面四角均有标准孔(俗称规矩)，必须对准，不应有位移，更不得将版翻用。

(2)漏花的配色，应以墙面油漆的颜色为基色，每一版的颜色深浅适度，才能使组成的图案色调协调、柔和，并呈现立体感和真实感。

(3)宜按喷印方法进行，并按分色顺序喷印。套色漏花时，第一遍油漆干透后，再涂第二遍色油漆，以防混色。各套色的花纹要组织严密，不得有漏喷(刷)和漏底子的现象。

(4)配料的稠度适当，稀了易流坠污染墙面；干则易堵塞喷油嘴而影响质量。

(5)漏花板每漏3～5次，应用干燥而洁净的布抹去背面和正面的油漆，以防污染墙面。

3. 成品保护措施

(1)施工前必须事先把门窗框、栏杆等成品遮盖好，铝合金门窗框必须有保护膜，并保持到快要竣工需清擦玻璃时为止。

(2)避免涂料污染已有成品。要注意保护好楼地面面层，不得直接在楼地面上拌灰。

(3)推小车或搬运东西时，要注意不要损坏口角和墙面。

(4)涂刷工具不要靠在墙上。

(5)严禁蹬踩窗台，防止损坏其棱角。

(6)拆除脚手架要轻拆轻放，拆除后材料堆放整齐，不要撞坏门窗、墙角和口角等。

4. 安全环保措施

建筑涂饰工程有其特殊性，需要经常登高作业，经常接触易燃、易爆、有毒气体和放射性物质等。为避免事故发生，要始终坚持"安全生产，人人有责"的原则。

（1）现场应设置专门的安全员监督保证涂饰施工环境没有明火；应按要求悬挂张贴防火标志牌；施工现场严禁设置涂料仓库，涂料仓库内应有足够的消防设备；在进行易燃涂料涂刷施工中，禁止靠近火源；也不得在有焊接作业下边施涂油漆工作，以防发生火灾；易自燃的涂料要分开保管，通风要良好。

（2）涂刷作业时操作工人应佩戴相应的劳动保护用品，如防毒面具、口罩、手套，以避免因皮肤接触化工涂料而引起皮肤病；施工现场必须有充分的通风条件，在室内施工时应开窗作业，确保空气流通；当受到施工环境限制没有通风可能时，应缩短作业时间，采取轮班作业或使用呼吸保护装置，避免中毒或窒息事故的发生。

（3）在高空作业时施工人员必须使用安全带，室外施涂一定要搭好脚手架方能进行，使用吊篮作业时应注意吊绳的可靠性；使用双梯作业时，两梯之间要系绳索，不准站在双梯的压档上作业。

（4）严禁在民用建筑工程室内用有机溶剂清洗施工用具。

5. 质量通病及防治措施

（1）基层处理环节容易出现的质量通病及防治措施。

1）基层粉化。

原因：腻子的粘结强度不够，掺入的稀释剂和胶粘剂不相容或加水过多。

防治措施：严格按照配比和调和顺序调配腻子，注意溶剂与胶粘剂的相容性。

2）基层裂纹。

原因：填补的空洞、裂缝中有灰尘、杂物，接触面不洁，嵌填不实。腻子的胶性小，稠度大。一次披刮太厚，干缩龟裂。

防治措施：把嵌填裂缝等部位清除干净，必要时刷涂胶粘剂，重填。嵌补空洞，裂缝用腻子量大，可分批分层填补。增加腻子胶粘剂的用量，适当稀释。

3）起皮。

原因：基层表面有浮尘、油污、隔离剂等。腻子胶性小，粘结强度差。腻子调制较硬较稠，和易性差。嵌批腻子过厚。

防治措施：清洁基层表面，若基层表面太滑，应涂刷胶粘剂。调制腻子掺入胶液要适量。批刮腻子不宜太厚，批刮次数不宜太多。

（2）涂料涂饰环节的质量通病及防治措施。

1）颜色不一。

原因：色漆施涂时间过长，颜料沉淀，上浅下深。基层吸色能力不一致。膜层厚度不一。

防治措施：施涂时经常搅动涂料。当木制品软硬混用时，硬木上色浓一点。涂料涂刷均匀一致。

2）刷纹。

原因：涂料流平性差，表面张力过小。底层面吸收性强，施涂发涩，或刷毛太硬，涂膜未待流平，表面已干燥。涂料储存时间较长，开罐搅拌不充分。

防治措施：选择优质涂料，稠度调制适中。基层处理后，施涂清油一遍封闭基层，减缓吸收面层涂料速度。大面积出现刷纹应打磨平整后，重新涂刷。

3）咬色渗色。

原因：木材基层面疤结等缺陷没有进行虫胶清漆封闭，或涂膜被抹灰面中的碱侵蚀。基层沾有油污，或被烟熏，施涂面层后，底色反上面层。旧涂膜中含有油溶性颜料或油渗性很强的有机颜料。

防治措施：基层要严格按照规定的要求进行处理。咬色严重的应重新施涂面漆。

4）疙瘩。

原因：基层表面不平，尤其对凸出点、块部位没有进行处理。喷涂移动速度不一、距离不一、气压不一，造成涂层凸起。

防治措施：对腻子接痕疤痕凸起部位应打磨平整。使用材料、工具应干净，防止杂物混入涂料。

5）流坠。

原因：基层处理表面有油、蜡等杂质，或含水率过高，或基层表面太光滑。刷涂涂料厚薄不均，或涂料油分太重，或掺入稀释剂过量。采取喷涂，喷嘴口径太大，喷枪嘴与饰面基层距离不一，压力不匀，涂层厚度不一。选用涂刷太大，毛太长，一次蘸油刷油太多。涂料中含重物质颜料太多（如重晶石粉），颜料湿润性能不良。

防治措施：基层处理符合质量要求，基层表面太光滑可施涂胶粘剂，增加粘结强度。合理调整涂料稠度。采用喷涂应比刷涂黏度小，温度高时黏度小。施涂涂料，要符合工艺要求，线棱处避免涂料聚集，用油刷轻轻理开理顺。对轻微流坠，用砂纸打磨平，对大面积流坠，严重的应进行清除，重新施涂。

6）泛碱泛白。

原因：基层碱性大，没有做封闭处理，碱析出表面，破坏涂层。涂料不耐碱，或有泛碱材料。

防治措施：对基层处理必须符合质量要求，施工环境必须干燥、通风。低温施工要少用或不用108胶作为浆液，涂料中适当加入分散剂和抗冻剂。泛碱轻微，用砂纸打磨，磨尽白霜，再涂饰一层涂料。大面积严重泛碱的，分析泛碱原因，采取有效措施，如铲除重新涂饰。

7）砂眼。

原因：基层表面小孔洞没有被嵌批填实，内有空气。批刮腻子打磨粗糙又没有彻底清除粉末，虚掩小孔洞。

防治措施：在混凝土基层表面嵌批蜂窝麻面部位反复批刮，注意排净孔内空气。亏腻子严重砂眼的涂层面，刮批腻子填平嵌实，再施涂面层涂料。

8）失光倒光。

原因：底漆未干透，吸收面层光泽，或底层粗糙不平使光泽不足。施工时遇天冷水蒸气凝聚于涂膜表面，或空气湿度过大，或被灰尘沾污。木基层含有碱性植物胶，或金属表面有油污，喷涂硝基漆后泛白。涂料内加入过量稀释剂。涂料耐候性差，经日晒失去光泽。基层表面有油、树脂。

防治措施：可以用远红外线照射，加速膜层干燥。采用醇溶性漆或硝基漆施涂，注意温度、湿度环境的控制，或加入少量防止泛白的防潮剂。可在失光表面层用砂纸轻轻打磨后，清扫干净，重新涂刷面漆，或在失光的表面涂饰一遍掺入防潮剂的面漆。

9）皱皮。

原因：施工时或刚施工后，遇高温、曝晒。防锈漆、油性调和漆等油涂料最容易出现此现象。干燥时间不一的涂料混用。刷涂涂料厚薄不匀，固化时间不一。涂料稠度过高。

防治措施：避开不利的施工环境或采取必要的控制措施。宜选用催干剂，加入适量。如涂层附着力较好，磨平磨光，重新施涂面层；如附着力差，应将涂层清除，打磨平整，重新施涂。

10)反锈。

原因：基层表面铁锈、酸液、水分等没有被清除干净，基层生锈破坏膜层。漏刷涂料，或膜层有针孔眼。刷涂涂料太薄，水汽或腐蚀气体透过膜层腐蚀基层表面。

防治措施：基层经处理后，立即进行底漆封闭，涂刷防锈漆略厚一点，最好两遍。可选用氯磺化聚乙烯带防锈防腐新型涂料。清除已产生锈斑的涂膜，重新施涂。

8.1.5 涂饰工程质量验收标准

8.1.5.1 质量验收标准

(1)室外涂饰工程每一栋楼的同类涂料涂饰的墙面每 500～1 000 m² 应划分为一个检验批，不足 500 m² 也应划分为一个检验批。

(2)室内涂饰工程同类涂料涂饰的墙面每 50 间(大面积房间和走廊涂饰按面积 30 m² 为一间)应划分为一个检验批，不足 50 间也应划分为一个检验批。

检查数量应符合下列规定：

(1)室外涂饰工程每 100 m² 应至少抽查一处，每处不得少于 10 m²。

(2)室内涂饰工程每个检验批应至少抽查 10%，并不得少于 3 间；不足 3 间时应全数检查。

8.1.5.2 水性涂料涂饰工程

1. 主控项目

(1)水性涂料涂饰工程所用涂料的品种、型号和性能应符合设计要求。

检验方法：检查产品合格证书、性能检测报告和进场验收记录。

(2)水性涂料涂饰工程的颜色、图案应符合设计要求。

检验方法：观察。

(3)水性涂料涂饰工程应涂饰均匀、粘结牢固，不得漏涂、透底、起皮和掉粉。

检验方法：观察；手摸检查。

(4)水性涂料涂饰工程的基层处理应符合相关标准的要求。

检验方法：观察；手摸检查；检查施工记录。

2. 一般项目

(1)薄涂料的涂饰质量和检验方法应符合表 8-8 的规定。

表 8-8 薄涂料的涂饰质量和检验方法

项次	项目	普通涂饰	高级涂饰	检验方法
1	颜色	均匀一致	均匀一致	观察
2	泛碱、咬色	允许少量轻微	不允许	
3	流坠、疙瘩	允许少量轻微	不允许	
4	砂眼、刷纹	允许少量轻微砂眼，刷纹通顺	无砂眼，无刷纹	
5	装饰线、分色线直线度允许偏差/mm	2	1	拉 5 m 线，不足 5 m 拉通线，用钢直尺检查

(2)厚涂料的涂饰质量和检验方法应符合表 8-9 的规定。

表 8-9　厚涂料的涂饰质量和检验方法

项次	项目	普通涂料	高级涂料	检验方法
1	颜色	均匀一致	均匀一致	
2	泛碱、咬色	允许少量轻微	不允许	观察
3	点状分布	——	疏密均匀	

(3)复层涂料的涂饰质量和检验方法应符合表 8-10 的规定。

表 8-10　复层涂料的涂饰质量和检验方法

项次	项目	质量要求	检验方法
1	颜色	均匀一致	
2	泛碱、咬色	不允许	观察
3	喷点疏密程度	均匀，不允许连片	

(4)观察涂层与其他装修材料和设备衔接处吻合，界面应清晰。

检验方法：观察。

8.1.5.3　溶剂性涂料涂饰工程

1. 主控项目

(1)溶剂型涂料涂饰工程所选用涂料的品种、型号和性能应符合设计要求。

检验方法：检查产品合格证书、性能检测报告和进场验收记录。

(2)溶剂型涂料涂饰工程的颜色、光泽、图案应符合设计要求。

检验方法：观察。

(3)溶剂型涂料涂饰工程应涂饰均匀、粘结牢固，不得漏涂、透底、起皮和反锈。

检验方法：观察；手摸检查。

(4)溶剂型涂料涂饰工程的基层处理应符合相关规范的要求。

检验方法：观察；手摸检查；检查施工记录。

2. 一般项目

(1)色漆的涂饰质量和检验方法应符合表 8-11 的规定。

表 8-11　色漆的涂饰质量和检验方法

项次	项目	普通涂饰	高级涂饰	检验方法
1	颜色	均匀一致	均匀一致	观察
2	光泽、光滑	光泽基本均匀、光滑无挡手感	光泽均匀一致光滑	观察、手摸检查
3	刷纹	刷纹通顺	无刷纹	观察
4	裹棱、流坠、皱皮	明显处不允许	不允许	观察
5	装饰线、分色线直线度允许偏差/mm	2	1	拉 5 m 线，不足 5 m 拉通线，用钢直尺检查

注：无光色漆不检查光泽。

(2)清漆的涂饰质量和检验方法应符合表 8-12 的规定。

表 8-12　清漆的涂饰质量和检验方法

项次	项目	普通涂饰	高级涂饰	检验方法
1	颜色	基本一致	均匀一致	观察
2	木纹	棕眼刮平、木纹清楚	棕眼刮平、木纹清楚	观察
3	光泽、光滑	光泽基本均匀、光滑无挡手感	光泽均匀一致光滑	观察、手摸检查
4	刷纹	无刷纹	无刷纹	观察
5	裹棱、流坠、皱皮	明显处不允许	不允许	观察

(3)涂层与其他装修材料和设备衔接处应吻合，界面应清晰。

检验方法：观察。

8.1.5.4　美术涂饰工程

1. 主控项目

(1)美术涂饰所用材料的品种、型号和性能应符合设计要求。

检验方法：检察产品合格证书、性能检测报告和进场验收记录。

(2)美术涂饰工程应涂饰均匀、粘结牢固，不得漏涂、透底、起皮、掉粉和反锈。

检验方法：观察。

(3)美术涂饰工程的基层处理应符合相关规范要求。

检验方法：观察。

(4)美术涂饰的套色、花纹和图案应符合设计要求。

检验方法：观察。

2. 一般项目

(1)美术涂饰表面应洁净，不得有流坠现象。

检验方法：观察。

(2)仿花纹涂饰的饰面应具有被模仿材料的纹理。

检验方法：观察。

(3)套色涂饰的图案不得移位，纹理和轮廓应清晰。

检验方法：观察。

学习单元 8.2　裱糊与软包工程施工

任务目标 ▶▶▶

1. 掌握壁纸裱糊、墙布裱糊工艺。

2. 熟悉软包装饰施工的两种做法，掌握预制软包块拼装软包墙面、直接在木基层上做软包墙面的方法。

3. 了解裱糊与软包工程在施工过程中的质量检查项目和质量验收检验项目，熟悉裱糊与软包工程施工质量检验标准及检验方法，掌握裱糊与软包工程的施工常见质量通病及其防治措施。

8.2.1　裱糊工程施工

裱糊工程分为壁纸裱糊和墙布裱糊，是广泛用于室内墙面、柱面及顶棚的一种装饰，具有色彩丰富、质感性强、耐用、易清洗的特点。

1. 一般要求

（1）胶粘剂的调配。自配胶粘剂应集中调配，并通过 400 孔/cm² 筛子过滤。调配好的胶粘剂应当天用完。

（2）墙纸和贴墙布应按房间大小、产品类型及图案、规格尺寸进行选配，并分幅拼花裁切。裁切后边缘应平直整齐，不得有纸毛、飞刺，并妥善卷好平放。

（3）墙面应采用整幅裱糊，并统一预排对花拼缝。不足一幅的应裱糊在较暗或不明显的部位，阴角处接缝应搭接，阳角处不得有接缝。

（4）裱糊第一幅壁纸或墙布前，应弹垂直线，作为裱糊时的准线。裱糊顶棚时，也应在裱糊第一幅前先弹一条能起准线作用的直线。

（5）在顶棚裱糊壁纸，宜沿房间的长边方向裱糊。

（6）裱糊塑料壁纸应先将壁纸用水润湿数分钟。裱糊时，应在基层表面涂刷胶粘剂。

（7）裱糊顶棚时，在基层和壁纸背面均应涂刷胶粘剂。

（8）裱糊复合壁纸严禁浸水，应先将壁纸背面涂刷胶粘剂，放置数分钟，裱糊时，基层表面也应涂刷胶粘剂。

（9）裱糊墙布，应先将墙布背面清理干净。裱糊时，应在基层表面涂刷胶粘剂。

（10）带背胶的壁纸，应在水中浸泡数分钟后裱糊。

（11）对于需重叠对花的各类壁纸，应先裱糊对花，然后要用钢尺对齐裁下余边。裁切时，应一次切掉，不得重割。对于可直接对花的壁纸则不应剪裁。

（12）除标明必须"正倒"交替粘贴的壁纸外，壁纸的粘贴均应按同一方向进行。

（13）赶压气泡时，对于压延壁纸可用钢板刮刀刮平；对于发泡及复合壁纸则严禁使用钢板刮刀，只可用毛巾、海绵或毛刷赶平。

（14）裱糊好的壁纸、墙布，压实后，应将挤出的胶粘剂及时擦净，表面不得有气泡、斑污等。

（15）墙纸、墙布应与挂镜线、贴脸板和踢脚板紧接，不得有缝隙。

2. 壁纸裱糊工艺

（1）基层处理和要求。裱糊壁纸的基层，要求坚固密实，表面平整光洁，无疏松、粉化、无空洞、麻点和飞刺，表面颜色应一致，含水率不得大于 8%。木质基层（含水率不大于 12%）和石膏板等轻质隔墙，要求其接缝平整，不是接槎不得外露钉头，钉眼用油性腻子填平。附着牢固、表面平整的旧溶剂型涂料墙面，裱糊前应打毛处理。

1）砂浆抹灰及混凝土基层处理。

①裱糊前应将基体或基层表面的污垢、尘土清除干净，泛碱部位宜使用 9% 的稀醋酸中和、清洗。不得有飞刺、麻点、砂粒和裂缝。阴阳角应顺直。

②基层清扫洁净后，满刮一遍腻子并用砂纸磨平。如基层有气孔、麻点或凹凸不平时，应增加刮腻子和磨砂纸的遍数。

③腻子应用乳液滑石粉、乳液石膏或油性石膏等强度较高的腻子，不应用纤维素大白等强度低、遇湿溶胀剥落的腻子。

④刮完腻子磨平并干燥后，应喷、刷一遍 108 胶水溶液或其他材料做汁浆处理。

2）木质、石膏板等基层处理。将基层的接缝、钉眼等用腻子填平。木质基层满刮石膏腻子一遍，用砂纸磨平。纸面石膏板基层应用油性石膏腻子局部找平。如质量要求较高时，亦应满刮腻子并磨平。无纸石膏板基层应刮一遍乳液石膏腻子并磨平。

3）不同基层的处理。石膏板与木基层相接处，应用穿孔纸带粘糊。在处理好的基层表面应喷刷一遍酚醛清漆：汽油＝1∶3的汁浆。

(2)准备工作。

1)弹线、预拼试贴。为使裱糊壁纸时纸幅垂直、花饰图案连贯一致，应先分格弹线，线色应与基层同色。弹线时应从墙面阴角处开始，按壁纸的标准宽度找规矩，将窄条纸的裁切边留在阴角处，阳角处不得有接缝。遇有门窗等部位时，一般以立边分划为宜，便于贴立边。

全面裱糊前应先预拼试贴，观察接缝效果，确定裁纸尺寸及花饰拼贴。

2)裁纸。根据弹线找规矩的实际尺寸统一规划裁纸，并编号，以便顺序粘贴。

裁纸时以上口为准，下口可比规定尺寸略长 1～2 cm。如为带花饰的壁纸。应先将上口的花饰对好，小心裁割，不得错位。

3)湿润纸。塑料壁纸涂胶粘贴前，必须先将壁纸在水槽中浸泡几分钟，并把多余的水抖掉，再静置约 2 min，然后裱糊。这样做的目的是使壁纸不致在粘贴时吸湿膨胀，出现气泡、皱折。

4)刷胶粘剂。将预先选定的胶粘剂，按要求调配或溶水(粉状胶粘剂)备用，当日用完。

基层表面与壁纸背面应同时涂胶。刷胶粘剂要求薄而均匀，不裹边。基层表面的涂刷宽度要比预贴的壁纸宽 2～3 cm。

(3)工艺要点。

1)搭接法裱糊。搭接法裱糊是指壁纸上墙后，先对花拼缝并使相邻的两幅重叠，然后用直尺与壁纸裁割刀在搭接处的中间将双层壁纸切透，再分别撕掉切断的两幅壁纸边条，最后用刮板或毛巾从上向下均匀地赶出气泡和多余的胶液使之贴实。刮出的胶粘剂用洁净的湿毛巾擦拭干净。

2)拼接法裱糊。拼接法裱糊是指壁纸上墙前先按对花拼缝裁纸，上墙后，相邻的两幅壁纸直接拼缝、对花。在裱糊时要先对花、拼缝，然后用刮板或毛巾从上向下斜向赶出气泡和多余的胶液使之贴实。刮出的胶粘剂用湿毛巾擦干净。

3)推贴法裱糊。此法多用于顶棚裱糊壁纸。一般先裱糊靠近主窗处，方向与墙平行。裱糊时将壁纸卷成一卷，一人推着前进，另一人将壁纸赶平，赶密实。

采用推贴法时，胶粘剂宜刷在基层上，不宜刷在纸背上。

(4)注意事项。

1)为保证壁纸的颜色、花饰一致，裁纸时应统一安排，按编号顺序裱糊。主要墙面应用整幅壁纸，不足幅宽的壁纸应用在不明显的部位或阴角处。

2)有花饰图案的壁纸，如采用搭接法裱糊时，相邻两幅纸应使花饰图案准确重叠，然后用直尺在重叠处由上而下一刀裁断，撕掉余纸后粘贴压实。

3)壁纸不得在阳角处拼缝，应包角压实，壁纸裹过阳角不小于 20 mm。阳角壁纸搭缝时，应先裱糊压在里面的壁纸，再粘贴面层壁纸，搭接面应根据阴角垂直度而定，一般宽度不小于 3 mm。

4)遇有基层卸不下来的设备或突出物件时，应将壁纸舒展地裱在基层上，然后剪去不需要部分，使突出物四周不留缝隙。

5)壁纸与顶棚、挂镜线、踢脚线的交接处应严密顺直。裱糊后，将上下两端多余壁纸切齐，撕去余纸贴实端头。

6)整间壁纸裱糊后，如有局部翘边、气泡等，应及时修补。

3. 墙布裱糊工艺

(1)基层处理与要求。墙布裱糊的基层处理与要求和壁纸基本相同。由于玻璃纤维墙布和无纺墙布的遮盖力稍差，如基层颜色较深时，应满铺刮石膏腻子或在胶粘剂中掺入适量白色涂料。裱糊锦缎的基层应彻底干燥。

(2)准备工作。墙布裱糊前的弹线找规矩工作与壁纸基本相同。根据墙面需要粘贴的长度，适当放长10～15 cm，再按花色图案，以整倍数进行裁剪，以便于花型拼接。裁剪的墙布要卷拢平放在盒内备用。切忌立放，以防碰毛墙布边。

由于墙布无吸水膨胀的特点，故不需要预先用水湿润。除纯棉墙布应在其背面和基层同时刷胶粘剂外，玻璃纤维墙布和无纺墙布只需要在基层刷胶粘剂。胶粘剂应随用随配，当天用完。锦缎柔软易变形，裱糊时可先在其背面衬糊一层宣纸，使其挺括。胶粘剂宜用108胶。

(3)工艺要点。墙布的裱糊方法及注意事项与壁纸基本相同。锦缎裱糊完工后，要经常开窗通风，保持室内干燥，勿使墙面渗水返潮。

4. 成品保护措施

在交叉流水作业中，人为的损坏、污染，施工期间与完工后的空气湿度与温度变化等因素，都会严重影响墙纸饰面的质量。所以，应做好成品保护工作，严禁通行或设置保护覆盖物。一般应注意以下几点：裱糊墙纸应尽量放在最后一道工序；裱糊时空气相对湿度应低于85％；裱贴墙纸的工程完工后，应尽量保持房间通风；裱糊基层为混合砂浆和纸筋灰罩的基层较好，若用石膏罩面效果更佳。

8.2.2 软包工程施工

人造革及织锦缎墙面可保持柔软、消声、温暖，适用于防水、碰撞及声学要求较高的房间。人造革、织锦缎墙面分预制板组装和现场组装两种。预制板多用硬质材料做衬底，现装墙面的衬底多为软质材料。

1. 材料和工具准备

(1)材料准备。人造革或织锦缎、泡沫塑料或矿渣棉、木条、五夹板、电化铝帽头钉、沥青、油毡等。

(2)工具准备。锤子、木工锯、刨子、抹灰用工具、粘贴沥青用工具。

2. 基层处理

(1)埋木砖：在砖墙或混凝土墙中埋入木砖，间距400～600 mm，视板面划分而定。

(2)抹灰、做防潮层：为防止潮气使面板翘曲、织物发霉，应在砌体上先抹20 mm厚1∶3水泥砂浆，然后刷底子油做一毡二油防潮层。

(3)立墙筋：墙筋断面为(20～50) mm×(40～50) mm，用钉子钉于木砖上，并找平找直。

3. 面层安装

(1)五夹板外包人造革或织锦缎做法。

1)将450 mm见方的五夹板板边用刨刨平，沿一个方向的两条边刨出斜面。

2)用刨斜边的两边压入人造革或织锦缎，压长20～30 mm，用钉子钉在木墙筋上。钉头埋入板内。另两侧不压织物钉于墙筋上。

3)将织锦缎或人造革拉紧，使其平伏在五夹板上，边缘织物贴于下一条墙筋上20～30 mm，再以下一块斜边板压紧织物和该板上包的织物，一起钉入木墙筋，另一侧不压织物钉牢。以这种方法安装完整个墙面。

(2)人造革或织棉缎包矿渣棉的做法。

1)在木墙筋上钉五夹板，钉头埋入板中，板的接缝在墙筋上。

2)以规格尺寸大于纵横向墙筋中距50～80 mm的卷材(人造革、织锦缎等)，包矿渣棉于墙筋上，铺钉方法与前述基本相同。铺钉后钉口均为暗钉口。

3)暗钉钉完后，再以电化铝帽头钉钉在每一分块卷材的四角。

4. 施工注意事项

(1)注意按图选用材料和施工。

(2)木墙筋要保持平整，才能保证墙面施工质量。

(3)注意裁卷材(人造革、织锦缎)面料时，一定要大于墙面分格尺寸。

8.2.3 裱糊与软包工程质量验收标准

8.2.3.1 一般规定

(1)裱糊与软包工程验收时应检查下列文件和记录：

1)裱糊与软包工程的施工图、设计说明及其他设计文件。

2)饰面材料的样板及确认文件。

3)材料的产品合格证书、性能检测报告、进场验收记录和复验报告。

4)施工记录。

(2)各分项工程的检验批应按下列规定划分：

同一品种的裱糊或软包工程每50间(大面积房间和走廊按施工面积30 m² 为一间)应划分为一个检验批，不足50间也应划分为一个检验批。

(3)检查数量应符合下列规定：

1)裱糊工程每个检验批应至少抽查10%，并不得少于3间，不足3间时应全数检查。

2)软包工程每个检验批应至少抽查20%并不得少于6间，不足6间时应全数检查。

(4)裱糊前，基层处理质量应达到下列要求：

1)新建筑物的混凝土或抹灰基层墙面在刮腻子前应涂刷抗碱封闭底漆。

2)旧墙面在裱糊前应清除疏松的旧装修层，并涂刷界面剂。

3)混凝土或抹灰基层含水率不得大于8%；木材基层的含水率不得大于12%。

4)基层腻子应平整、坚实、牢固，无粉化、起皮和裂缝；腻子的粘结强度应符合《建筑室内用腻子》(JG/T 298—2010)的规定。

5)基层表面平整度、立面垂直度及阴阳角方正应达到规范高级抹灰的要求。

6)基层表面颜色应一致。

7)裱糊前应用封闭底胶涂刷基层。

8.2.3.2 裱糊工程

1. 主控项目

(1)壁纸、墙布的种类、规格、图案、颜色和燃烧性能等级必须符合设计要求及国家现行标准的有关规定。

检验方法：观察；检查产品合格证书、进场验收记录和性能检测报告。

(2)裱糊工程基层处理质量应符合相关规范的要求。

检验方法：观察；手摸检查；检查施工记录。

(3)裱糊后各幅拼接应横平竖直，拼接处花纹、图案应吻合，不离缝，不搭接，不显拼缝。

检验方法：观察；拼缝检查距离墙面1.5 m处正视。

(4)壁纸、墙布应粘贴牢固，不得有漏贴、补贴、脱层、空鼓和翘边。

检验方法：观察；手摸检查。

2. 一般项目

(1)裱糊后的壁纸、墙布表面应平整，色泽应一致，不得有波纹起伏、气泡、裂缝、皱折及斑污，斜视时应无胶痕。

检验方法：观察；手摸检查。

(2)复合压花壁纸的压痕及发泡壁纸的发泡层应无损坏。

检验方法：观察。

(3)壁纸、墙布与各种装饰线、设备线盒应交接严密。

检验方法：观察。

(4)壁纸、墙布边缘应平直整齐，不得有纸毛、飞刺。

检验方法：观察。

(5)壁纸、墙布阴角处搭接应顺光，阳角处应无接缝。

检验方法：观察。

8.2.3.3　软包工程

1. 主控项目

(1)软包面料、内衬材料及边框的材质、颜色、图案、燃烧性能等级和木材的含水率应符合设计要求及国家现行标准的有关规定。

检验方法：观察；检查产品合格证书、进场验收记录和性能检测报告。

(2)软包工程的安装位置及构造做法应符合设计要求。

检验方法：观察；尺量检查；检查施工记录。

(3)软包工程的龙骨、衬板、边框应安装牢固，无翘曲，拼缝应平直。

检验方法：观察；手扳检查。

(4)单块软包面料不应有接缝，四周应绷压严密。

检验方法：观察；手摸检查。

2. 一般项目

(1)软包工程表面应平整、洁净，无凹凸不平及皱折；图案应清晰、无色差，整体应协调美观。

检验方法：观察。

(2)软包边框应平整、顺直、接缝吻合，其表面涂饰质量应符合相关规范的有关规定。

检验方法：观察；手摸检查。

(3)清漆涂饰木制边框的颜色、木纹应协调一致。

检验方法：观察。

(4)软包工程安装的允许偏差和检验方法应符合表 8-13 的规定。

表 8-13　软包工程安装的允许偏差和检验方法

项次	项目	允许偏差/mm	检验方法
1	垂直度	3	用 1 m 垂直检测尺检查
2	边框宽度、高度	0；−2	用钢尺检查
3	对角线长度差	3	用钢尺检查
4	裁口、线条接缝高度	1	用钢直尺和塞尺检查

1. 简述裱糊类墙柱面装饰施工工艺流程。
2. 简述裱糊工程常用的材料。
3. 简述裱糊工程常用的工具。
4. 简述裱糊工程的质量要求和检验方法。
5. 列举涂料工程常用的工具。
6. 简述涂料饰面的特点。
7. 简述内墙涂料涂饰工程的施工工艺流程。
8. 简述美术涂料涂饰工程的施工工艺流程。
9. 裱糊工艺的方法有哪些?

实训题

实训 1：涂饰工程施工技术

实训目的： 通过实训的操作，掌握内、外墙涂饰和构件基层涂饰的材料、工艺及工程质量验收方法。

实训内容： 内、外墙涂饰和构件基层涂饰的材料、工艺及工程质量验收方法。

实训设备： 脚手架、气刷子、辊轮、喷枪等。

实训步骤： 基层处理→着色、润粉→抛光→打蜡。

实训要求及成绩评定：

成绩评定——A：熟练掌握内、外墙涂饰和构件基层涂饰的材料、工艺及工程质量验收方法。

成绩评定——B：熟练掌握内、外墙涂饰和构件基层涂饰的材料、工艺。

成绩评定——C：掌握内、外墙涂饰和构件基层涂饰工艺。

实训 2：裱糊与软包工程施工技术

实训目的： 通过实训的操作，掌握裱糊与软包的材料、工艺及工程质量验收方法。

实训内容： 裱糊与软包的材料、工艺。

实训设备： 活动裁纸刀、刮板、薄钢片刮板、胶皮刮板、塑料刮板、胶辊、铝合金锤子、木工锯、刨子等。

实训步骤： 基层处理→涂底胶→墙面刮底胶→壁纸浸湿→壁纸涂刮胶粘剂→基层涂刮胶粘剂→纸上墙、裱糊→拼缝、搭接、对花→赶压胶粘剂、气泡→裁边。

实训要求及成绩评定：

成绩评定——A：熟练掌握裱糊与软包的材料、工艺及工程质量验收方法。

成绩评定——B：熟练掌握裱糊与软包的材料、工艺。

成绩评定——C：掌握裱糊与软包的材料、工艺。

参考文献

[1] 《建筑施工手册》(第五版)编委会. 建筑施工手册[M]. 5 版. 北京：中国建筑工业出版社，2013.

[2] 王军强. 混凝土结构施工[M]. 2 版. 北京：中国建筑工业出版社，2013.

[3] 姚谨英. 建筑施工技术[M]. 5 版. 北京：中国建筑工业出版社，2014.

[4] 肖绪文，王玉岭. 建筑装饰装修工程施工操作工艺手册[M]. 北京：中国建筑工业出版社，2010.

[5] 张伟，徐淳. 建筑施工技术[M]. 2 版. 上海：同济大学出版社，2015.

[6] 李继业，邱秀梅. 建筑装饰施工技术[M]. 2 版. 北京：化学工业出版社，2011.

[7] 赵承雄，蒋成太. 建筑工程初、中级职称考试辅导教程(上、中、下)[M]. 长沙：国防科技大学出版社，2010.

[8] 中华人民共和国住房和城乡建设部. GB 50300—2013 建筑工程施工质量验收统一标准[S]. 北京：中国建筑工业出版社，2014.

[9] 中华人民共和国建设部、国家质量监督检验检疫总局. GB 50327—2001 住宅装饰装修工程施工规范[S]. 北京：中国建筑工业出版社，2002.

[10] 中华人民共和国建设部、国家质量监督检验检疫总局. GB 50210—2001 建筑装饰装修工程质量验收规范[S]. 北京：中国标准出版社，2002.

[11] 赵承雄，刘贞贞. 土建施工员：基础知识. 岗位知识. 专业实务[M]. 哈尔滨：哈尔滨工程大学出版社，2011.